示范性特色专业改革教材

基础工程

杨侣珍 主编

周　涛 主审

西南交通大学出版社

·成　都·

图书在版编目（CIP）数据

基础工程 / 杨侣珍主编. —成都：西南交通大学出版社，2015.1
示范性特色专业改革教材
ISBN 978-7-5643-3726-1

Ⅰ. ①基… Ⅱ. ①杨… Ⅲ. ①地基－基础（工程）－高等职业教育－教材 Ⅳ. ①TU47

中国版本图书馆 CIP 数据核字（2015）第 027133 号

示范性特色专业改革教材

基础工程

杨侣珍　主编

责任编辑	孟苏成
封面设计	本格设计
出版发行	西南交通大学出版社 （四川省成都市金牛区交大路 146 号）
发行部电话	028-87600564　028-87600533
邮政编码	610031
网　　址	http: //www.xnjdcbs.com
印　　刷	成都市书林印刷厂
成品尺寸	185 mm × 260 mm
印　　张	13
字　　数	323 千字
版　　次	2015 年 1 月第 1 版
印　　次	2015 年 1 月第 1 次
书　　号	ISBN 978-7-5643-3726-1
定　　价	32.00 元

课件咨询电话：028-87600533
图书如有印装质量问题　本社负责退换

前　言

本教材是根据湖南交通职业技术学院《湖南省道路与桥梁工程技术示范性特色专业项目》建设的要求编写的。教材参照最新国家规范和规程编写，在总结国内外最新技术的基础上，系统地介绍了天然地基上的浅基础、桩基础、沉井基础、地基处理等方面的内容。全书共 5 章，重点介绍了基础工程的设计原理及国内外成熟的先进技术和施工工艺。

教材在内容的选择上注重实用性、时效性和可操作性，不做公式的推导，而是配合案例，说明计算原理、方法和过程。在编写中本着“少而精”的原则，精选内容，重点突出，系统性强，知识点比较全面，既考虑了教学的要求，又兼顾了工程设计的要求。为了便于学生掌握相关知识点，各章中均编写了详细的例题和思考题。

该教材由湖南交通职业技术学院多位老师共同完成，全书由杨侣珍主编，山东英才学院周涛主审。第一章由杨侣珍、吴敏之共同编写；第二章由余训编写；第三章由李颜艳、杨侣珍共同编写；第四章由杨侣珍编写；第五章由郭芳编写。

限于作者的编写水平和能力，书中疏漏和不足之处在所难免，恳请读者批评指正。

编　者

2015 年 1 月

目　录

第一章　导　论

第一节　概　述

一、地基及基础的概念

所有的建筑物都要建造在地面以下一定深度的土层或岩层上（统称地层），建筑物通过其下部结构将荷载传递到地层中去，通常把受建筑物荷载影响的地层称为地基。基础工程包括建筑物地基与基础的设计与施工。

地基的功能是承受建筑物的荷载并保持建筑物稳定。一般可以分为天然地基与人工地基。天然地基是指未经加固处理就能满足设计要求的地基。采用天然地基的基础可缩短工期，降低造价。若地基土质软弱，无法满足上部结构对地基承载力和变形的要求时，需对其进行加固处理，这种地基称为人工地基。

基础是指建筑物向地基传递荷载的下部结构，如图 1.1 所示。基础应埋入地下一定深度，埋入较好土层以保证其有足够的稳定性。基础根据埋置深度和施工工艺特点分为浅基础和深基础。一般，埋置深度较浅（通常埋置深度 $h \leqslant 5$ m），只需要经过开挖、排水等施工后就可以建造的称为浅基础，如墙下条形基础、柱下独立基础等；由于浅层土质不良或建筑物荷载过大，需要将基础底面置于较深（通常埋置深度 $h>5$ m）处良好的土层上，并且施工较为复杂的基础称为深基础，如桩基础、沉井基础和地下连续墙等。同时，基础还可以分为刚性基

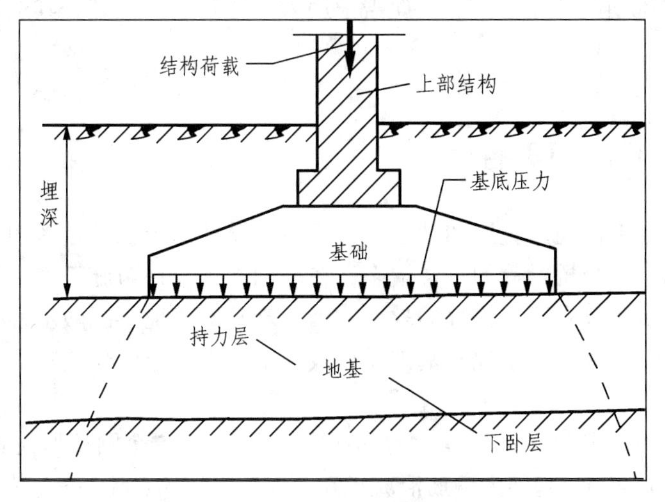

图 1.1　建筑物地基、基础示意图

础和柔性基础。刚性基础是指用抗压性能较好而抗拉、抗剪性能较差的材料建造的基础，受刚性角的限制，常用的材料有砖、三合土、灰土、混凝土、毛石、毛石混凝土等。柔性基础是指用钢筋混凝土修建的基础，与刚性基础相比，柔性基础钢材和水泥用量增加，施工技术复杂，造价较高。当然柔性基础的抗弯和抗剪能力得到了大大地提高，且不受刚性角的限制。

在荷载作用下，地基、基础和上部结构三者之间彼此联系、相互制约。设计时应根据勘察资料，综合考虑三者间的相互作用、变形协调及施工条件，进行经济技术比较，选取安全可靠、经济合理、技术先进和施工简便的地基基础方案。

二、地基、基础的特点

受建筑物影响最大的那一部分地基称为地基持力层（也称为主要受力层）；位于持力层之下的地基称为下卧层。当下卧层的土性明显比持力层软弱时，则将该层称为软弱下卧层。

1. 地基的特点

（1）隐蔽性。地基位于基础之下，不具直观性，即使通过勘察手段也只能揭示其局部。

（2）离散性。地基由岩土体组成，而岩土体是自然历史的产物，由于其母体和生成条件的变化，各种岩（土）性指标的离散性很大，地域性很强。

（3）低强度。和其他建筑材料相比，岩土体（特别是土）的强度较低。

（4）变形复杂。和其他建筑材料相比，岩土体（特别是土）在荷载作用后易于变形且呈现出复杂的变形性质。

2. 基础的特点

基础位于地下，具有隐蔽性；基础的施工环境一般较差，所以其施工质量通常较难控制，容易成为建筑体系中的薄弱环节。基础工程施工难度大，且常在地下或水下进行，往往需挡土排水。基础的造价比较高，工期也比较长。在一般的多、高层建筑中，其造价约占总造价的 25%，工期占总工期的 25% ~ 30%；如需采用人工地基或深基础，其造价和工期所占比例会更大。

三、基础工程的重要性

建筑物的安全和正常使用直接和基础工程勘察、设计、施工质量密切相关。随着大型、重型、高层建筑和大跨径桥梁等的日益增多，在基础工程设计与施工方面积累了不少成功的经验和工程典范，然而也有不少失败的教训。因为基础属于地下隐蔽土程，一旦出现事故，事后补救十分困难。国内外由于地基基础设计或施工不当，导致建筑物失效和造成重大经济损失的例子屡见不鲜。

图 1.2 所示为 1913 年建成的加拿大特朗斯康谷仓，由 65 个圆柱形筒仓组成，高 31 m，平面尺寸 23.5 m × 59.4 m，基础为钢筋混凝土筏板基础，厚 0.6 m。谷仓装谷物后，出现明显下沉，在 24 h 内西端下沉 8.8 m，东端上抬 1.5 m，谷仓整体倾斜 26°53′，事后勘察发现，基

础下有厚达 16 m 的高塑性软黏土，谷物及谷仓的重量在基底处产生的平均压力为 330 kPa，远远超过了地基承载力（251 kPa），从而造成地基整体破坏。因谷仓整体性很好，谷仓虽倾斜但完好无损。采取的补救措施是在谷仓下做了 70 多个支承于基岩上的混凝土墩，使用了 388 个 50 t 的千斤顶及支撑系统，才把仓体纠正，但其标高比原来降低了 4 m。

图 1.2　加拿大特朗斯康谷仓事故示意图

第二节　基础工程设计和施工所需资料及作用效应组合的计算

地基与基础的设计方案、计算中有关参数的选用，都需要根据当地的地质条件、水文条件、上部结构形式、作用特性、材料情况及施工要求等因素全面考虑。施工方案和方法也应该结合设计要求、现场地形、地质条件、施工技术设备、施工季节、气候和水文等情况来研究确定。因此，应在事前通过详细的调查研究，充分掌握必要的、符合实际情况的资料。本节对桥梁基础工程设计和施工所需资料及计算荷载确定原则作简要介绍。

一、基础工程设计和施工需要的资料

桥梁的地基与基础在设计及施工开始之前，除了应掌握有关包括上部结构形式、跨径、作用、墩台结构及国家颁布的桥梁设计和施工技术规范等全桥的资料外，还应注意地质、水文资料的搜集和分析，重视土质和建筑材料的调查与试验。主要应掌握的地质、水文、地形等资料如表 1.1 所列，其中各项资料内容范围可根据桥梁工程规模、重要性及建桥地点工程地质、水文条件的具体情况和设计阶段确定取舍。

1. 桥位平面图及拟建上部结构及墩台形式、总体构造及有关设计资料

大中型桥梁基础在进行初步设计时，应掌握经过实地测绘和调查取得的桥位地形、地貌、洪水泛滥线、河道主河槽和河床位置等资料及绘成的地形平面图，比例为 1∶500～1∶5 000，测绘范围应根据桥梁工程规模、重要性和河道情况确定，若桥址有不良工程地质现象，如滑坡、崩坍和泥石流等，以及河道弯曲、主支流会合、河心滩和活动沙洲等，均应在图上示出。

表 1.1 基础工程有关设计和施工需要的地质、水文、地形及现场各种调查资料

资料种类		资料主要内容	资料用途
桥位平面图（或桥址地形图）		（1）桥位地形； （2）桥位附近地貌、地物； （3）不良工程地质现象的分布位置； （4）桥位与两端路线平面关系； （5）桥位与河道平面关系	（1）桥位的选择、下部结构位置的研究； （2）施工现场的布置； （3）地质概况的辅助资料； （4）河岸冲刷及水流方向改变的估计； （5）墩台、基础防护构造物的布置
桥位工程地质勘测报告及工程地质纵剖面图		（1）桥位地质勘测调查资料 （2）地质、地史资料的说明； （3）不良工程地质现象及特殊地貌的调查勘测资料	（1）桥位、下部结构位置的选定； （2）地基持力层的选定； （3）墩台高度、结构形式的选定； （4）墩台、基础防护构造物的布置
地基土质调查试验报告		（1）钻孔资料； （2）覆盖层及地基土层状生成分布情况； （3）分层土（岩）层状生成分布情况； （4）荷载试验报告； （5）地下水位调查	（1）分析和掌握地基的层状； （2）地基持力层及基础埋置深度的研究与确定； （3）地基各土层强度及有关计算参数的选定； （4）基础类型和构造的确定； （5）基础沉降的计算
河流水文调查报告		（1）桥位附近河道纵横断面图； （2）有关流速、流量、水位调查资料； （3）各种冲刷深度的计算资料； （4）通航等级、漂浮物、流冰调查资料	（1）根据冲刷要求确定基础的埋置深度； （2）桥墩身水平作用力计算： （3）施工季节、施工方法的研究
其他调查资料	地震	（1）地震记录； （2）震害调查	（1）确定抗震设计强度： （2）抗震设计方法和抗震措施的确定； （3）地基土振动液化和岸坡滑移的分析研究
	建筑材料	（1）就地可采取、可供应的建筑材料种类、数量、规格、质量、运距等； （2）当地工业加工能力、运输条件等有关资料； （3）工程用水调查	（1）下部结构采用材料种类的确定； （2）就地供应材料的计算和计划安排
	气象	（1）当地气象台有关气温变化、降水量、风向风力等记录资料； （2）实地调查采访记录	（1）气温变化的确定； （2）基础埋置深度的确定； （3）风压的确定； （4）施工季节和方法的确定
	附近桥梁的调查	（1）附近桥梁结构形式、设计书、图纸、现状； （2）地质、地基土（岩）性质； （3）河道变动、冲刷、淤泥情况； （4）营运情况及墩台变形情况	（1）掌握架桥地点地质、地基土情况； （2）基础埋置深度的参考； （3）河道冲刷和改造情况的参考
	施工调查资料		（1）施工方法及施工适宜季节的确定； （2）工程用地的布置； （3）工程材料、设备供应、运输方案的拟订； （4）工程动力及临时设备的规划； （5）施工临时结构的规划

桥梁上部结构的形式、跨径和墩台的结构形式、高度、平面尺寸等对地基与基础设计方案的选择和具体的设计计算都有很大的制约作用，如超静定结构的上部结构对地基、基础的沉降有较严格的要求，上部结构、墩、台的永久作用和可变作用是地基基础的主要荷载，除了特殊情况，基础工程的设计荷载标准、等级应与上部结构一致，因此应全面获得上部结构及墩台的总体设计资料、数据、设计等级、技术标准等。

2. 桥位工程地质勘测报告及桥位地质纵剖面图

对桥位地质构造进行工程评价的主要资料包括河谷的地质构造，桥位及附近地层的岩性，如地质年代、成因、层序、分布规律及其工程性质（产状、构造、结构、岩层完整及破碎程度、风化程度等），以及覆盖层厚度和土层变化关系等资料，应说明建桥地点一定范围各种不良工程地质现象或特殊地貌，如溶洞、冲沟等的成因、分布范围、发展规律及其对工程的影响。

3. 地基土质调查试验报告

在进行施工详图及施工设计时，应掌握地基土层的类别及物理力学性质。在工程地质勘测时，应调查、钻（挖）取各层地基上足够数量的原状土（岩）样，用室内或原位试验方法得到各层土的物理力学指标，如粒径级配、塑性指数、液性指数、天然含水率、密度、孔隙比、抗剪强度指标、压缩特性、渗透性指标以及必要时的荷载试验、岩石抗压强度试验等的结果，并应将这些结果编制成表，在绘制成的土（岩）柱状剖面图中予以说明。

因为需要根据土质调查试验报告评定各土层的强度和稳定性,报告中应有各层土的颜色、结构、密实度和状态等的描述资料，对岩石还应包括有关风化、节理、裂隙和胶结质等情况的说明。地基土质调查资料还应包括地下水及其随季节升降的高程，在冰冻地区应掌握土层的冻结深度、冻融情况及有关冻土力学数据。

如地基内遇到湿陷性黄土、多年冻土、软黏土、含大量有机质土或膨胀土、盐碱土时，对这些土层的特性还应有专门的试验资料，如湿陷性指标、冻土强度、有机质含量等。

4. 河流水文调查资料

设计桥梁墩台的基础，要有通过计算和调查取得的比较可靠的设计冲刷深度数据，并了解设计洪水频率的最高洪水位、低水位和常年水位及流量、流速、流向变化情况，河流的下蚀、侵蚀和河床的稳定性，架桥地点河槽、河滩、阶地淹没情况，并应注意收集河流变迁情况和水利设施及规划。在沿海地点尚应了解潮汐、潮流有关资料及对桥梁的影响关系。还应有河水及地下水侵蚀的检验资料。详见表 1.1。

二、可变作用的分类

可变作用指施加在结构上的一组集中力或分布力，或引起机构外加变形或约束变形的原因。前者叫直接作用（荷载），后者叫间接作用。现行《公路桥涵设计通用规范》（JTG D60—2004）根据作用出现的概率、持续时间、量值的变化，将公路桥涵设计采用的作用分为永久作用、可变作用、偶然作用 3 类，详见表 1.2。

（1）永久作用（恒载）：结构物的自重、土重及土的自重产生的侧向压力、水的浮力、预应力结构中的预应力、超静定结构中因混凝土收缩徐变和基础变位而产生的影响力。

（2）可变作用（活载）：汽车荷载、汽车冲击力、离心力、汽车引起的土侧压力、人群荷载、平板挂车或履带车荷载引起的土侧压力；风力、汽车制动力、流水压力、冰压力、支座摩阻力，在超静定结构中尚需考虑温度变化的影响力。

（3）偶然作用：船只或漂流物撞击力，施工荷载和地震力。

表 1.2 作用分类

编号	作用分类	作用名称
1	永久作用	结构重力（包括结构附加重力）
2		预加力
3		土的重力
4		土侧压力
5		混凝土收缩及徐变作用
6		水的浮力
7		基础变位作用
8	可变作用	汽车荷载
9		汽车冲击力
10		汽车离心力
11		汽车引起的土侧压力
12		人群荷载
13		汽车制动力
14		风荷载
15		流水压力
16		冰压力
17		温度（均匀温度和梯度温度）作用
18		支座摩阻力
19	偶然作用	地震作用
20		船舶或漂流物的撞击作用
21		汽车撞击作用

三、作用效应组合原则

一般作用效应是指结构对所受作用的反应，如弯矩、扭矩、位移等。组合原则：按承载能力极限状态和正常使用极限状态进行作用效应组合，取其最不利效应进行组合。最不利作用效应组合指所有可能的作用效应组合中对结构构件产生总效应最不利的一组作用效应组合。桥梁结构设计的关键是全面、合理的作用效应组合，而各种作用效应组合又与预期中桥梁所能达到的极限状态密切相关。

根据国际标准《结构可靠性总原则》(IS02394)采用以概率理论为基础的极限状态设计方法。极限状态是指结构或结构的一部分超过某一特定状态就不能满足设计规定的某一功能要求。

公路桥涵结构设计应考虑结构上可能同时出现的作用，按承载能力极限状态和正常使用极限状态进行作用效应组合，取其最不利效应组合进行设计：只有在结构上可能同时出现的作用，才进行其效应的组合。当结构或结构构件需做不同受力方向的验算时，则应以不同方向的最不利的作用效应进行组合。当可变作用的出现对结构或结构构件产生有利影响时，该作用不应参与组合。实际不可能同时出现的作用或同时参与组合概率很小的作用，按表 1.3 规定不考虑其作用效应的组合。

表 1.3 可变作用不同时组合

编号	作用名称	不与该作用同时参与组合的作用编号
13	汽车制动力	15，16，18
15	流水压力	13，16
16	冰压力	13，15
18	支座摩阻力	13

施工阶段作用效应的组合，应按计算需要及结构所处条件而定，结构上的施工人员和施工机具设备均应作为临时荷载加以考虑。组合式桥梁，当把底梁作为施工支撑时，作用效应宜分为两个阶段组合，底梁受荷为第一个阶段，组合梁受荷为第二个阶段。多个偶然作用不同时参与组合。

现行《公路桥涵设计通用规范》(JTG D60—2004)中规定，公路桥涵结构的设计基准期为 100 年，在设计计算时应考虑基准期内各种可能出现的作用效应组合，分别按承载能力极限状态和正常使用极限状态进行设计。下面对现行《公路桥涵设计通用规范》(JTG D60—2004)中有关承载能力极限状态和正常使用极限状态下各种作用效应组合进行简单介绍。

(一)公路桥涵结构按承载能力极限状态设计

公路桥涵结构按承载能力极限状态设计时，应采用作用效应基本组合和偶然组合。承载能力极限状态是指达到最大承载能力或不适于继续承载大变形的状态。

承载能力极限状态设计时，永久作用的设计值效应与可变作用设计值效应相组合，称基本组合。承载能力极限状态设计时，永久作用标准值效应与可变作用某种代表值效应、一种偶然作用标准值效应的组合，称为作用效应偶然组合。

1. 基本组合表达式

$$\gamma_0 S_{ud} = \gamma_0 \left(\sum_{i=1}^{m} \gamma_{Gi} S_{Gik} + \gamma_{Q1} S_{Q1K} + \psi_c \sum_{j=2}^{n} \gamma_{Qj} S_{Qjk}\right) \tag{1.1}$$

$$\gamma_0 S_{ud} = \gamma_0 \left(\sum_{i=1}^{m} S_{Gid} + S_{Q1d} + \psi_c \sum_{j=2}^{n} S_{Qjd}\right) \tag{1.2}$$

式中 S_{ud}——承载能力极限状态下作用基本组合的效应组合设计值；

γ_0——结构重要性系数，对应于设计安全等级一级、二级和三级分别取 1.1、1.0、0.9（按持久状况承载能力极限状态设计时，公路桥涵结构的设计安全等级，应根据结构破坏可能产生的后果的严重程度划分为 3 个设计等级，并不低于表 1.4 的规定）；

表 1.4　公路桥涵结构的设计安全等级

设计安全等级	桥涵结构
一级	特大桥、重要大桥
二级	大桥、中桥、重要小桥
三级	小桥、涵洞

γ_{Gi}——第 i 个永久作用效应的分项系数；

S_{Gik}，S_{Gid}——第 i 个永久作用效应的标准值和设计值；

γ_{Q1}——汽车荷载效应（含汽车冲击力、离心力）的分项系数，取 $\gamma_{Q1}=1.4$（当某个可变作用在效应组合中其值超过汽车荷载效应时，则该作用取代汽车荷载，其分项系数应采用汽车荷载的分项系数；对专为承受某作用而设置的结构或装置，设计时该作用的分项系数取与汽车荷载同值；计算人行道板和人行道栏杆的局部荷载，其分项系数也与汽车荷载取同值）；

S_{Q1k}，S_{Q1d}——汽车荷载效应（含汽车冲击力、离心力）的标准值和设计值；

γ_{Qj}——除汽车荷载效应（含汽车冲击力、离心力）、风荷载外的其他第 j 个可变作用效应的分项系数，取 $\gamma_{Qj}=1.4$，但风荷载的分项系数取 $\gamma_{Qj}=1.1$；

S_{Qjk}，S_{Qjd}——除汽车荷载效应（含汽车冲击力、离心力）外的其他第 j 个可变作用效应的标准值和设计值；

ψ_c——除汽车荷载效应（含汽车冲击力、离心力）外的其他可变作用效应的组合系数[当永久作用与汽车荷载和人群荷载（或其他一种可变作用）组合时，人群荷载（或其他一种可变作用）的组合系数取 $\psi_c=0.80$；当除汽车荷载（含汽车冲击力、离心力）外尚有两种其他可变作用参与组合时，其组合系数取 $\psi_c=0.7$；当有 3 种可变作用参与组合时，其组合系数取 $\psi_c=0.6$；当有 4 种及 4 种以上的可变作用参与组合时，取 $\psi_c=0.5$。]

2. **偶然组合表达式**

$$\gamma_0 S_{ad}=\gamma_0\left(\sum_{i=1}^{m}\gamma_{Gi}S_{Gik}+\gamma_a S_{ak}+\psi_{11}S_{Q1k}+\sum_{j=2}^{n}\psi_{2j}S_{Qjk}\right) \tag{1.3}$$

式中　γ_0——结构重要性系数，取 $\gamma_0=1.0$；

S_{ad}——承载能力极限状态下作用偶然组合的效应组合值；

S_{Gik}——第 i 个永久作用标准值效应；

S_{ak}——偶然作用标准值效应；

S_{Q1k}——除偶然作用外，第一个可变作用标准值效应（该标准值效应大于其他任意第

j 个可变作用标准值效应）；

S_{Qjk}——其他第 j 个可变作用标准值效应；

ψ_{11}——第一个可变作用的频遇值系数，稳定性验算时取 $\psi_{11}=1.0$；

ψ_{2j}——其他第 j 个可变作用的准永久值系数，稳定性验算时取 $\psi_{2j}=1.0$；

γ_{Gi}，γ_a——表达式中相应作用效应的分项系数，均取值为 1.0。

（二）公路桥涵结构按正常使用极限状态设计

公路桥涵结构按正常使用极限状态设计时，应采用作用短期效应组合和长期效应组合。正常使用极限状态是指对应于桥涵结构或其构件达到正常使用或耐久性的某项限值的状态。正常使用极限状态设计时，永久作用标准值效应与可变作用频遇值效应的组合，称为作用短期效应组合。正常使用极限状态设计时，永久作用标准值效应与可变作用准永久值效应的组合，称为作用长期效应组合。

当基础结构需要进行正常使用极限状态设计时，应根据不同的设计要求，采用作用短期效应组合和作用长期效应组合两种效应组合。

1. 短期效应组合表达式

$$S_{sd}=\sum_{i=1}^{m}S_{Gik}+\sum_{j=1}^{n}\psi_{1j}S_{Qjk} \tag{1.4}$$

式中：S_{sd}——作用短期效应组合设计值；

ψ_{1j}——第 j 个可变作用效应的频遇值系数，汽车荷载（不计冲击力）$\psi_1=0.7$，人群荷载 $\psi_1=1.0$，风荷载 $\psi_1=0.75$，温度梯度作用 $\psi_1=0.8$，其他作用 $\psi_1=1.0$；

S_{Qjk}——第 j 个可变作用效应的频遇值。

2. 长期效应组合表达式

$$S_{ld}=\sum_{i=1}^{m}S_{Gik}+\sum_{j=1}^{n}\psi_{2j}S_{Qjk} \tag{1.5}$$

式中　S_{ld}——作用长期效应组合设计值；

ψ_{2j}——第 j 个可变作用效应的准永久值系数，汽车荷载（不计冲击力）$\psi_2=0.4$，人群荷载 $\psi_2=0.4$，风荷载 $\psi_2=0.75$，温度梯度作用 $\psi_2=0.8$，其他作用 $\psi_2=1.0$；

S_{Qjk}——第 j 个可变作用效应的准永久值。

第三节　基础工程设计原则及设计理论

一、基础工程设计计算的原则

地基、基础、墩台和上部结构是共同工作且相互影响的一个整体，地基和基础的任何变化都会影响上部结构的受力和引起变形，为了保证建筑物的安全和正常使用，设计出安全、经济、可行的地基及基础，基础工程设计计算须符合下面的基本原则：

（1）基础底面的压力小于地基的容许承载力。

要求基础底面的压力小于地基的容许承载力。此外，地基承载力包括持力层承载力、软弱下卧层承载力均应判断是否满足要求。

（2）地基及基础的变形值小于建筑物要求的沉降值。地基变形包括地基沉降问题和地基稳定性问题。基础整体沉降、倾斜不仅影响建筑外观及使用，对部分敏感建筑还会对上部结构造成次生应力，造成上部结构应力调整重分布，可能影响部分构件承载力，严重的可能出现倾覆问题。所以，地基及基础的变形值应小于建筑物要求的沉降值。

（3）地基及基础的整体稳定性要有足够保证。地基及基础的整体稳定性要有足够保证，因为所有的基础设计均是建立在地基稳定的前提下进行的。比如建筑物在边坡附近时，首先要保证边坡稳定，其次必须满足建筑基础埋深及距边坡距离要求。

（4）基础本身的强度、耐久性满足要求。

二、考虑地基、基础、墩台及上部结构整体作用

基础工程应紧密结合上部结构、墩台特性和要求进行；上部结构的设计也应充分考虑地基的特点，把整个结构物作为一个整体，考虑整体作用和各个组成部分的共同作用。建筑物是一个整体，地基、基础、墩台和上部结构是共同工作且相互影响的，地基的任何变形都必定引起基础、墩台和上部结构的变形；不同类型的基础会影响上部结构的受力和工作；上部结构的力学特征也必然对基础的类型与地基的强度、变形和稳定条件提出相应的要求；地基和基础的不均匀沉降对于超静定的上部结构影响较大，因为较小的基础沉降差就能引起上部结构产生较大的内力。同时，恰当的上部结构、墩台结构形式也具有一定的适应地基基础受力条件和位移情况的能力。

所以，要全面分析建筑物整体和各组成部分的设计可行性、安全性和经济性，把强度、变形和稳定等要求紧密地与现场条件、施工条件结合起来，全面分析，综合考虑。

三、基础工程的极限状态设计

当前国际上进行工程结构设计大都采用的是可靠度理论，这也是目前发展的趋势。可靠性分析设计又称概率极限状态设计。可靠性含义就是指系统在规定的时间内在规定的条件下完成预定功能的概率。系统不能完成预定功能的概率即是失效概率。这种以统计分析确定的失效概率来度量系统可靠性的方法即为概率极限状态设计方法。

如何采用地基土性参数进行概率统计分析，是基础工程最重要的问题。地基土有着不确定性、复杂性、变异性，采用合适的参数设计是关键。由于地基土是在漫长的地质年代中形成的，是大自然的产物，其性质十分复杂，不仅不同地点的土性差别很大，即使同一地点、同一土层的土，其性质也随位置不同而发生变化。所以，地基土具有比任何人工材料大得多的变异性，它的复杂性质不仅难以人为控制，而且要清楚地认识它也很不容易。在进行地基

可靠性研究的过程中，取样、代表性样品选择、试验、成果整理分析等各个环节都有可能带来一系列的不确定性，增加测试数据的变异性，从而影响到最终分析结果。地基土因位置不同引起的固有可变性，样品测值与真实土性值之间的差异性，以及有限数量所造成的误差等，就构成了地基土材料特性变异的主要来源。这种变异性比一般人工材料的变异性大。因此，地基可靠性分析的精度，在很大程度上取决于土性参数统计分析的精度。

1. 基础工程极限状态设计与结构极限状态设计结构体系和模型上的特点

在结构工程中，可靠性研究的第一步是先解决单构件的可靠度问题，目前列入规范的亦仅仅是这一步，至于结构体系的系统可靠度分析还处在研究阶段，还没有成熟到可以用于设计标准的程度。地基是一个半无限体，与板梁柱组成的结构体系完全不同。

地基设计与结构设计不同的地方在于无论是地基稳定和强度问题或者是变形问题，求解的都是整个地基的综合响应。地基的可靠性研究无法区分构件与体系，从一开始就必须考虑半无限体的连续介质，或至少是一个大范围连续体。显然，这样的验算不论是从计算模型还是涉及的参数方面都比单构件的可靠性分析复杂得多。

在结构设计时，所验算的截面尺寸与材料试样尺寸之比并不很大。但在地基问题中却不然，地基受力影响范围的体积与土样体积之比非常大。这就引起了两方面的问题：一是小尺寸的试件如何代表实际工程的性状；二是由于地基的范围大，决定地基性状的因素不仅是一处土的特性，而是取决于一定空间范围内的平均土层特性，这是结构工程与基础工程在可靠度分析方面的最基本的区别所在。

2. 我国概率极限状态设计方法的应用

我国现行的地基基础设计规范，已开始采用概率极限状态设计方法，如 1995 年 7 月颁布的《建筑桩基技术规范》(JGJ 94—1994)。《公路桥涵地基基础设计规范》(JTG D63—2007) 引入了公路桥涵设计的极限状态原则。根据地基的变形性质，明确将地基设计定位于正常使用极限状态，相应的作用采用短期效应组合或长期效应组合。

地基承载力计算时，承载力的选取以不使地基中出现长期塑性变形，同时考虑相应于承载力的地基变形与结构构件的变形具有不同的功能，作用不采用构件变形计算的短期效应组合，而采用短期效应标准值组合。

基础沉降计算时，则不仅考虑结构自重力对沉降有影响，而且在桥涵使用期内可变作用的准永久值持续时间很长，对沉降也有很大的影响，作用采用了其长期效应组合。

基础结构与结构构件一样也进行两类极限状态设计：基础结构承载力和稳定性按承载能力极限状态设计；裂缝宽度等按正常使用极限状态设计，使得公路桥涵地基基础设计规范与公路桥梁系列设计规范的体系相协调。

第四节　桥梁基础工程的发展历史与现状

我国是一个具有悠久历史的文明古国，古代劳动人民在基础工程方面，也早就表现出高超的技艺和创造才能。在建筑物的基础建造方面有悠久的历史。从陕西半坡村新石器时代的遗址中发掘出的木柱下已有掺陶片的夯土基础；陕县庙底沟的屋柱下也有用扁平的砾石做的基础；洛阳王湾墙基的沟槽内则填红烧土碎块或铺一层平整的大块砾石。到战国时期，已有块石基础。到北宋元丰年间，基础类型已发展到木桩基础、木筏基础及复杂地基上的桥梁基础、堤坝基础，使基础形式日臻完善。

许多宏伟壮丽的中国古代建筑逾千百年仍留存至今安然无恙的事实就说明了这一点。如隋代李春于公元595—605年建造的河北赵州安济桥，是世界上首创的石砌敞肩平拱桥，其跨径为37.02 m，宽9 m，矢高7.23 m，采用扩大基础，基础平面尺寸为5.5 m×10 m，高4.4 m，建在较浅的密实粗砂地基上。反算拱的最大推力为24MN，即使按照现在的规范验算，地基承载力和基础后侧的被动土压力均能满足设计要求。这座桥的特点是：全桥只有一个大拱，长达37.4 m，在当时可算是世界上最长的石拱。桥洞不是普通半圆形，而是像一张弓，因而大拱上面的道路没有陡坡，便于车马上下。大拱的两肩上，各有两个小拱。这是创造性的设计，不但节约了石料，减轻了桥身的重量，而且在河水暴涨的时候，还可以增加桥洞的过水量，减轻洪水对桥身的冲击。同时，拱上加拱，桥身也更美观。大拱由28道拱圈拼成，就像这么多同样形状的弓合龙在一起，作成了一个弧形的桥洞。每道拱圈都能独立支撑上面的重量，一道坏了，其他各道不致受到影响。全桥结构匀称，和四周景色配合得十分和谐。赵州桥的设计构思和工艺的精巧，不仅在我国古代是首屈一指，据对世界桥梁的考证，像这样的敞肩拱桥，欧洲到19世纪中期才出现，比我国晚了一千二百多年。唐朝的张鷟说，远望这座桥就像“初月出云，长虹饮涧”。再如我国于1053—1059年在福建泉州建造的洛阳桥，桥址水深流急，潮汐涨落频繁，河床变化剧烈，根据当时条件修建桥基很困难。但建筑者采用先在江底抛投大石块，再在其上移植蚝使其繁殖，将石块胶结成整体，进而形成坚实的人工地基，再在其上建桥基，这种独特的施工方法，实为世界首创。

在国外，18世纪欧洲工业革命后的资本主义工业化的发展，带动交通和桥梁科技的大发展。1773年法国C.A.库仑提出土的抗剪强度和土压力理论，1925年K.太沙基出版《土力学》为桥梁基础的设计和计算分析奠定了理论基础；1936年成立国际土力学和基础工程学会，并第一次举行了国际学术会议，开始了桥梁基础在设计、施工、试验、勘测等方面进入国际性交流的时代，使工业发达国家在桥梁深水基础领域有了更新的发展。例如，1936年建成的美国旧金山—奥克兰大桥在水深32 m、覆盖层厚54.7 m的条件下，采用60 m×28 m浮运沉井，定位后射水、吸泥下沉，基础深度达73.28 m。

1937年，在桥梁工程先驱茅以升的组织下，中国人才开始自己设计和修建了中国第一座现代大型桥梁——杭州钱塘江大桥。桥址处水深有十余米，基础采用17.4 m×11.1 m×6 m的气压沉箱，有6个墩基础直接沉至岩石上，有9个墩先打长30 m的木桩，而沉箱设于桩顶上。钱塘江大桥开创了我国桥梁深水基础的先河，并缩小了我国桥梁深水基础施工技术与西方的差距。1957年，我国第一座长江大桥——武汉长江大桥的胜利建成，结束了我国万里长江无桥的状况，从此“一桥飞架南北，天堑变通途”。该桥采用新型的管柱基础，克服了深水作业的困难，随后我国的桥梁建设进入了快速发展的阶段。

随着桥梁上部结构的迅猛发展，必然给下部结构提出了更高的要求。20世纪50年代以后，以中国、日本为首大力发展了深水基础技术。如50年代在武汉长江大桥中首创了管柱基础，60 年代在南京长江大桥中发展了重型沉井、深水钢筋混凝土沉井和钢沉井；70 年代在九江长江大桥中创造了双壁钢围堰钻孔桩基础；80 年代进一步发展了复合基础。在日本，其深水基础技术发展很快，以地下连续墙、设置沉井和无人沉箱技术最为突出。现代桥梁向大跨、轻型、高强、整体方向发展，桥梁基础结构形式正在出现日新月异的变化。这在工程中会遇到许多新的技术难题，需要进一步学习各国已有的深水基础的先进成果和技术，并结合我国实际情况和具体桥梁工程进行认真分析、研究，才能保证我国桥梁基础的技术水平持续发展。

思考题

1. 地基及基础的概念是什么？
2. 地基、基础的特点是什么？
3. 什么叫天然地基、人工地基？
4. 基础工程设计和施工需要哪些资料？
5. 最不利作用效应组合定义是什么？
6. 基础工程设计计算的基本原则是什么？
7. 公路桥涵结构的设计按哪两种极限状态设计？
8. 什么叫作用效应基本组合和偶然组合？

第二章　天然地基上的浅基础

浅基础的定义：埋入地层深度较浅，施工一般采用敞口开挖基坑修筑的基础。浅基础在设计计算时可以忽略基础侧面土体对基础的影响，基础结构形式和施工方法也较简单。深基础埋入地层较深，结构形式和施工方法较浅基础复杂，在设计计算时需考虑基础侧面土体的影响。

天然地基浅基础的特点：由于埋深浅、结构形式简单、施工方法简便，造价也较低，因此是建筑物最常用的基础类型。

第一节　天然地基上浅基础的类型及构造

一、浅基础按受力性能不同分类

根据受力条件及构造的不同，天然地基浅基础可以分为刚性基础和柔性基础。

1. 刚性基础

基础在外力（包括基础自重）作用下，基底的地基反力为σ，此时基础的悬出部分，*a-a*断面左端[见图 2.1（b）]，相当于承受着强度为f_a的均布荷载的悬臂梁，在荷载作用下，*a-a*断面将产生弯曲拉应力和剪应力。当基础圬工具有足够的截面使材料的容许应力大于由地基反力产生的弯曲拉应力和剪应力时，*a-a*断面不会出现裂缝，这时，基础内不需配置受力钢筋，这种基础称为刚性基础。它是桥梁、涵洞和房屋等建筑物常用的基础类型。其形式有：刚性扩大基础，单独柱下刚性基础、条形基础等。

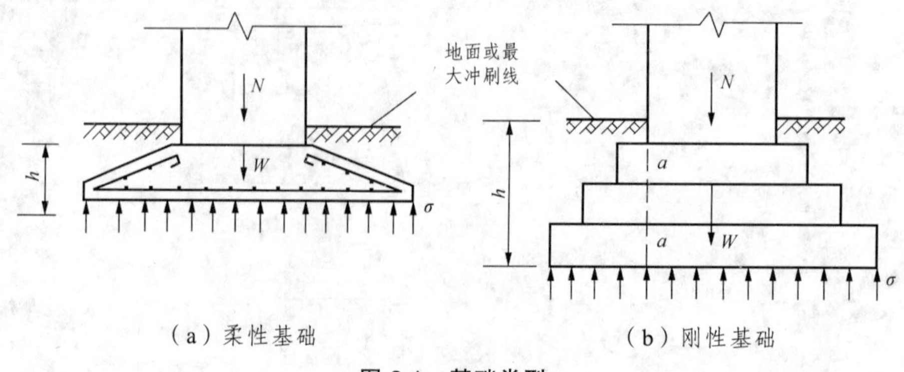

图 2.1　基础类型

刚性基础常用的材料：主要有混凝土，粗料石和片石。混凝土是修筑基础最常用的材料，它的优点是强度高、耐久性好，可浇筑成任意形状的砌体，混凝土强度等级一般不宜小于 C15

号。对于大体积混凝土基础，为了节约水泥用量，可掺入不多于砌体体积 20%的片石（称片石混凝土）。

刚性基础的特点：稳定性好、施工简便、能承受较大的荷载。它的主要缺点是自重大，并且当持力层为软弱土时，由于扩大基础面积有一定限制，需要对地基进行处理或加固后才能采用，否则会因所受的荷载压力超过地基强度而影响建筑物的正常使用。所以对于荷载大或上部结构对沉降差较敏感的建筑物，当持力层的土质较差又较厚时，刚性基础作为浅基础是不适宜的。

2. 柔性基础

基础在基底反力作用下，在 *a-a* 断面产生弯曲拉应力和剪应力若超过了基础圬工的强度极限值，为了防止基础在 *a-a* 断面开裂甚至断裂，可将刚性基础尺寸重新设计，并在基础中配置足够数量的钢筋，这种基础称为柔性基础[图 2.1（a）]。柔性基础主要是用钢筋混凝土浇筑，常见的形式有柱下扩展基础、条形和十字形基础筏板及箱形基础，其整体性能较好，抗弯刚度较大。

柔性基础的特点：整体性能较好，抗弯刚度较大。如筏板和箱形基础，在外力作用下只产生均匀沉降或整体倾斜，这样对上部结构产生的附加应力比较小，基本上消除了由于地基沉降不均匀引起的建筑物损坏。所以在土质较差的地基上修建高层建筑物时，采用这种基础形式是适宜的。不受刚性角限制，可以做成扁平形状。但是柔性基础，特别是箱形基础，钢筋和水泥的用量较大，施工技术复杂，造价高，所以采用这种基础形式应与其他基础方案（如采用桩基础等）比较后再确定。

二、浅基础按构造不同分类

1. 刚性扩大基础

将基础平面尺寸扩大以满足地基强度要求，这种刚性基础又称刚性扩大基础。其平面形状常为矩形，每边扩大的尺寸最小为 0.20 ~ 0.50 m，作为刚性基础，每边扩大的最大尺寸应受到材料刚性角的限制。当基础较厚时，可在纵横两个剖面上都做成台阶形，以减少基础自重，节省材料。它是桥涵及其他建筑物常用的基础形式，如图 2.2 所示。

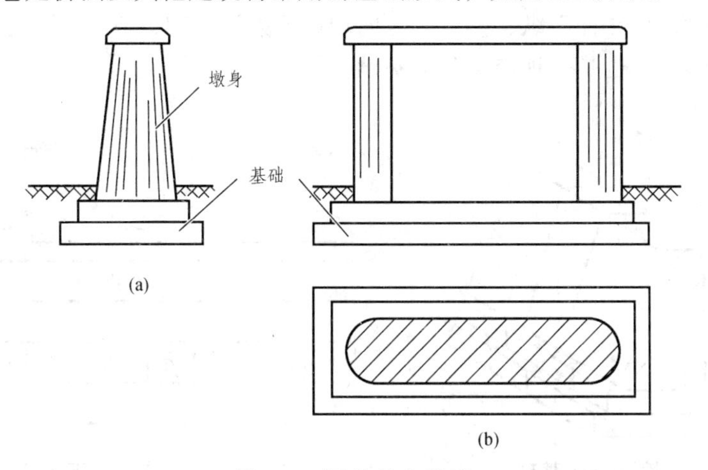

图 2.2　刚性扩大基础

2. 单独和联合基础

单独基础是立柱式桥墩和房屋建筑常用的基础形式之一。它的纵横剖面均可砌筑成台阶式，如图 2.3（a）、（b）所示，但柱下单独基础用石或砖砌筑时，则在柱子与基础之间用混凝土墩连接。个别情况下柱下基础用钢筋混凝土浇筑时，其剖面也可浇筑成锥形，如图 2.3（c）所示。

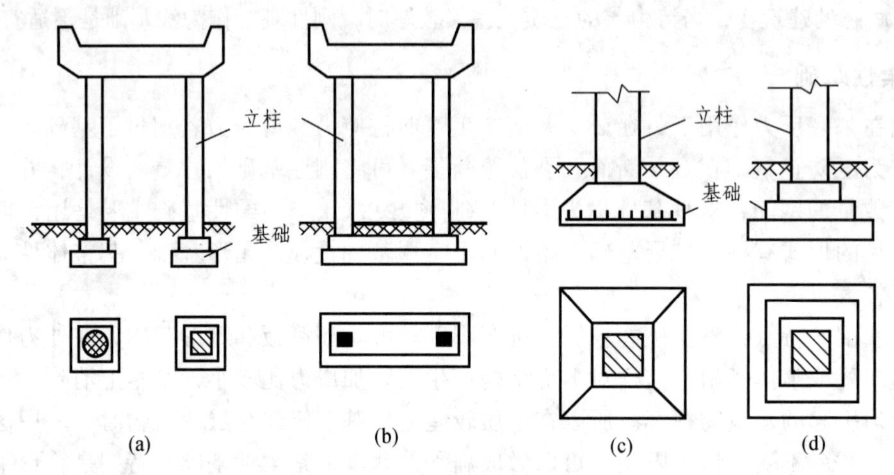

图 2.3 单独和联合基础

3. 条形基础

条形基础分为墙下和柱下条形基础，墙下条形基础是挡土墙下或涵洞下常用的基础形式，其横剖面可以是矩形或将一侧筑成台阶形，如图 2.4 所示。如挡土墙很长，为了避免在沿墙长方向因沉降不匀而开裂，可根据土质和地形予以分段，设置沉降缝。有时候，为了增强桥柱下基础的承载能力，将同一排若干个柱子的基础联合起来，也就成为柱下条形基础，如图 2.5 所示。其构造与倒置的 T 形截面梁相类似，在沿柱子的排列方向的剖面可以是等截面的，也可以如图 2.5 所示那样在柱位处加腋。在桥梁基础中，一般是做成刚性基础，个别的也可做成柔性基础。

如地基土很软，基础在宽度方向需进一步扩大面积，同时又要求基础具有空间的刚度来调整不均匀沉降时，可在柱下纵、横两个方向均设置条形基础，成为十字形基础。这是房屋建筑常用的基础形式，也是一种交叉条形基础。

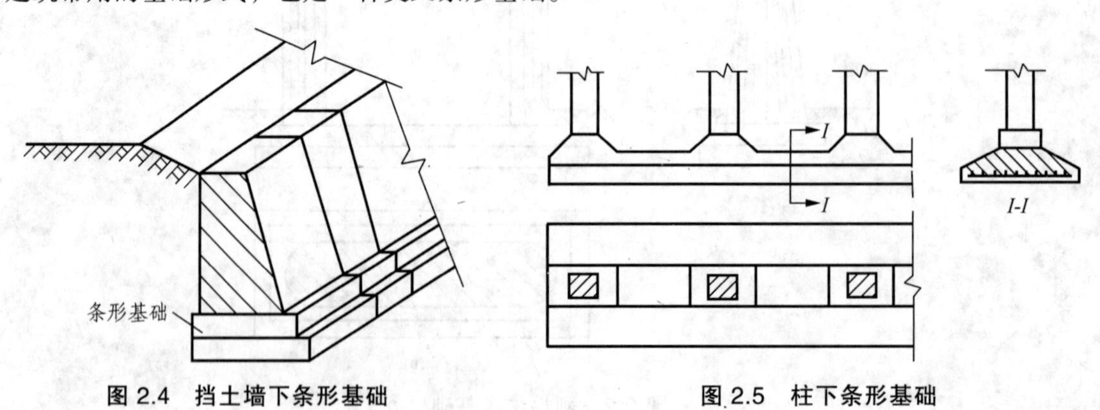

图 2.4 挡土墙下条形基础

图 2.5 柱下条形基础

4. **筏板和箱形基础**（图 2.6、图 2.7）

筏板和箱形基础都是房屋建筑常用的基础形式。当立柱或承重墙传来的荷载较大，地基土质软弱又不均匀，采用单独或条形基础均不能满足地基承载力或沉降的要求时，可采用筏板式钢筋混凝土基础，这样既扩大了基底面积又增加了基础的整体性，并避免建筑物局部发生不均匀沉降。

筏板基础在构造上类似于倒置的钢筋混凝土楼盖，它可以分为平板式[图 2.6（a）]和梁板式[图 2.6（b）]。平板式常用于柱荷载较小而且柱子排列较均匀和间距也较小的情况。为了增大基础刚度，可将基础做成由钢筋混凝土顶板、底板及纵横隔墙组成的箱形基础（见图 2.7），它的刚度远大于筏板基础，而且基础顶板和底板间的空间常可用作地下室。它适用于地基较软弱，土层厚，建筑物对不均匀沉降较敏感或荷载较大而基础建筑面积不太大的高层建筑。

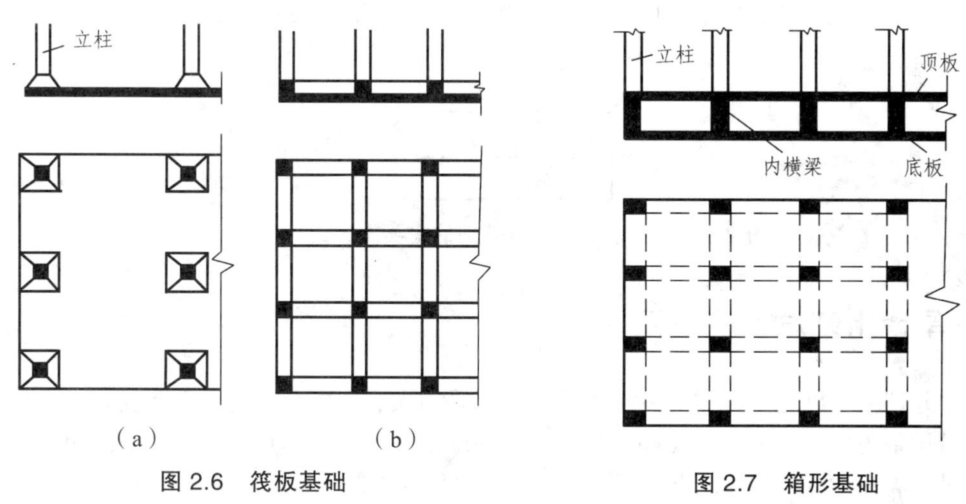

图 2.6　筏板基础　　图 2.7　箱形基础

第二节　刚性扩大基础施工

天然地基上浅基础的施工一般采用明挖的方法进行，主要的施工工序包括以下内容：施工准备、测量放样、基坑开挖、基坑排水、基坑检验和处理、基础砌筑、基坑的回填等，如图 2.8 所示。

采用明挖的方法进行基坑开挖作业时应尽量在枯水或少雨季节进行，且不宜间断。基坑挖至基底设计标高应立即对基底土质及坑底情况进行检验，验收合格后应尽快修筑基础，不得将基坑暴露过久。基坑可用机械或人工开挖，接近基底设计标高应留 30 cm 高度由人工开挖，以免破坏基底土的结构。基坑开挖时根据土质及开挖深度对坑壁予以围护或不围护，围护的方式有多种多样。水中开挖基坑还需先修筑防水围堰，基坑开挖过程中要注意排水，基坑尺寸要比基底尺寸每边大 0.5 ~ 1.0 m，以方便设置排水沟及立模板和砌筑工作。下面分别介绍旱地和水中浅基础的施工。

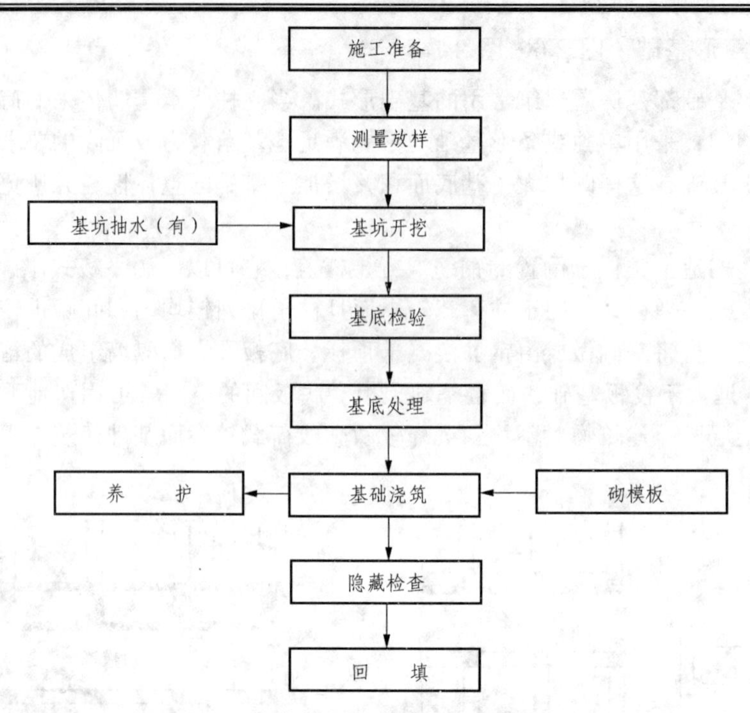

图 2.8　天然地基上的浅基础的主要施工工艺

一、旱地上基坑开挖及围护

基坑的开挖主要以施工机械为主来进行，局部采用人工相配合。它不需要复杂的机具，常用的机械设备为挖掘机和抓土斗等，技术条件和施工方法较简单且易操作。当采用机械挖土挖至距设计高程约 0.3 m 时，应采用人工修整，以保证地基土结构不被扰动破坏。

在基坑开挖过程中，应根据坑壁稳定与否，对坑壁不设围护或设置围护。

（一）无围护的基坑

基坑较浅，地下水位较低或渗水量较少，不影响坑壁稳定时，此时可将坑壁挖成竖直或斜坡形。竖直坑壁只适宜在岩石地基或基坑较浅又无地下水的硬黏土中采用。在一般土质条件下开挖基坑时，应采用放坡开挖的方法，如图 2.9 所示。

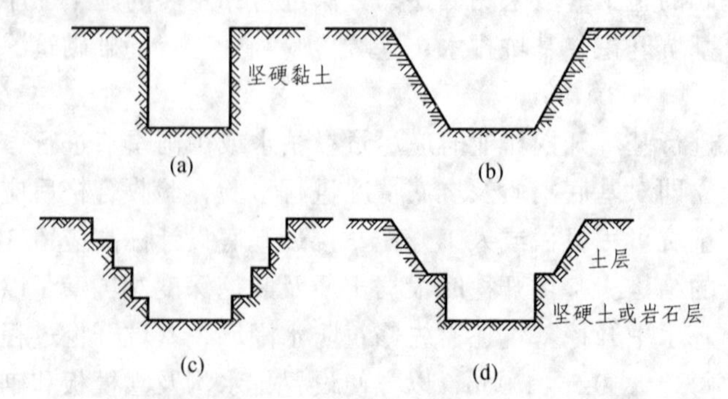

图 2.9　不设围护的坑壁形式

（a）垂直坑壁；（b）斜坡坑壁；（c）阶梯坑壁；（d）上层斜坡下层垂直坑壁石层

（二）有围护的基坑

当基坑较深，坑壁土质疏松，地下水影响较大，边坡不稳定，或者放坡开挖受到现场的限制，或者放坡开挖造成的土方量过大时，宜采用加设围护结构的竖直坑壁基坑，这样可以减少土方又保证了安全。基坑的围护方法比较多，常用的基坑围护结构有挡板围护、板桩墙围护、混凝土围护、桩体围护，等等，下面简单介绍几种。

1. 挡板围护

挡板围护主要是指木挡板、钢木结合、钢结构挡板。挡板的支撑适用于开挖面积不大，地下水较低，挖基深度较浅的基坑，一般施工是先开挖基坑后设置挡板围护。

2. 板桩墙支护

板桩是在基坑开挖前先垂直打入土中至坑底以下一定深度，然后边挖边设支撑，开挖基坑过程中始终是在板桩支护下进行。

板桩墙分无支撑式[见图 2.10（a）]、支撑式和锚撑式[见图 2.10（d）]。支撑式板桩墙按设置支撑的层数可分为单支撑板桩墙[见图 2.10（b）]和多支撑板桩墙[见图 2.10（c）]。由于板桩墙多应用于较深基坑的开挖，故多支撑板桩墙应用较多。

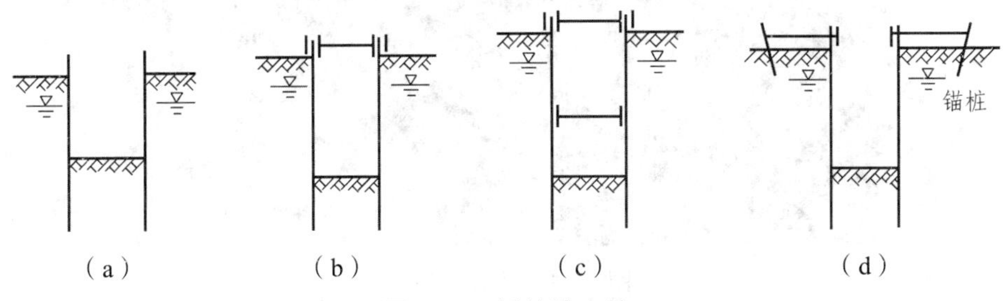

图 2.10　板桩墙支护

3. 喷射混凝土护壁

喷射混凝土护壁，宜用于土质较稳定，渗水量不大，深度小于 10 m，直径为 6 ~ 12 m 的圆形基坑。对于有流砂或淤泥夹层的土质，也有使用成功的实例。

喷射混凝土护壁的基本原理是以高压空气为动力，将搅拌均匀的砂、石、水泥和速凝剂干料，由喷射机经输料管吹送到喷枪，在通过喷枪的瞬间，加入高压水进行混合，自喷嘴射出，喷射在坑壁，形成环形混凝土护壁结构，以承受土压力。

4. 混凝土围圈护壁

采用混凝土围圈护壁时，基坑自上而下分层垂直开挖，开挖一层后随即灌注一层混凝土壁。为防止已浇筑的围圈混凝土施工时因失去支承而下坠，顶层混凝土应一次整体浇筑，以下各层均间隔开挖和浇筑，并将上下层混凝土纵向接缝错开。开挖面应均匀分布对称施工，及时浇筑混凝土壁支护，每层坑壁无混凝土壁支护总长度应不大于周长的一半。分层高度以垂直开挖面不坍塌为原则，一般顶层高 2 m 左右，以下每层高 1 ~ 1.5 m。混凝土围圈护壁也是用混凝土环形结构承受土压力，但其混凝土壁是现场浇筑的普通混凝土，壁厚较喷射混凝土大，一般为 15 ~ 30 cm，也可按土压力作用下环形结构计算。

喷射混凝土护壁要求有熟练的技术工人和专门设备，对混凝土用料的要求也较严，用于超过 10 m 的深基坑尚无成熟经验，因而有其局限性。混凝土围圈护壁则适应性较强，可以按一般混凝土施工，基坑深度可达 15 ~ 20 m，除流砂及呈流塑状态黏土外，可适用于其他各种土类。

5. 桩体围护

在软弱土层中较深的基坑，可以采用钻挖孔灌注桩或深层搅拌桩等，按密排或框格形布置成连续墙形成支挡结构，如图 2.11 所示。常用于市政工程、工业与民用建筑工程，桥梁工程中也有使用。

图 2.11 挖孔灌注桩

二、基坑排水

基坑如在地下水位以下，随着基坑的下挖，渗水将不断涌集基坑，因此施工过程中必须不断地排水，以保持基坑的干燥，便于基坑挖土和基础的砌筑与养护。目前，常用的基坑排水方法有表面排水和井点法降低地下水位这两种。

1. 表面排水法

表面排水法是在基坑整个开挖过程及基础砌筑和养护期间，在基坑四周开挖集水沟汇集坑壁及基底的渗水，并引向一个或数个比集水沟挖得更深一些的集水坑，集水沟和集水坑应设在基础范围以外，在基坑每次下挖以前，必须先挖沟和坑，集水坑的深度应大于抽水机吸水龙头的高度，在吸水龙头上套竹筐围护，以防土石堵塞龙头，如图 2.12 所示。

这种排水方法设备简单、费用低，一般土质条件下均可采用。但当地基土为饱和粉细砂土等黏聚力较小的细粒土层时，由于抽水会引起流砂现象，造成基坑的破坏和坍塌。因此，当基坑为这类土时，应避免采用表面排水法。表面排水法也叫集水坑排水法或明式排水法。

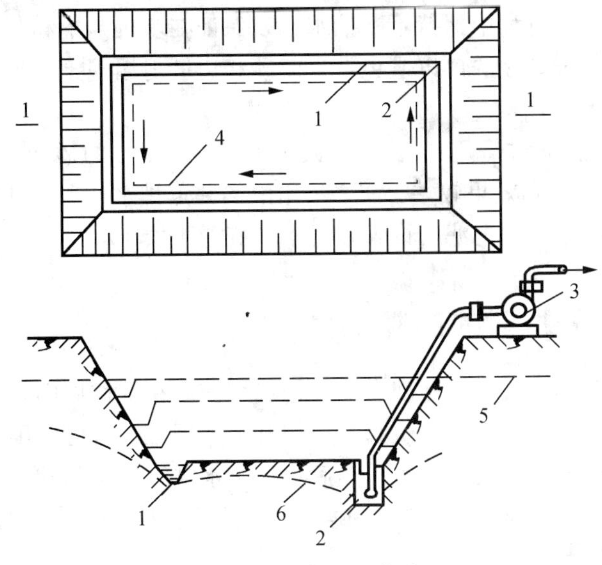

图 2.12　表面排水法

1—排水明沟；2—集水井；3—离心式水泵；4—设备基础或建筑物边线；
5—原地下水位线；6—降低后的地下水位线

2. 井点法降低地下水位

井点降水法根据使用设备的不同，主要有轻型井点、喷射井点、电渗井点和深井泵井点等多种类型，可根据土的渗透系数，要求降低水位的深度及工程特点选用，如图 2.13 所示。对粉质土、粉砂类土等如采用表面排水极易引起流砂现象，影响基坑稳定，此时可采用井点法降低地下水位排水。

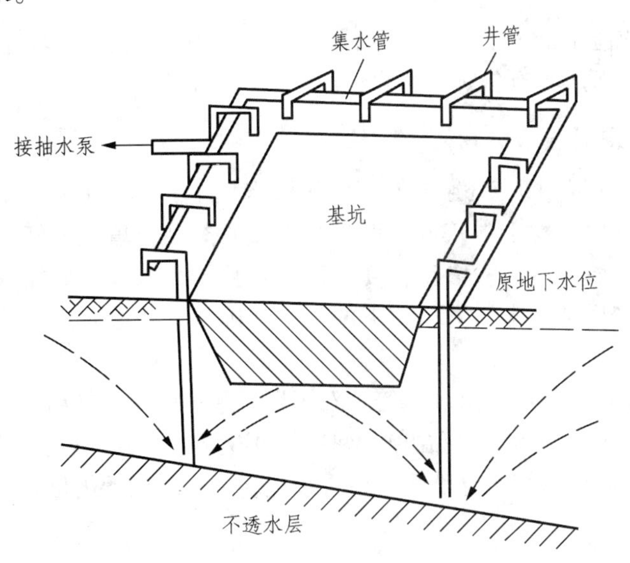

图 2.13　井点降水法

轻型井点降水是在基坑开挖前预先在基坑四周打入(或沉入)若干根井管,井管下端 1.5 m 左右为滤管，上面钻有若干直径约 2 mm 的滤孔，外面用过滤层包扎起来。各个井管用集水管连接并抽水。由于使井管两侧一定范围内的水位逐渐下降，各井管相互影响形成了一个连续的疏干区。在整个施工过程中保持不断抽水，以保证在基坑开挖和基础砌筑的整个过程中基坑始终保持着无水状态。该法可以避免发生流砂和边坡坍塌现象，且由于流水压力对土层还有一定的压密作用。

井点法降低地下水位法适用于渗水系数为 0.1 ~ 80 m/d 的砂土。对于渗水系数小于 0.1 m/d 的淤泥、软黏土等则效果较差，需要采用电渗井点排水或者其他的方法。在采用井点法降低地下水位时，应考虑到把滤管设置在透水性好的土层中。

三、水中基坑开挖时的围堰工程

围堰的定义：在水中修筑桥梁基础时，开挖基坑前需在基坑周围先修筑一道防水围堰，把围堰内的水排干后，再开挖基坑修筑基础。如排水较困难，也可在围堰内进行水下挖土，挖至预定标高后先灌注水下封底混凝土，然后再抽干水继续修筑基础。在围堰内不但可以修筑浅基础，也可以修筑桩基础等。围堰的种类主要有土围堰、草（麻）袋围堰、钢板桩围堰、双壁钢围堰和地下连续墙围堰等。

对围堰的要求：

（1）围堰顶面标高应高出施工期间中可能出现的最高水位 0.5 m 以上，有风浪时应适当加高。

（2）修筑围堰将压缩河道断面，使流速增大引起冲刷，或堵塞河道影响通航，因此要求河道断面压缩一般不超过流水断面面积的 30%。对两边河岸河堤或下游建筑物有可能造成危害时，必须征得有关单位同意并采取有效防护措施。

（3）围堰内尺寸应满足基础施工要求，留有适当工作面积，由基坑边缘至堰脚距离一般不少于 1 m。

（4）围堰结构应能承受施工期间产生的土压力、水压力以及其他可能发生的荷载，满足强度和稳定要求。围堰应具有良好的防渗性能。

1. 土围堰和草袋围堰

在水深较浅（2 m 以内），流速缓慢，河床渗水较小的河流中修筑基础可采用土围堰或草袋围堰。土围堰可用任意土料筑成，但以黏土或砂类黏土填筑最好，无黏性土时，也用砂土类填，但需加宽堰身以加大渗流长度，砂土颗粒越大堰身越要加厚。围堰断面应根据使用土质条件，渗水程度及水压力作用下的稳定性确定。若堰外流速较大时，可在外侧用草袋防护。

此外，还可以用竹笼片石围堰和木笼片石围堰做水中围堰，其结构由内外两层装片石的竹（木）笼中间填黏土心墙组成。黏土心墙厚度不应小于 2 m。为避免片石笼对基坑顶部施加的压力过大，并为必要时变更基坑边坡留有余地，片石笼围堰内侧一般应距基坑顶缘 3 m 以上。

2. 钢板桩围堰

修建水中桥梁基础常使用单层钢板桩围堰，其支撑（一般为万能杆件构架，也采用浮箱拼装）和导向（由槽钢组成内外导环）系统的框架结构称“围囹”或“围笼”（见图 2.14）。

（1）围囹施工。在深水中进行钢板桩围堰施工时，先在岸边或泊船上拼装围囹，然后运送到基础位置定位，在围囹中打定位桩，将围囹固定在定位桩上作为施工平台，撤出泊船，接着在施工平台上沿导环插打钢板桩。

（2）适用条件。当水较深时，可采用钢板桩围堰。它具有材料强度高、防水性能好、穿透土层能力强、堵水面积小，并可重复使用的优点。钢板桩围堰一般适用于河床为砂土、碎石土和半干硬性黏土的情况，并可嵌入风化岩层。围堰内抽水深度最大可达 20 m 左右。

（3）插桩顺序。应能保证钢板桩在流水压力作用下紧贴围囹，一般导自上游靠主流一角开始分两侧插向下游合龙，并使靠主流侧所插桩数多于另一侧。插打能否顺利合龙在于桩身是否垂直和围堰周边能否为钢板桩数所均分。插打合龙后再将钢板桩打至设计高程。打桩顺序应由合龙桩开始分两边依次进行。如钢板桩垂直度较好，可一次打桩至要求的深度，若垂直度较差，宜分两次施打，即先将所有桩打入约一半深度后，再第二次打到要求深度。

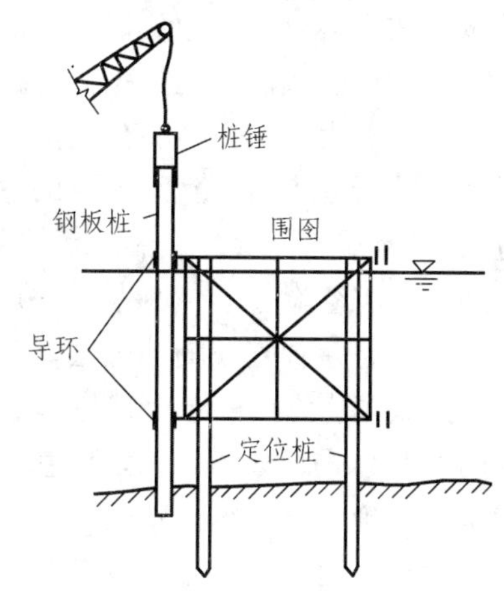

图 2.14　围囹法打钢板桩

3. 双壁钢围堰

在深水中修建桥梁基础还可以采用双壁钢围堰。双壁钢围堰一般做成圆形结构，它本身实际上是个浮式钢沉井。井壁钢壳是由有加劲肋的内外壁板和若干层水平钢桁架组成，中空的井壁提供的浮力可使围堰在水中自浮，使双壁钢围堰在漂浮状态下分层接高下沉。在两壁之间设数道竖向隔舱板将圆形井壁等分为若干个互不连通的密封隔舱，利用向隔舱不等高灌水来控制双壁围堰下沉及调整下沉时的倾斜。

井壁底部设置刃脚以利切土下沉。如需将围堰穿过覆盖层下沉到岩层而岩面高差又较大时，可做成高低刃脚密贴岩面。双壁围堰内外壁板间距一般为 1.2 ~ 1.4 m，这就使围堰刚度很大，围堰内无需设支撑系统。

第三节　地基承载力的确定

地基容许承载力是在地基原位测试或规范给出的各类岩土承载力基本容许值$[f_{a0}]$的基础上，经修正后得到。

一、地基容许承载力的确定

地基容许承载力的确定一般有以下 4 种方法：

（1）原位试验法：是一种通过现场直接试验确定承载力的方法。

原位试验法包括（静）载荷试验、静力触探试验、标准贯入试验、旁压试验等，其中，载荷试验法为最可靠的原位测试法。

（2）理论公式法：是根据土的抗剪强度指标计算的理论公式确定承载力的方法。

（3）规范表格法（经验公式法）：是根据室内试验指标、现场测试指标或野外鉴别指标，通过查规范所列表格得到承载力的方法。规范不同（包括不同部门、不同行业、不同地区的规范），其承载力不会完全相同，应用时需注意各自的使用条件。

（4）当地经验法（参照的方法）：是一种基于地区的使用经验，进行类比判断确定承载力的方法，它是一种宏观辅助方法。

按照我国《公路桥涵地基与基础设计规范》（JTG D63—2007）（以下简称为《公桥基规》）提供的经验公式和数据来确定地基容许承载力的步骤和方法如下：确定土的分类名称，确定土的状态，确定土的容许承载力。

一般岩石地基可根据强度等级、节理按表 2.1 确定承载力基本容许值$[f_{a0}]$。对于复杂的岩石（如溶洞、断层、软弱夹层、易溶岩石、软化岩石等）应按各项因素综合确定。碎石土地基可根据其类别和密度程度按表 2.2 确定承载力基本容许值$[f_{a0}]$。

表 2.1　岩石地基承载力基本容许值$[f_{a0}]$（kPa）

坚硬程度 \ $[f_{a0}]$ \ 节理发育程度	节理不发育	节理发育	节理很发育
坚硬岩、较硬岩	>3 000	3 000 ~ 2 000	2 000 ~ 1 500
较软岩	3 000 ~ 1 500	1 500 ~ 1 000	1 000 ~ 800
软岩	1 200 ~ 1 000	1 000 ~ 800	800 ~ 500
极软岩	500 ~ 400	400 ~ 300	300 ~ 200

表 2.2　碎石土地基承载力基本容许值$[f_{a0}]$（kPa）

密实程度 \ $[f_{a0}]$ \ 土名	密实	中密	稍密	松散
卵石	1 200 ~ 1 000	1 000 ~ 650	650 ~ 500	500 ~ 300
碎石	1 000 ~ 800	800 ~ 550	550 ~ 400	400 ~ 200
圆砾	800 ~ 600	600 ~ 400	400 ~ 300	300 ~ 200
角砾	700 ~ 500	500 ~ 400	400 ~ 300	300 ~ 200

注：① 由硬质岩组成，填充砂土者取高值；由软质岩组成，填充黏性土者取低值。
② 半胶结的碎石土，可按密实的同类土的$[f_{a0}]$值提高 10% ~ 30%。
③ 松散的碎石土在天然河床中很少遇见，需特别注意鉴定。
④ 漂石、块石的$[f_{a0}]$值，可参照卵石、碎石适当提高。

一般黏性土可根据液性指数 I_L 和天然孔隙比 e，按表 2.3 确定地基承载力基本容许值$[f_{a0}]$。

表 2.3　一般黏性土地基承载力基本容许值 $[f_{a0}]$（kPa）

$[f_{a0}]$ e \ I_L	0	0.1	0.2	0.3	0.4	0.5	0.6	0.7	0.8	0.9	1.0	1.1	1.2
0.5	450	440	430	420	400	380	350	310	270	240	220	—	—
0.6	420	410	400	380	360	340	310	280	250	220	200	180	—
0.7	400	370	350	330	310	290	270	240	220	190	170	160	150
0.8	380	330	300	280	260	240	230	210	180	160	150	140	130
0.9	320	280	260	240	220	210	190	180	160	140	130	120	100
1.0	250	230	220	210	190	170	160	150	140	120	110	—	—
1.1	—	—	160	150	140	130	120	110	100	90	—	—	—

注：① 土中含有粒径大于 2 mm 的颗粒质量超过总质量 30%以上者，$[f_{a0}]$可适当提高。

② 当 $e<0.5$ 时，取 $e=0.5$；当 $I_L<0$ 时，取 $I_L=0$。此外，超过表列范围的一般黏性土，$[f_{a0}]=57.22E_s^{0.57}$。

修正后的地基承载力容许值$[f_a]$按式（2.1）确定。当基础位于水中不透水地层上时，$[f_a]$按平均常水位至一般冲刷线的水深每米再增大 10 kPa。

$$[f_a]=[f_{a0}]+K_1\gamma_1(b-2)+K_2\gamma_2(h-3) \tag{2.1}$$

式中　$[f_a]$——修正后的地基土容许承载力（kPa）；

b——基础底面的最小边宽（m），当 $b<2$ m 时，取 $b=2$ m；当 $b>10$ m 时，取 $b=10$ m；

h——基础底面的埋置深度（m），当受水流冲刷的基础，由一般冲刷线算起；不受水流冲刷的基础，由天然地面算起；当 $h<3$ m 时，取 $h=3$ m；当 $h/b>4$ 时，取 $h=4b$；

γ_1——基底下持力层土的天然重度（kN/ m^3），如持力层在水面以下且为透水性土时，应取用浮重度；

γ_2——基底以上土的重度（如为多层土时用换算重度）（kN/ m^3），如持力层在水面以下且为不透水性土时，不论基底以上土的透水性质如何，应一律采用饱和重度，如持力层为透水性土时，水中部分土层则应取浮重度；

K_1、K_2——基础宽度、深度方面的修正系数，根据基底持力层土的类别按表 2.4 确定。

表 2.4　地基土承载力宽度、深度方面的修正系数

土的类别 \ 系数	黏性土				粉土	砂土								碎石土			
	老黏性土	一般黏性土		新近沉积黏性土	—	粉砂		细砂		中砂		砾砂、粗砂		碎石、圆砾角砾		卵石	
		$I_L\geq$ 0.5	$I_L<$ 0.5		—	中密	密实	中密	密实	中密	密实	中密	密实	中密	密实	中密	密实
K_1	0	0	0	0	0	1.0	1.2	1.5	2.0	2.0	3.0	3.0	4.0	3.0	4.0	3.0	4.0
K_2	2.5	1.5	2.5	1.0	1.5	2.0	2.5	3.0	4.0	4.0	5.5	5.0	6.0	5.0	6.0	6.0	10.0

注：① 对于稍密和松散状态的砂、碎石土，K_1、K_2值可采用表列中密值的 50%。

② 强风化和全风化的岩石，参照所风化成的相应土类取值；其他状态下的岩石不修正。

二、软弱下卧层承载力

当持力层下存在明显的软弱层时，须验算软弱层地层承载力。软土地基承载力基本容许值$[f_{a0}]$应由载荷试验或其他原位测试取得。载荷试验和原位测试确有困难时，对于中小桥、涵洞基底未经处理的软土地基承载力容许值$[f_a]$可采用以下两种方法确定：

（1）根据原状土天然含水率 w，按表 2.5 确定软土地基承载力基本容许值$[f_{a0}]$，然后按式（2.2）计算修正后的地基承载力容许值$[f_a]$。式中：γ_2、h 的意义同式（2.1）。

$$[f_a]=[f_{a0}]+\gamma_2 h \tag{2.2}$$

表 2.5　软土地基承载力基本容许值$[f_{a0}]$

天然含水率 w/%	36	40	45	50	55	65	75
$[f_{a0}]$/kPa	100	90	80	70	60	50	40

（2）根据原状土强度指标确定软土地基承载力容许值$[f_a]$

$$[f_a]=\frac{5.14}{m}\kappa_p C_u+\gamma_2 h \tag{2.3}$$

$$\kappa_p=\left(1+0.2\frac{b}{l}\right)\left(1-\frac{0.4H}{blC_u}\right) \tag{2.4}$$

式中　m——抗力修正系数，可视软土灵敏度及基础长宽比等因素选用 1.5 ~ 2.5；

C_u——地基土不排水抗剪强度标准值（kPa）；

κ_p——系数；

H——由作用（标准值）引起的水平力（kPa）；

b——基础宽度（m），有偏心作用时，取 $b-2e_b$；

l——垂直于 b 边的基础长度（m），有偏心作用时，取 $l-2e_l$；

e_b、e_l——偏心作用在宽度和长度方向的偏心距。

经排水固结方法处理的软土地基，其承载力基本容许值$[f_{a0}]$应通过载荷试验或其他原位测试方法确定；经复合地基方法处理的软土地基，其承载力基本容许值应通过载荷试验确定，然后按式（2.2）计算修正后的软土地基承载力容许值$[f_a]$。

三、受荷阶段及受荷情况的地基承载力

1. 使用阶段

（1）当地基承受作用短期效应组合或作用效应偶然组合时，可取 $\gamma_R=1.25$；但对承载力容许值$[f_a]$小于 150 kPa 的地基，应取 $\gamma_R=1.0$。

（2）当地基承受的作用短期效应组合仅包括结构自重、预应力、土重力、土侧压力、汽车和人群效应时，应取 $\gamma_R=1.0$。

（3）当基础建于经多年压实未遭破坏的旧桥基（岩石旧桥基除外）上时，不论地基承受作用情况如何，抗力系数均可取 $\gamma_R=1.5$；对$[f_a]$小于 150 kPa 的地基可取 $\gamma_R=1.25$。

（4）基础建于岩石旧桥基上，应取 $\gamma_R = 1.0$ 。

2. **施工阶段**

（1）当地基在施工荷载作用下，可取 $\gamma_R = 1.25$ 。

（2）当墩台施工期间承受单向推力时，可取 $\gamma_R = 1.5$ 。

第四节　刚性扩大基础的设计

基础设计主要包括：对地基做出的评价，结合建筑物和其他具体条件初步拟定基础的材料、埋置深度、类型及尺寸，然后通过验算证实各项设计要求是否能得到满足。刚性扩大基础的设计与计算的主要内容：

（1）初步选择基础的持力层，确定基础的埋置深度。

（2）选择材料，拟定刚性扩大基础的尺寸和形状。

（3）地基承载力验算。

（4）基底合力偏心距验算。

（5）基础抗滑稳定性和抗倾覆稳定性验算。

（6）必要时验算基础沉降。

一、基础埋置深度的确定

在确定基础埋置深度时，必须考虑把基础设置在变形较小，而强度又比较大的持力层上，以保证地基强度满足要求，而且不致产生过大的沉降或沉降差。此外还要使基础有足够的埋置深度，以保证基础的稳定性，确保基础的安全。确定基础的埋置深度时，必须综合考虑以下各种因素的作用。

1. **地基的地质条件**

覆盖土层较薄（包括风化岩层）的岩石地基，一般应清除覆盖土和风化层后，将基础直接修建在新鲜岩面上；如岩石的风化层很厚，难以全部清除时，基础放在风化层中的埋置深度应根据其风化程度、冲刷深度及相应的容许承载力来确定。如岩层表面倾斜时，不得将基础的一部分置于岩层上，而另一部分则置于土层上，以防基础因不均匀沉降而发生倾斜甚至断裂。在陡峭山坡上修建桥台时，还应注意岩体的稳定性。

当基础埋置在非岩石地基上，如受压层范围内为均质土，基础埋置深度除满足冲刷、冻胀等要求外，可根据荷载大小，由地基土的承载能力和沉降特性来确定（同时考虑基础需要的最小埋深）。当地质条件较复杂，如地层为多层土组成等，或对大中型桥梁及其他建筑物基础持力层的选定，应通过较详细计算或方案比较后确定。

2. **河流的冲刷深度**

在有水流的河床上修建基础时，要考虑洪水对基础下地基土的冲刷作用，洪水水流越急，流量越大，洪水的冲刷越大，整个河床面被洪水冲刷后要下降，这叫一般冲刷，被冲下去的深度叫一般冲刷深度。同时由于桥墩的阻水作用，使洪水在桥墩四周冲出一个深坑，这叫局部冲刷，如图 2.15 所示。

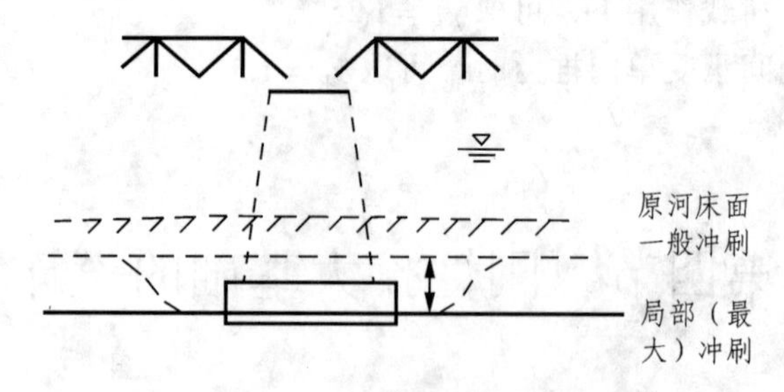

图 2.15 桥墩冲刷示意图

因此，在有冲刷的河流中，为了防止桥梁墩、台基础四周和基底下土层被水流掏空冲走以致倒塌，基础必须埋置在设计洪水的最大冲刷线以下不小于 1.5 m。特别是在山区和丘陵地区的河流，更应注意考虑季节性洪水的冲刷作用。非岩石河床桥梁墩台基底埋深安全值，可按表 2.6 确定。

表 2.6 基底埋深安全值（m）

总冲刷深度/m 桥梁类别	0	5	10	15	20
大桥、中桥、小桥（不铺砌）	1.5	2.0	2.5	3.0	3.5
特大桥	2.0	2.5	3.0	3.5	4.0

注：① 总冲刷深度为自河床面算起的河床自然演变冲刷、一般冲刷与局部冲刷深度之和。
② 表列数值为墩台基底埋入总冲刷深度以下的最小值；若对设计流量、水位和原始断面资料无把握或不能获得河床演变准确资料时，其值宜适当加大。
③ 若桥位上下游有已建桥梁，应调查已建桥梁的特大洪水冲刷情况，新建桥墩台基础埋置深度不宜小于已建桥梁的冲刷深度且酌加必要的安全值。
④ 如河床上有铺砌层时，基础底面宜设置在铺砌层顶面以下不小于 1 m。

3. 当地的冻结深度

在寒冷地区，应该考虑由于季节性的冰冻和融化对地基土引起的冻胀影响。对于冻胀性土，如土温在较长时间内保持在冻结温度以下，水分能从未冻结土层不断地向冻结区迁移，引起地基的冻胀和隆起，这些都可能使基础遭受损坏。为了保证建筑物不受地基土季节性冻胀的影响，除地基为非冻胀性土外，基础底面应埋置在天然最大冻结线以下不小于 0.25 m 的深度。

4. 上部结构形式

上部结构的形式不同，对基础产生的位移要求也不同。对中、小跨度简支梁桥来说，这项因素对确定基础的埋置深度影响不大。但对超静定结构即使基础发生较小的不均匀沉降也会使内力产生一定变化。例如对拱桥桥台，为了减少可能产生的水平位移和沉降差值，有时需将基础设置在埋藏较深的坚实土层上。

5. 当地的地形条件

当墩台、挡土墙等结构位于较陡的土坡上，在确定基础埋深时，还应考虑土坡连同结构物基础一起滑动的稳定性。由于在确定地基容许承载力时，一般是按地面为水平的情况下确定的，因而当地基为倾斜土坡时，应结合实际情况，予以适当折减并采取适当措施。若基础位于较陡的岩体上，可将基础做成台阶形，但要注意岩体的稳定性。

6. 保证持力层稳定所需的最小埋置深度

地表土在温度和湿度的影响下，会产生一定的风化作用，其性质是不稳定的。加上人类和动物的活动以及植物的生长作用，也会破坏地表土层的结构，影响其强度和稳定，所以一般地表土不宜作为持力层。为了保证地基和基础的稳定性，基础的埋置深度（除岩石地基外）应在天然地面或无冲刷河底以下不小于 1 m。

除此以外，在确定基础埋置深度时，还应考虑相邻建筑物的影响，如新建筑物基础比原有建筑物基础深，则施工挖土有可能影响原有基础的稳定。施工技术条件（施工设备、排水条件、支撑要求等）及经济分析等对基础埋深也有一定影响，这些因素也应考虑。

上述影响基础埋深的因素不仅适用于天然地基上的浅基础，有些因素也适用于其他类型的基础（如沉井基础）。

二、刚性扩大基础尺寸和形状的拟定

基础形状和尺寸的拟定是基础设计中的关键环节，尺寸拟定恰当，可以减少重复的设计计算工作。拟定时一般要考虑上部结构形式、荷载大小、初定的基础埋置深度、地基容许承载力、施工情况及墩台底面的形状和尺寸等因素。

基础尺寸包括基础厚度、立面尺寸和平面尺寸 3 个方面，主要根据基础埋置深度确定基础平面尺寸和基础分层厚度。所拟定的基础尺寸，应在可能的最不利荷载组合的条件下，保证基础本身有足够的结构强度，并能使地基与基础的承载力和稳定性均满足规定要求，并且是经济合理的。

1. 基础厚度

应根据墩、台身结构形式，荷载大小，选用的基础材料等因素来确定基础厚度。基底标高应按基础埋深的要求确定。水中基础顶面一般不高于最低水位，在季节性流水的河流或旱地上的桥梁墩、台基础，不宜高出地面，以防碰损。基础厚度可按上述要求所确定的基础底面和顶面标高求得。在一般情况下，大、中桥墩、台混凝土基础厚度在 1.0 ~ 2.0 m。

2. 基础平面尺寸

基础平面形式一般应考虑墩、台身底面的形状而确定，基础平面形状常用矩形。基础底面长宽尺寸与高度有如下的关系式：

$$\left.\begin{aligned}&\text{长度(横桥向)} \qquad a = l + 2H\tan\alpha \\ &\text{宽度(顺桥向)} \qquad b = d + 2H\tan\alpha\end{aligned}\right\}$$

式中 l——墩、台身底截面长度（m）;

d——墩、台身底截面宽度（m）;

H——基础高度（m）;

α——墩、台身底截面边缘至基础边缘线与垂线间的夹角。

3. **基础剖面尺寸**

刚性扩大基础的剖面形式一般做成矩形或台阶形，如图 2.16（b）所示。自墩、台身底边缘至基顶边缘距离 c_1 称襟边，其作用主要是扩大基底面积增加基础承载力，同时也便于调整基础施工时在平面尺寸上可能发生的误差，也为了支立墩、台身模板的需要。其值应视基底面积的要求、基础厚度及施工方法而定。桥梁墩台基础襟边最小值为 20 ~ 30 cm。

基础较厚（超过 1 m 以上）时，可将基础的剖面浇砌成台阶形。

4. **基础悬出总长度（包括襟边与台阶宽度之和）**

应使悬出部分在基底反力作用下，在 a-a 截面[见图 2.16（b）]所产生的弯曲拉力和剪应力不超过基础圬工的强度限值。所以，满足上述要求时，就可得到自墩台身边缘处的垂线与基底边缘的连线间的最大夹角 α_{max}，称为刚性角。在设计时，应使每个台阶宽度 c_i 与厚度 t_i 保持在一定比例内，使其夹角 $\alpha_i \leq \alpha_{max}$，这时可认为属刚性基础，不必对基础进行弯曲拉应力和剪应力的强度验算，在基础中也可不设置受力钢筋。刚性角 α_{max} 的数值与基础所用的圬工材料强度有关。

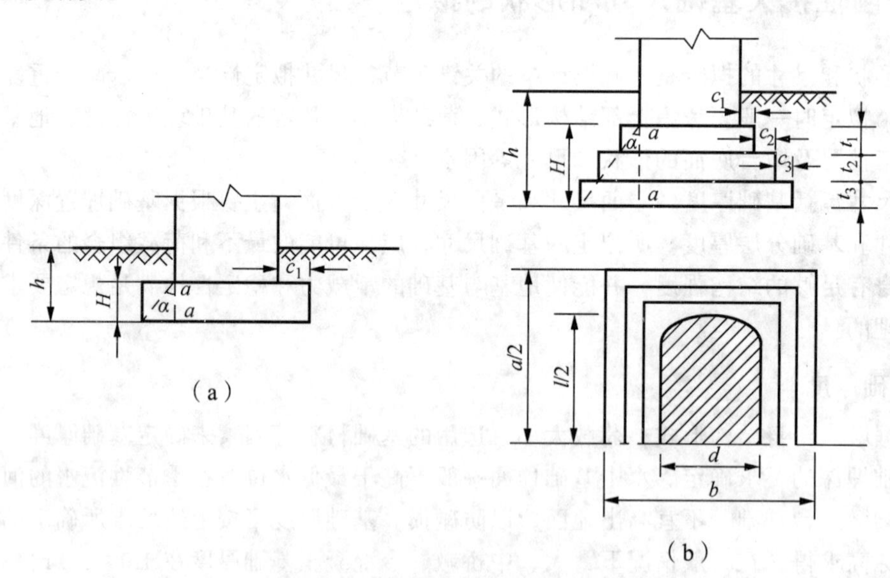

图 2.16 刚性扩大基础剖面、平面图

基础每层台阶高度 t_i，通常为 0.5 ~ 1.0 m，在一般情况下各层台阶宜采用相同厚度。

三、地基承载力验算

地基承载力验算包括地基容许承载力的确定、持力层强度验算和软弱下卧层验算。验算要求基底最大压应力和软弱下卧层顶面的应力不超过地基土的容许承载力，以保证地基具有足够的强度。

1. 持力层强度验算

持力层是指直接与基底相接触的土层，持力层承载力验算要求荷载在基底产生的地基力不超过持力层的地基容许承载力。基础底面岩土的承载力，当不考虑嵌固作用时，可按式(2.5)验算。

（1）当基底只承受轴心荷载时

$$p=\frac{N}{A}\leqslant[f_{a}] \tag{2.5}$$

式中　P——基底平均压应力（kPa）；

N——由作用短期效应组合在基底产生的竖向力（kN）；

A——基底底面积（m^2）。

（2）当基底单向偏心受压、承受竖向力 N 和弯矩 M 共同作用时，除满足式（2.5）外，尚应符合式（2.6）条件

$$p_{\max}=\frac{N}{A}+\frac{M}{W}\leqslant\gamma_{R}[f_{a}] \tag{2.6}$$

式中　$p_{\max}$——基底最大压应力（kPa）；

M——由作用短期效应组合产生于墩台的水平力和竖向力对基底重心轴的弯矩；

W——基础底面偏心方向边缘弹性抵抗矩。

（3）当基底双向偏心受压，承受竖向力 N 和绕 x 轴的弯矩 M_x 与绕 y 轴的弯矩 M_y 共同作用时，除满足式（2.5）外，尚应符合式（2.7）条件

$$p_{\max}=\frac{N}{A}+\frac{M_{x}}{W_{x}}+\frac{M_{y}}{W_{y}}\leqslant\gamma_{R}[f_{a}] \tag{2.7}$$

式中　M_x，M_y——作用于基底的水平力和竖向力绕 x 轴、y 轴对基底的弯矩；

W_x，W_y——基础底面偏心方向边缘绕 x 轴、y 轴的弹性抵抗矩。

（4）当设置在基岩上的基底承受单向偏心荷载，其偏心距 e_0 超过核心半径时，可仅按受压区计算基底最大压应力（不考虑基底承受接应力，见图 2.17）。基底为矩形截面的最大压应力 $p_{\max}$ 按公式（2.8）计算

$$p_{\max}=\frac{3N}{3da}=\frac{2N}{3\left(\frac{b}{2}-e_{0}\right)a} \tag{2.8}$$

式中　b——偏心方向基础底面的边长；

a——垂直于 b 边基础底面的边长；

d——N 作用点至基底受压边缘的距离；

e_0——N 作用点距截面重心的距离。

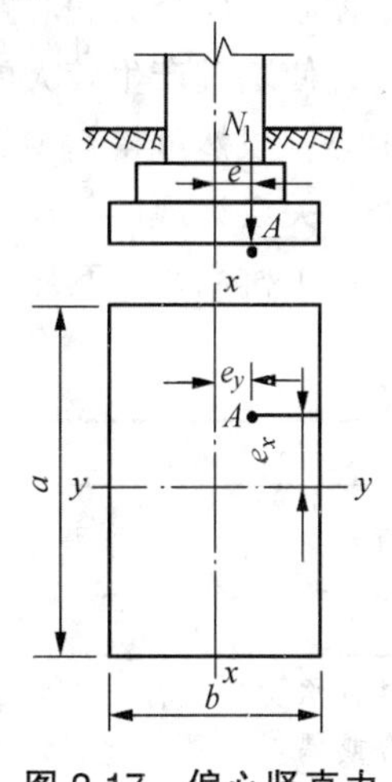

图 2.17　偏心竖直力作用在任意点

2. 软弱下卧层承载力验算

当受压层范围内地基为多层土（主要指地基承载力有差异而言）组成，且持力层以下有软弱下卧层（指容许承载力小于持力层容许承载力的土层），这时还应验算软弱下卧层的承载力，应按式（2.9）验算软土层或软弱地基的承载力，如图 2.18 所示。

$$p_z = \gamma_1(h+z)+\alpha(p-\gamma_2 h) \leqslant r_R\left[f_a\right] \quad (2.9)$$

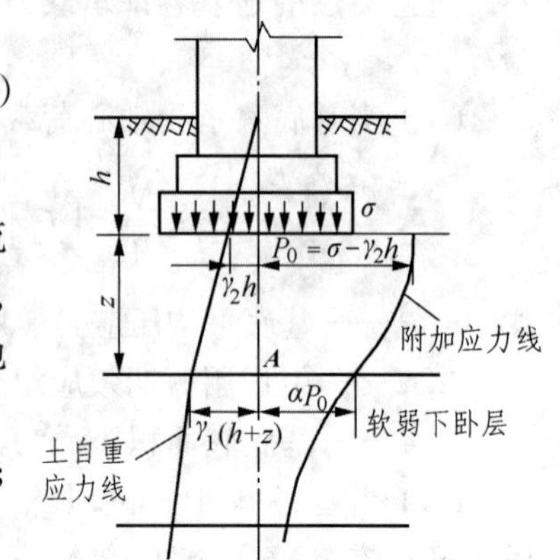

图 2.18 软弱下卧层承载力验算

式中 p_z——软土层或软弱地基的压应力；

h——基底或桩端处的埋置埋深（m），当基础受水流冲刷时，由一般冲刷线起算；当不受水流冲刷时，由天然地面起算；如位于挖方内，则由开挖后地面起算；

γ_1——相应于深度（$h+z$）以内土的换算重度（kN/m^3）；

γ_2——深度 h 范围内土层的换算重度（kN/m^3）；

z——从基底或桩基桩端处到软弱土层或软弱地基顶面的距离（m）；

α——基底中心下土中附加应力系数，可按土力学教材或规范提供系数表查用；

P——基底压应力（kPa），当基底压应力为不均匀分布且 z/b（或 z/d）>1 时，p 为基底平均压应力，当 z/b（或 z/d）≤1 时，p 按基底应力图形采用距最大应力边 $b/3$ ~ $b/4$ 处的压应力（其中 b 为矩形基础的短边宽度，d 为圆形基础直径）；

$[f_a]$——软下卧层顶面处的容许承载力（kPa），可按式（2.1）计算。

当软弱下卧层为压缩性高而且较厚的软黏土，或当上部结构对基础沉降有一定要求时，除承载力应满足上述要求外，还应验算包括软弱下卧层的基础沉降量。

四、基底合力偏心距验算

控制基底合力偏心距的目的是尽可能使基底应力分布比较均匀，以免基底两侧应力相差过大，使基础产生较大的不均匀沉降，使墩、台发生倾斜，影响正常使用。若使合力通过基底中心，虽然可得均匀的应力，但这样做非但不经济，往往也是不可能的，所以在设计时，根据有关设计规范的规定，按以下原则掌握。

（1）桥涵墩台基底的合力偏心距容许值$[e_0]$应符合表 2.7 的规定。

表 2.7 墩台基底的合力偏心距容许值$[e_0]$

作用情况	地基条件	合力偏心距	备注
墩台仅承受永久作用标准值效应组合	非岩石地基	桥墩$[e_0]\geqslant 0.1p$	拱桥、刚构桥墩台，其合力作用点应尽量保持在基底重心附近
		桥台$[e_0]\leqslant 0.75p$	
墩台承受作用标准值效应组合或偶然作用（地震作用除外）标准值效应组合	非岩石地基	$[e_0]\leqslant p$	拱桥单向推力墩不受限制，但应符合规范规定的抗倾覆稳定系数
	软破碎～极破碎岩石地基	$[e_0]\leqslant 1.2p$	
	完整、较完整岩石地基	$[e_0]\leqslant 1.5p$	

（2）基底以上外力作用点对基底重心轴的偏心距 e_0 按式（2.10）计算

$$e_0 = \frac{M}{N} \leqslant [e_0] \tag{2.10}$$

式中　N，M——作用于基底的竖向力和所有外力（竖向力、水平力）对基底截面重心的弯矩。

（3）基底承受单向或双向偏心受压值的 p 值可按公式（2.11）计算

$$p = \frac{e_0}{1 - \frac{p_{\min} A}{N}} \tag{2.11}$$

$$p_{\max} = \frac{N}{A} - \frac{M_x}{W_x} - \frac{M_y}{W_y} \tag{2.12}$$

式中　$p_{\min}$——基底最小压应力，当为负值时表示拉应力；

e_0——N 作用点距截面重心的距离；其余符号意义同上。

在验算基底偏心距时，应采用计算基底应力相同的最不利荷载组合。

五、基础稳定性和地基稳定性验算

基础稳定性验算包括基础倾覆稳定性验算和基础滑动稳定性验算。此外，对某些土质条件下的桥台、挡土墙还要验算地基的稳定性，以防桥台、挡土墙下地基的滑动。

（一）基础稳定性验算

1. 基础倾覆稳定性验算

基础倾覆或倾斜除了地基的强度和变形原因外，往往发生在承受较大的单向水平推力而其合力作用点又离基础底面的距离较高的结构物上，如挡土墙或高桥台受侧向土压力作用，大跨度拱桥在施工中墩、台受到不平衡的推力等，此时在单向恒载推力作用下，均可能引起墩、台连同基础的倾覆和倾斜。

理论和实践证明，基础倾覆稳定性与合力的偏心距有关。合力偏心距越大，则基础抗倾覆的安全储备越小，如图 2.19 所示，因此，在设计时，可以用限制合力偏心距 e_0 来保证基础的倾覆稳定性。

设基底截面重心至压力最大一边的边缘的距离为 y（荷载作用在重心轴上的矩形基础 $y = \frac{b}{2}$），如图 2.19 所示，外力合力偏心距为 e_0，则两者的比值 κ_0 可反映基础倾覆稳定性的安全度，κ_0 称为抗倾覆稳定系数。即

$$\kappa_0 = \frac{y}{e_0} \tag{2.13}$$

式中　$e_0 = \dfrac{\sum P_i e_i + \sum H_i h_i}{\sum P_i}$

其中：κ_0——墩台基础抗倾覆稳定性系数；

y——在截面重心至合力作用点的延长线上，自截面重心至验算倾覆轴的距离（m）；

e_0——所在外力的合力 R 在验算截面上的作用点对基底重心轴的偏心距；

P_i——不考虑其分项系数和组合系数的作用标准值组合或偶然作用（地震除外）标准值组合引起的竖向力（kN）；

e_i——竖向力 P_i 对验算截面重心的力臂（m）；

H_i——不考虑其分项系数和组合系数的作用标准值组合或偶然作用（地震除外）标准值组合引起的水平力（kN）；

h_i——水平力 P_i 对验算截面重心的力臂（m）。

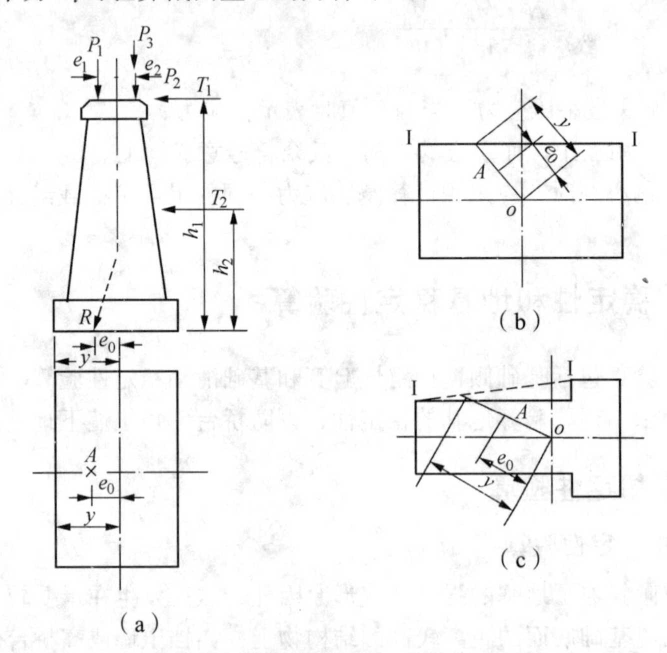

图 2.19　基础倾覆稳定性计算

如外力合力不作用在形心轴上[见图 2.19（b）]或基底截面有一个方向为不对称，而合力又不作用在形心轴上[见图 2.19（c）]，基底压力最大一边的边缘线应是外包线，如图 2.19（b）、（c）中的 I-I 线所示，y 值应是通过形心与合力作用点的连线并延长与外包线相交点至形心的距离。

不同的荷载组合，在不同的设计规范中，对抗倾覆稳定系数 κ_0 的容许值均有不同要求，一般对主要荷载组合 $\kappa_0 \geqslant 1.5$，在各种附加荷载组合时，$\kappa_0 \geqslant 1.2 \sim 1.3$。

2. 基础滑动稳定性验算

基础在水平推力作用下沿基础底面滑动的可能性即基础抗滑动安全度的大小，可用基底与土之间的摩擦阻力和水平推力的比值 κ_c 来表示，κ_c 称为抗滑动稳定性系数。即

$$\kappa_c = \frac{\mu \sum P_i + \sum H_{iP}}{\sum H_{ia}} \tag{2.14}$$

式中　κ_c——墩台基础抗滑动稳定性系数；

$\sum P_i$ ——竖向力总和；

$\sum H_{iP}$ ——抗滑稳定水平力总和；

$\sum H_{ia}$ ——滑动水平力总和；

μ —— 基础底面（圬工材料）与地基之间的摩擦系数，通过试验确定，当缺少实际资料时，可参照表 2.8 采用。

注：$\sum H_{iP}$ 和 $\sum H_{ia}$ 分别为两个相对方向的各自水平力总和，绝对值较大者为滑动水平力 $\sum H_{ia}$，另一方为抗滑稳定水平力 $\sum H_{iP}$；$\mu\sum P_i$ 为抗滑动稳定力。

表 2.8　基底摩擦系数

地基分类	μ	地基分类	μ
黏土（流塑～坚硬）、粉土	0.25	软岩（极软岩～较软岩）	0.40～0.60
砂土（粉砂～砾砂）	0.30～0.40	硬岩（较硬岩、坚硬岩）	0.60、0.70
碎石土（松散～密实）	0.40～0.50		

验算墩台抗倾覆和抗滑的稳定性时，稳定性系数不应小于表 2.9 的规定。

表 2.9　倾覆和抗滑稳定性系数

	作用组合	验算项目	稳定性系数
使用阶段	永久作用（不计混凝土收缩及徐变、浮力）和汽车、人群的标准值效应组合	抗倾覆 抗滑动	1.5 1.3
	各种作用（不包括地震作用）的标准值效应组合	抗倾覆 抗滑动	1.3 1.2
施工阶段作用的标准值效应组合		抗倾覆 抗滑动	1.2

（二）地基稳定性验算

位于软土地基上较高的桥台需验算桥台沿滑裂曲面滑动的稳定性，基底下地基如在不深处有软弱夹层时，在台后土推力作用下，基础也有可能沿软弱夹层土Ⅱ的层面滑动[见图 2.20（a）]；在较陡的土质斜坡上的桥台、挡土墙也有滑动的可能[见图 2.20（b）]。

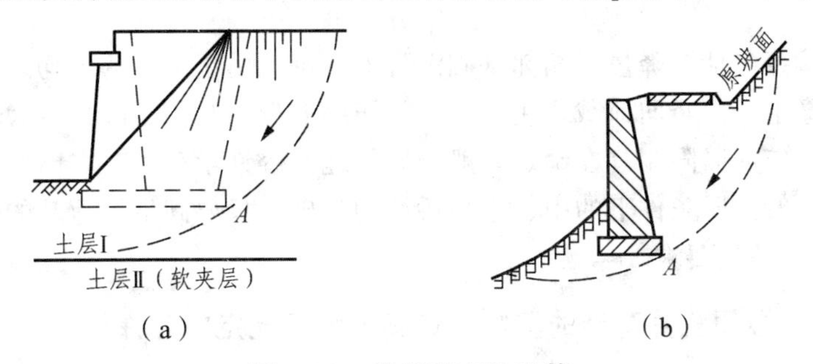

图 2.20　地基稳定性验算

这种地基稳定性验算方法可按土坡稳定分析方法，即用圆弧滑动面法来进行验算。在验算时一般假定滑动面通过填土一侧基础剖面角点 A，但在计算滑动力矩时，应计入桥台上作用的外荷载（包括上部结构自重和活载等）以及桥台和基础的自重的影响，然后求出稳定系数满足规定的要求值。

以上对地基与基础的验算，均应满足设计规定的要求。达不到要求时，必须采取设计措施，如梁桥桥台后土压力引起的倾覆力矩比较大，基础的抗倾覆稳定性不能满足要求时，可将台身做成不对称的形式，如图 2.21 所示后倾形式，这样可以增加台身自重所产生的抗倾覆力矩，达到提高抗倾覆的安全度。如采用这种外形，则在砌筑台身时，应及时在台后填土并夯实，以防台身向后倾覆和转动；也可在台后一定长度范围内填碎石、干砌片石或填石灰土，以增大填料的内摩擦角减小土压力，达到减小倾覆力矩提高抗倾覆安全度的目的。

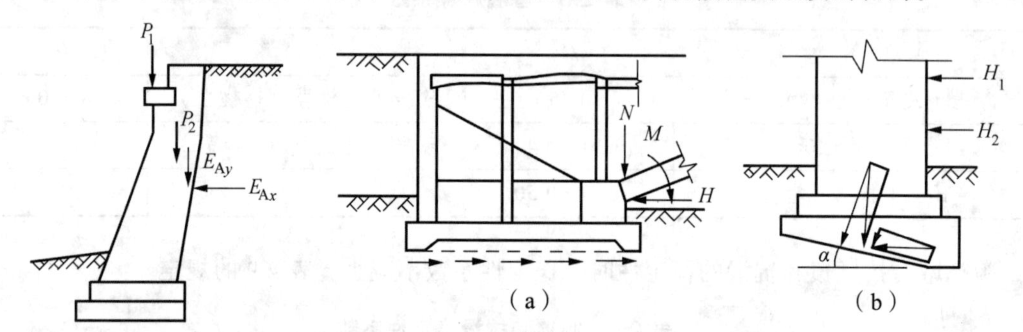

图 2.21　基础抗倾覆措施　　图 2.22　基础抗滑动措施

拱桥桥台在拱脚水平推力作用下，基础的滑动稳定性不能满足要求时，可以在基底四周做成如图 2.22（a）所示的齿槛，这样，由基底与土间的摩擦滑动变为土的剪切破坏，从而提高了基础的抗滑力，如仅受单向水平推力时，也可将基底设计成如图 2.22（b）所示的倾斜形，以减小滑动力，同时增加在斜面上的压力。由图 2.22（b）可见滑动力随 α 角的增大而减小，从安全考虑，α 角不宜大于 10°，同时要保持基底以下土层在施工时不受扰动。

当高填土的桥台基础或土坡上的挡墙地基可能出现滑动或在土坡上出现裂缝时，可以增加基础的埋置深度或改用桩基础，提高墩台基础下地基的稳定性；或者在土坡上设置地面排水系统，拦截和引走滑坡体以外的地表水，减少因渗水而引起土坡滑动的不稳定因素。

六、基础沉降验算

基础的沉降验算包括沉降量，相邻基础沉降差，基础由于地基的不均匀沉降而发生的倾斜等。基础的沉降主要由竖向荷载作用下土层的压缩变形引起。沉降量过大将影响结构物的正常使用和安全，应加以限制。在确定一般土质的地基容许承载力时，已考虑这一变形的因素，所以修建在一般土质条件下的中、小型桥梁的基础，只要满足了地基的强度要求，地基（基础）的沉降也就满足要求。

1. 下列情况，必须验算基础的沉降，使其不大于规定的容许值

（1）修建在地质情况复杂、地层分布不均或强度较小的软黏土地基及湿陷性黄土上的基础。

（2）修建在非岩石地基上的拱桥、连续梁桥等超静定结构的基础。

（3）当相邻基础下地基土强度有显著不同或相邻跨度相差悬殊而必须考虑其沉降差时。

（4）对于跨线桥、跨线渡槽要保证桥（或槽）下净空高度时。

2. 墩台的沉降，应符合下列规定

相邻墩台间不均匀沉降差值（不包括施工中的沉降），不应使桥面形成大于2‰的附加纵坡。超静定结构桥梁墩台间不均匀沉降差值，还应满足结构的受力要求。

3. 墩台基础最终沉降的计算

地基土的沉降可根据土的压缩特性指标按《公桥基规》的单向应力分层总和法（用沉降计算经验系数ψ_s修正）计算，如图2.23所示。对于公路桥梁，基础上结构重力和土重力作用对沉降是主要的，汽车等活载作用时间短暂，对沉降影响小，所以在沉降计算中不予考虑。

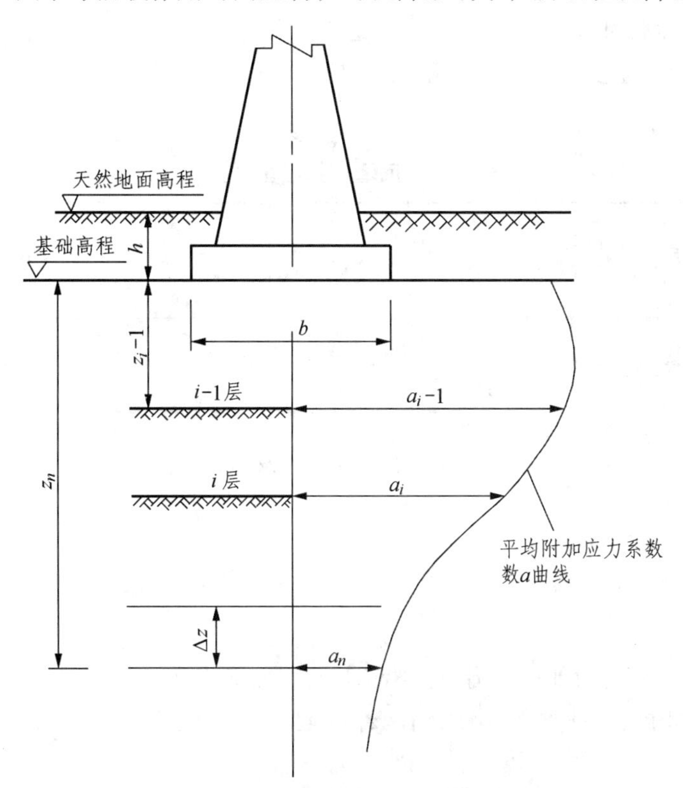

图2.23　基底沉降计算分层示意图

$$s=\psi_s s_0=\psi_s\sum_{i=1}^{n}\frac{p_0}{E_{si}}(z_i\overline{a_i}-z_{i-1}\overline{a_{i-1}}) \tag{2.15}$$

$$p_0=p-\gamma h \tag{2.16}$$

式中　s——地基最终沉降量（mm）；

s_0——按分层总和法计算的地基沉降量（mm）；

ψ_s——沉降计算经验系数，根据地区沉降观测资料及经验确定，缺少沉降观测资料及经验数据时，可按规范确定；

n——地基沉降计算深度范围内所划分的土层数；

P_0——对应于荷载长期效应组合时的基础底面处附加压应力（kPa）；

E_{si}——基础底面下第 i 层土的压缩模量（MPa），应取土的“自重压应力”至“土的自重压应力与附加应力之和”的压应力段计算；

z_i、z_{i-1}——基础底面至第 i 层土、第 $i-1$ 层土底面的距离（m）；

$\overline{a_i}$、$\overline{a_{i-1}}$——基础底面计算点至第 i 层土、第 i-1 层土底面内平均附加压应力系数，可按规范附录取用；

P——基底压应力（kPa），当基底压应力为不均匀分布且 z/b（或 z/d）>1 时，p 为基底平均压应力；当 z/b（或 z/d）≤1 时，p 按基底应力图形采用距最大应力边 $b/3$ ~ $b/4$ 处的压应力（其中 b 为矩形基础的短边宽度，d 为圆形基础直径）；

h——基底或桩端处的埋置埋深（m），当基础受水流冲刷时，由一般冲刷线起算；当不受水流冲刷时，由天然地面起算；如位于挖方内，则由开挖后地面起算；

γ——h 内土的重度（kN/m^3），基底为透水地基时水位以下取浮重度。

沉降计算经验系数 ψ_s 可按表 2.10 确定。

表 2.10 沉降计算经验系数 ψ_s

基底附加压应力 / $\overline{E_s}$ /MPa	2.5	4.0	7.0	15.0	20.0
$P_0 \geqslant [f_{a0}]$	1.4	1.3	1.0	0.4	0.2
$P_0 \leqslant 0.75[f_{a0}]$	1.1	1.0	0.7	0.4	0.2

注：① 表中 $[f_{a0}]$ 为地基承载力基本容许值。

② 表中 $\overline{E_s}$ 为沉降计算范围内压缩模量的当量值，应按下列公式计算。

$$\overline{E_s} = \frac{\sum A_i}{\sum \frac{A_i}{E_{si}}} \tag{2.17}$$

式中 A_i——第 i 层土的附加压应力系数沿土层厚度的积分值。

地基沉降计算时设定计算深度 z_n，在 z_n 以上取 Δz 厚度（表 2.11），其沉降量应符合式（2.18）。

$$\Delta s_n \leqslant 0.025\sum_{i=1}^{n} \Delta s_i \tag{2.18}$$

式中 Δs_n——在计算深度底面向上取厚度为 Δz 的土层的计算沉降量，可按表 2.11 采用；

Δs_i——在计算深度范围内，第 i 层土的计算沉降量。

表 2.11 Δz 值

基础宽度/m	$b \leqslant 2$	$2<b \leqslant 4$	$4<b \leqslant 8$	>8
Δz/m	0.3	0.6	0.8	1.0

已确定的计算深度下面，如仍有较软土层时，应继续计算。

当无相邻荷载影响，基底宽度在 1 ~ 30 m 时，基底中心的地基沉降计算度 z_n 也可按简化公式（2-19）计算

$$z_n = b(2.5 - 0.4\ln b) \tag{2.19}$$

式中　b——基础宽度（m）。

在计算深度范围内存在基岩时，z_n 可取至基岩表面，当存在较厚的坚硬黏土层，其孔隙比小于 0.5、压缩模量大于 50 MPa，或存在较厚的密实砂卵石层，其压缩模量大于 80 MPa 时，z_n 可取至该土层表面。

第五节　埋置式桥台刚性扩大基础设计案例

一、设计资料及基本数据

某桥上部结构采用装配式钢筋混凝土简支 T 形梁，标准跨径是 20.00 m，计算跨径 L = 19.50 m，摆动支座，桥面净宽为净 7 m+2 × 1.0 m，该工程为二级公路桥涵，设计安全等级为二级，汽车荷载等级为公路-II 级，双车道，按《公桥基规》进行计算。

材料：台帽、耳墙及截面 a-a 以上混凝土强度等级为 C25，$r_1 = 25.00$ kN/m³，台身自截面 a-a 以下用浆砌石（面墙用块石、其他用片石，石料强度不小于 MU30），采用水泥砂浆的强度等级为 M7.5，$r_2 = 23.00$ kN/m³，基础用 C15 素混凝土浇筑，$r_3 = 24.00$ kN/m³。台后及溜坡填土 $r_4 = 17.00$ kN/m³，填土的内摩擦角 $\varphi = 35°$，黏聚力 $c = 0$。

水文、地质资料：设计洪水位高程离基底的距离为 7.00 m（即在截面 a-a 处），地基上的物理、力学指标见表 2.12。

表 2.12　土工试验成果表

取土深度（自基底算起）	天然状态下土的物理性指标				土粒相对密度 d_s	塑性试验				抗剪试验		压缩系数
	含水率 w/%	密度 ρ/(g/m³)	空隙比 e	饱和度 s_r/%		液限 w_L/%	塑限 w_p/%	塑限指数 I_p	液限指数 I_L	内摩擦角 φ/(°)	黏聚力 c/MPa	α_{1-2} /MPa^{-1}
3.40 ~ 3.60	24.4	2.03	0.608	99.0	2.73	51.0	22.1	28.9	0.05	19.3	89.8	0.11
8.90 ~ 9.10	30.5	1.90	0.889	94.3	2.75	51.3	23.1	28.2	0.26	16.3	43.2	0.16

二、桥台与基础构造及拟定的尺寸

基础分两层，每层厚度为 0.5 m，襟边和台阶等宽，取 0.4 m。根据襟边和台阶构造要求初拟平面较小尺寸，如图 2.24 所示，经验算不满足要求时再调整尺寸。基础用 C15 混凝土浇筑混凝土的刚性角 $\alpha_{max} = 40°$。基础的扩散角为：$\alpha = \tan^{-1}\dfrac{0.8}{1.0} = 38.66° < 40°$(满足要求)

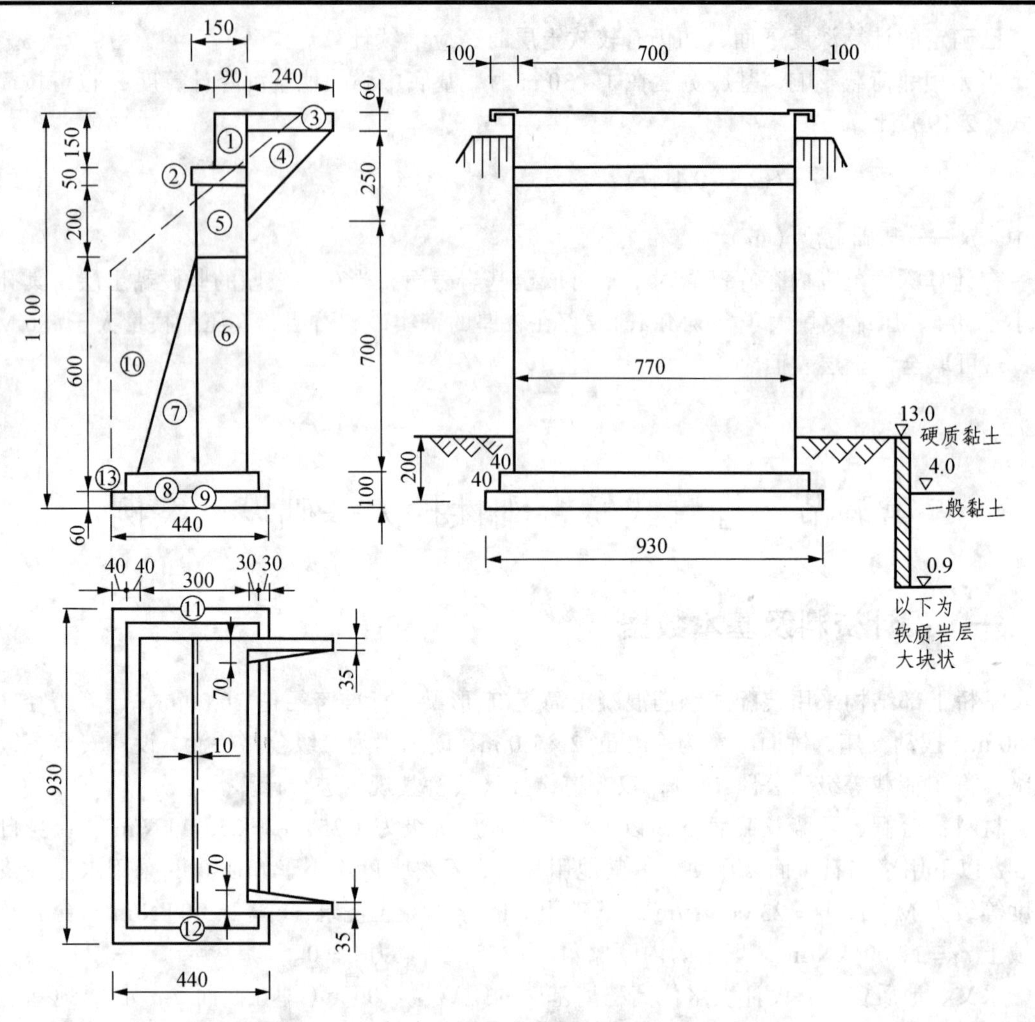

图 2.24　桥台三面视图（尺寸单位： cm）

三、荷载计算及组合

（一）上部构造恒载反力及桥台台身、基础自重与基础上土重计算

计算值列于表 2.13。

表 2.13　上部构造恒载反力及桥台台身、基础自重与基础上土重计算结果

序号	计算式	竖直力 P/kN	对基底中心轴偏心距 ρ/m	弯矩 M /kN · m	备注
1	$0.9\times1.5\times7.7\times25.00$	259.88	1.15	298.86	（1）弯矩正、负值规定如下：逆时针方向取“-”号；顺时针方向取“+”；
2	$0.5\times1.5\times7.7\times25.00$	144.38	0.85	122.72	
3	$0.5\times2.4\times0.35\times25.00\times2$	21.00	2.80	58.80	
4	$\frac{1}{2}\times2.5\times2.4\times\frac{1}{2}(0.35+0.7)\times2\times25.00$	78.75	2.40	189.00	

续表

序号	计算式	竖直力 P/kN	对基底中心轴偏心距 ρ/m	弯矩 M /kN·m	备注
5	$2.0\times1.4\times7.7\times25.00$	539.00	0.90	485.10	（2）偏心距在基底中心轴之右为“+”，中心轴之左为“-”
6	$6.0\times1.4\times7.7\times23.00$	1487.64	0.90	1338.88	
7	$\frac{1}{2}\times1.6\times6.0\times7.7\times23.00$	850.08	−0.33	−280.53	
8	$0.5\times3.7\times8.5\times24.00$	377.40	0.05	18.87	
9	$0.5\times4.4\times9.3\times24.00$	491.04	0.00	0.00	
10	$\left[\frac{1}{2}(6.2+7.8)\times2.4-\frac{1}{2}\times1.6\times6.0\right]\times7.7\times17.00$	1570.80	−1.20	−1884.96	
11	$\frac{1}{2}(6.2+8.73)\times0.8\times3.8\times2\times17.00$	771.58	−0.19	−146.60	
12	$0.5\times0.4\times4.4\times2\times17.00$	29.92	0.00	0.00	
13	$0.5\times0.4\times8.5\times17.00$	28.90	−2.00	−57.80	
14	上部构造恒载	823.07	0.45	370.38	

（二）土压力计算

土压力按台背竖直，$\alpha=0°$，填土内摩擦角$\varphi=35°$，台背（圬工）与填土之间的外摩擦角$\delta=\varphi/2=17.5°$计算，后台背填土水平，$\beta=0°$。

1. 后台填土表面无车辆荷载时主动土压力标准值计算

后台填土自重所引起的主动土压力计算公式为

$$E_a=\frac{1}{2}\gamma_4 H^2 B\mu_a$$

已知：γ_4=17.00 kN/m^3，B 为桥台宽度取 7.7 m，H 为自基底至填土表面的距离，等于 11.00 m，μ_a为主动土压力系数。

$$\mu_a=\frac{\cos^2(\varphi-\alpha)}{\cos^2\alpha\cos(\alpha+\delta)\left[1+\sqrt{\dfrac{\sin(\varphi+\delta)\sin(\varphi+\beta)}{\cos(\alpha+\beta)\cos(\alpha-\beta)}}\right]^2}$$

$$=\frac{\cos^2 35°}{\cos17.5°\left[1+\sqrt{\dfrac{\sin52.5°\sin35°}{\cos17.5°}}\right]^2}=0.247$$

$$E=\frac{1}{2}\times17.00\times11^2\times7.7\times0.247=1\,956.10\ \text{kN}$$

其水平向分力

$$E_x = -E\cos(\delta+\alpha) = -1\,956.1\times\cos 17.5 = -1\,865.57\ \text{kN}$$

作用点离基础底面的距离

$$e_y = \frac{1}{3}\times 11 = 3.67\text{m}$$

水平方向（对基底形心轴的力矩）

$$M_{ex} = -1\,865.57\times 3.67 = -6\,846.64\ \text{kN}\cdot\text{m}$$

其竖向分力

$$E_y = E\sin(\delta+\alpha) = 1\,956.1\times\sin 17.5° = 588.21\ \text{kN}$$

作用点离基底形心轴的距离

$$e_x = 2.2 - 0.6 = 1.6\ \text{m}$$

竖直方向（对基底形心轴的力矩）

$$M_{ey} = 588.21\times 1.6 = 941.14\ \text{kN}\cdot\text{m}$$

2. 台后填土表面有汽车荷载时

由汽车荷载换算的等代均布荷载土层厚度

$$h = \frac{\sum G}{BL_0\gamma}$$

式中 L_0——破坏棱体长度，当台背竖直时，$L_0 = H\tan\theta$，$H = 11.00$ m。

由

$$\tan\theta = -\tan\omega + \sqrt{(\cot\varphi+\tan\omega)(\tan\omega-\tan\alpha)} = 0.583$$

其中

$$\omega = \varphi+\delta+\alpha = 52.5°$$

得

$$L_0 = 11.00\times 0.583 = 6.413\ \text{m}$$

在破坏棱体长度范围内只能布置一辆汽车，因是双车道，故

$$\sum G = 2\times 280 = 560\ \text{kN}$$

$$h = \frac{560}{7.7\times 6.413\times 17.00} = 0.667\ \text{m}$$

车辆荷载作用下在台背破坏棱体上所引起的土压力标准值

$$E = \gamma_4 HhB\mu_a = 17.00\times 11\times 0.667\times 7.7\times 0.247 = 237.22\ \text{kN}$$

其水平向分力

$$E_x = -E\cos(\delta+\alpha) = -237.22\times\cos 17.5^\circ = -226.24\ \text{kN}$$

作用点离基础底面的距离

$$e_y = \frac{H}{2} = \frac{11}{2} = 5.5\ \text{m}$$

对基底形心轴的力矩

$$M_{ex} = -226.24\times 5.5 = -1\ 244.32\ \text{kN}\cdot\text{m}$$

其竖向分力

$$E_y = E\sin(\delta+\alpha) = 237.22\times\sin 17.5^\circ = 71.33\ \text{kN}$$

作用点离基底形心轴的距离

$$e_x = 2.2 - 0.6 = 1.6\ \text{m}$$

对基底形心轴的力矩

$$M_{ey} = 71.33\times 1.6 = 114.13\ \text{kN}\cdot\text{m}$$

3. **台背溜坡填土自重对桥台前侧面上的主动土压力**

计算时，以基础前侧边缘垂线作为假想台背，土表面的倾斜度以溜坡度为 1∶1.5 算得，$\beta = -33.69^\circ$，则基础边缘至坡面的垂直距离为 $H' = 11 - \frac{3.8+1.9}{1.5} = 7.2\ \text{m}$，桥台前斜面与竖直面的夹角 $\alpha = 0^\circ$，取填土内摩擦角 $\varphi = 35^\circ$，则填土间的摩擦角 $\delta = \varphi/2 = 17.5^\circ$，主动土压力系数

$$\mu' = \frac{\cos^2(\varphi-\alpha)}{\cos^2\alpha\cos(\alpha+\delta)\left[1+\sqrt{\dfrac{\sin(\varphi+\delta)\sin(\varphi+\beta)}{\cos(\alpha+\beta)\cos(\alpha-\beta)}}\right]^2}$$

$$= \frac{\cos^2 35^\circ}{\cos 17.5^\circ\left[1+\sqrt{\dfrac{\sin 52.5^\circ\sin 68.69^\circ}{\cos 17.5^\circ\cos 33.69^\circ}}\right]^2} = 0.182$$

$$E' = \frac{1}{2}\gamma_4 H^2 B\mu' = \frac{1}{2}\times 17.00\times 7.2^2\times 7.7\times 0.182 = 617.51\ \text{kN}$$

其水平向分力

$$E_x' = E'\cos(\delta+\alpha) = 617.51\times\cos 17.5^\circ = 588.93\ \text{kN}$$

作用点离基础底面的距离

$$e_y = \frac{1}{3}\times 7.2 = 2.4\ \text{m}$$

对基底形心轴的力矩

$$M'_{ex} = 588.93 \times 2.4 = 1413.43 \text{ kN} \cdot \text{m}$$

其竖向分力

$$E'_y = E' \sin(\delta + \alpha) = 617.51 \times \sin 17.5° = 185.69 \text{ kN}$$

作用点离基底形心轴的距离

$$e_x = -2.2 \text{ m}$$

对基底形心轴的力矩

$$M'_{ey} = -185.69 \times 2.2 = -408.52 \text{ kN} \cdot \text{m}$$

（三）支座活载反力计算

1. 汽车荷载反力

根据《公路桥涵设计通用规范》（JTG D60—2004）规定，计算支座对桥上作用的汽车荷载产生反力时，应采用车道荷载。车道荷载由均布荷载和集中荷载组成，均布荷载满布于使结构产生最不利效应的同号影响线上，集中荷载只作用于相应影响线中一个最大影响线峰值处。在本例中，均布荷载满布全跨，集中荷载作用于支座处。公路—Ⅱ级车道荷载的均布荷载标准值为 $q_k = 0.75 \times 10.5$ kN/m = 7.875 kN/m，集中荷载标准值 P_k 采用直线内插求得

$$P_k = 0.75 \times 180 \times \left[1 + (19.5 - 5) \div (50 - 5)\right] = 178.5 \text{ kN}$$

支座反力标准值为

$$R_1 = (178.5 + 7.875 \times 19.5 \div 2) \times 2 = 510.56 \text{ kN}$$（以两行车队计算，不予折减）

支座反力作用点离基底形心轴的距离

$$e_{R1} = 2.2 - 1.75 = 0.45 \text{ m}$$

对基底形心轴的力矩为

$$M_{R1} = 510.56 \times 0.45 = 229.75 \text{ kN} \cdot \text{m}$$

2. 人群荷载反力

人群荷载标准值为 3.0 kN/m^3，支座反力标准值

$$R'_1 = \frac{1}{2} \times 19.5 \times 1 \times 3.0 \times 2 = 58.5 \text{ kN}$$

对基底形心轴的力矩

$$M'_R = 58.5 \times 0.45 = 26.33 \text{ kN} \cdot \text{m}$$

（四）汽车荷载制动力计算

汽车荷载制动力按同向行驶的汽车荷载（不计冲击力）计算，一个设计车道上由汽车荷载产生的制动力标准值按规范规定的车道荷载标准值在加载长度上计算的总重力的 10%计算，公路-Ⅱ级汽车荷载的制动力标准值不得小于 90 kN。同向行驶双车道的汽车荷载制动力的标准值为一个设计车道制动力标准值的两倍。

依照上述规定，一个设计车道上车道荷载标准值在加载长度上计算总重力的 10%为

$$T_1 = (178.5 + 7.875 \times 19.5) \times 0.1 = 33.20\ \text{kN} < 90\ \text{kN}$$

因此取 90kN 计算，双车道为 $2 \times 90 = 180$ kN，简支梁摆动支座应计算的制动力

$$T = 0.25 \times 2 \times T_1 = 45\ \text{kN}$$

（五）支座摩阻力计算

取摆动支座摩擦系数$\mu = 0.05$，则支座摩阻力标准值为

$$F = \mu W = 0.05 \times 823.07\ \text{kN} = 41.15\ \text{kN}$$

对基底形心轴的力矩为

$$M_F = 41.15 \times 9.5\ \text{kN}\cdot\text{m} = 390.93\ \text{kN}\cdot\text{m}\ \text{（方向按组合需要确定）}$$

对于实体埋置式桥台，不计汽车荷载的冲击力，同时从以上对制动力和支座摩阻力的计算结果表明，支座摩阻力小于制动力。根据规定，活动支座传递的制动力，其值不应大于其摩阻力；当大于摩阻力时，按摩阻力计算。因此，在荷载组合中，应以支座摩阻力作为控制设计。

（六）荷载组合

根据规定，在进行结构设计时，按承载能力极限状态和正常使用极限状态进行作用效应组合，取其最不利效应组合进行设计。当结构需做不同受力方向的验算时，应以不同方向的最不利的作用效应进行组合。当可变作用的出现对结构产生有利影响时，该作用不参与组合。

根据实际可能出现的荷载情况，可按以下几种状况进行荷载组合：桥上有活载，台后无汽车荷载；桥上无活载，台后有汽车荷载；桥上有活载，台后也有汽车荷载；同时还应对施工期间桥台仅受台身自重及土压力作用的情况进行验算。各种组合的荷载标准值汇总如表 2.14 所示。

表 2.14　桥台作用效应标准值汇总表

工作状况		桥上有活载，台后有汽车荷载			桥上无活载，台后有汽车荷载		
作用类别		水平力	竖直力	力矩	水平力	竖直力	力矩
永久作用	结构重力	0	5 072.24	2 602.09	0	5 072.24	2 602.09
	土的重力	0	2 401.20	−2 089.36	0	2 401.20	−2 089.36
	台后土侧压力	−1 865.27	588.21	−5 905.5	−1 865.27	588.21	−5 905.5
	台前土侧压力	588.93	185.69	1 004.91	185.69	185.69	1 004.91

续表

工作状况		桥上有活载，台后无汽车荷载			施工期无上部构造时		
作用类别		水平力	竖直力	力矩	水平力	竖直力	力矩
可变作用	汽车荷载	0	510.56	229.75	0	0	0
	汽车引起的土侧压力	−226.24	71.33	−1 130.19	71.33	71.33	−1 130.19
	人群荷载	0	58.50	26.33	0	0	0
	支座摩阻力	±42.15	0	±390.39	0	0	0
永久作用	结构重力	0	5 072.24	2 602.09	0	4249.17	2 231.71
	土的重力	0	2 401.20	−2 089.36	0	2 401.20	−2 089.36
	台后土侧压力	−1 865.27	588.21	−5 905.5	−1865.27	588.21	−5 905.5
	台前土侧压力	588.93	185.69	1 004.91	185.69	185.69	1 004.91
可变作用	汽车荷载	0	510.56	229.75	0	0	0
	汽车引起的土侧压力	0	0	0	0	0	0
	人群荷载	0	58.50	26.33	0	0	0
	支座摩阻力	±42.15	0	±390.39	0	0	0

注：表中力的单位为 kN，力矩单位为 kN · m。

四、地基承载力验算

1. 台前、台后填土对基底产生的附加应力计算

因台后填土较高，由于填土自重在基底下地基土中所产生的附加压力

$$p_i = \alpha_i \gamma_i h_i$$

后台填土高度 $h_i = 9$ m。当基础埋置深 2.0 m 时，取基础后边缘附加应力系数 $\alpha_i' = 0.464$，基础前边缘附加应力系数 $\alpha_i'' = 0.096$。则

后边缘处　　$p_1' = 0.464 \times 17.00 \times 9 = 70.99$ kPa

前边缘处　　$p_1'' = 0.069 \times 17.00 \times 9 = 10.56$ kPa

此外，计算台前溜坡锥体对前边缘底面处引起的附加应力时，填土高度可近似取基础边缘作垂线与坡面交点的距离（$h_2 = 5.2$ m），并取系数（$\alpha_3 = 0.3$），则

$$p_2'' = 0.3 \times 17.00 \times 5.2 = 26.52 \text{ kPa}$$

因此，基础前边缘总的竖向附加应力

$$p_2' = p_1'' + p_2'' = 10.56 + 26.52 = 37.08 \text{ kPa}$$

2. 基底压应力计算

（1）根据规定，按基础底面积验算地基承载力时，传至基础或承台底面上的荷载效应应采用正常使用极限状态下作用短期效应组合值，相应的抗力应采用地基承载力容许值。

经试算，桥上有活载，台后有汽车荷载的作用组合为计算基底应力的最不利效应组合。

竖向力总计

$$\sum P = 5\ 072.24 + 2\ 401.2 + 588.21 + 185.69 + 510.56 + 71.22 + 58.5 = 8\ 887.73\ \text{kN}$$

力矩总计

$$\sum M = (2\ 602.09 - 2\ 089.36 - 5\ 905.5 + 1\ 004.91) \times 1 + 229.75 - 1\ 130.19 + 26.33 - 390.93 = -5\ 652.7\ \text{kN} \cdot \text{m}$$

$$\begin{matrix} p_{max} \\ p_{min} \end{matrix} = \frac{\sum P}{A} \pm \sum \frac{M}{W} = \frac{8\ 887.73}{4.4 \times 9.3} \pm \frac{5\ 652.7}{\frac{1}{6} \times 9.3 \times 4.4^2} = \begin{matrix} 405.57\ \text{kPa} \\ 28.83\ \text{kPa} \end{matrix}$$

考虑前台、台后填土产生附加应力的总应力

前台　$p_{max} = 405.57 + 37.08 = 442.65\ \text{kPa}$

后台　$p_{min} = 28.83 + 70.99 = 99.82\ \text{kPa}$

（2）施工时

$$\begin{matrix} p_{max} \\ p_{min} \end{matrix} = \frac{7\ 424.27}{4.4 \times 9.3} \pm \frac{4\ 758.24}{\frac{1}{6} \times 9.3 \times 4.4^2} = \begin{matrix} 340.00\ \text{kPa} \\ 22.87\ \text{kPa} \end{matrix}$$

考虑前台、台后填土产生附加应力的总应力

前台　$p_{max} = 340.00 + 37.08 = 377.08\ \text{kPa}$

后台　$p_{min} = 22.87 + 70.99 = 93.86\ \text{kPa}$

3. 地基强度验算

（1）根据土工试验资料，持力层为一般黏性土，根据《公桥基规》，当 $e = 0.608$，$I_L = 0.05$ 时，查得 $[f_{a0}] = 412.6\ \text{kN/m}^2$；因基础埋置深度为原地面下 2.0 m（< 3.0 m），不考虑深度修正；对黏性土地基虽然宽度大于 3 m，但不进行修正。所以

$$[f_a] = \gamma_R [f_{a0}] = 1.25 \times 412.6 = 515.75\ \text{kPa} > p_{max} = 442.65\ \text{kPa}$$

满足要求。

（2）下卧层为一般黏性土，由 $e = 0.889$，$I_L = 0.26$，可查得容许承载力 $[f_{a0}] = 252.40\ \text{kPa}$，小于持力层容许承载力，故作如下验算：

地基至土层 II 顶面（高程为+4.0）处的距离为

$$z = 13.0 - 2.0 - 4.0 = 7.0\ \text{m}$$

当 $\frac{a}{b} = \frac{9.3}{4.4} = 2.11$，$\frac{z}{b} = \frac{7.0}{4.4} = 1.59$，附加应力系数 $\alpha = 0.277$，且计算下卧层顶面处压应力 p_z 时，若 $z/b > 1$，基底压应力取平均值，即

$$p_{平} = \frac{p_{max} + p_{min}}{2} = \frac{442.65 + 99.82}{2} = 271.24\ \text{kPa}$$

所以　$p_z = 19 \times (2 + 7.0) + 0.277 \times (271.24 - 19 \times 2) = 235.61\ \text{kPa}$

而下卧层顶面处的容许承载力可按下式计算

$$[f_a]=[f_{a0}]+K_1\gamma_1(b-2)+K_2\gamma_2(h-3)$$

其中：$K_1=0$，而 $I=0.26<0.5$，故 $K_2=2.5$，则

$$\gamma_R\left[f_a\right]=1.25\left[252.40+2.5\times19\times\left(9.0-3\right)\right]=671.75\text{ kPa}>235.61\text{ kPa}$$

五、基底偏心距验算

控制基底合力偏心距的目的是尽可能使基底应力分布比较均匀，以免基础产生较大的不均匀沉降，使墩台倾斜，影响正常使用。

1. 永久作用效应偏心距

偏心距应满足 $e_0\leqslant0.75p$

$$p=\frac{W}{A}=\frac{1}{6}b=\frac{1}{6}\times4.4=0.73\text{m}$$

$$\sum M=2\ 602.09-2\ 089.36-5\ 905.5+1\ 004.91=-4\ 387.86\text{ kN}\cdot\text{m}$$

$$\sum P=5\ 072.24+2\ 401.2+588.21+185.69=8\ 247.34\text{ kN}$$

$$e_0=\frac{\sum M}{\sum P}=\frac{4\ 387.86}{8\ 247.34}=0.53<0.75p=0.548\text{ m}$$

满足要求。

2. 永久作用效应与可变作用效应相组合

经试算，在桥上有活载，台后有汽车荷载的状况下，是最不利的作用效应组合。

$$\sum M=2\ 602.09-2\ 089.36-5\ 905.5+1\ 004.91+229.75-1\ 130.19+26.33-390.93$$
$$=-5\ 652.9\text{ kN}\cdot\text{m}$$

$$\sum P=5\ 072.24+2\ 401.2+588.21+185.69+510.56+71.33+58.4$$
$$=8\ 887.63\text{ kN}$$

$$e_0=\frac{5\ 652.9}{8\ 887.63}=0.636<p=0.72\text{ m}$$

满足要求。

六、基础稳定性验算

根据规定，在验算基础稳定时，作用效应应采用承载能力极限状态下作用效应的基本组合，但其分项系数均为 1.0。

1. **倾覆稳定性验算**

经试算，在桥上无活载，台后有汽车荷载的状况下为最不利的作用效应组合。

$$\sum M = 2\,602.09 - 2\,089.36 - 5\,905.5 + 1\,004.91 - 1\,130.19 = -5\,518.05\ \text{kN}\cdot\text{m}$$

$$\sum P = 5\,072.24 + 2\,401.2 + 588.21 + 185.69 + 71.33 = 8\,318.67\ \text{kN}$$

$$e_0 = \frac{\sum M}{\sum P} = \frac{5\,518.05}{8\,318.67} = 0.66\ \text{m}$$

$$k_0 = \frac{y}{e_0} = \frac{2.2}{0.66} = 3.3 > 1.5$$

满足要求。

2. **滑动稳定性验算**

基底处为硬塑状态黏土，查得摩擦系数为 0.3，作用效应组合以桥上有活载，台后有车辆荷载的状态为最不利的作用效应组合。

$$\sum H_{iP} = 588.93\ \text{kN}$$

$$\sum H_{ia} = -1\,865.57 - 226.24 = -2\,091.81\ \text{kN}$$

$$\sum P_i = 5\,072.24 + 2\,401.2 + 588.21 + 185.69 + 71.33 = 8\,318.67\ \text{kN}$$

$$\kappa_c = \frac{\mu\sum P_i + \sum H_{iP}}{\sum H_{ia}} = \frac{0.30\times 8\,318.67 + 588.93}{2\,091.81} = 1.47 > 1.3$$

满足要求。

七、沉降计算

根据规定，计算地基变形时，按正常使用极限状态设计，传至基础底面上的作用采用作用长期效应组合。因此桥梁墩台基础的沉降量采用永久作用标准值效应与可变作用标准值效应组合的最不利值，采用分层总和法计算。基底附加应力计算如下：

$$\sum P = 5\,072.24 + 2\,401.2 + 588.21 + 185.69 + 0.4\times 510.56 + 0.4\times 58.5$$
$$= 8\,474.96\ \text{kN}$$

$$p_0 = \frac{8\,474.96}{9.3\times 4.4} - 2\times 17.00 + \frac{70.99 + 37.08}{2} = 227.15\ \text{kPa}$$

将土层 I（持力层）分为 2.0 m、2.5 m、2.5 m 3 层，土层 Ⅱ 分成 2.1 m 和 1.0 m 两层，则每一薄层底面处的附加应力计算如表 2.15 所示。

$$\overline{E}_s = \frac{\sum A_i}{\sum \frac{A_i}{E_{si}}} = \frac{p_0(z_n\overline{a}_n)}{p_0\left(\frac{z_1\overline{a}_1}{E_{s1}} + \frac{z_2\overline{a}_2 - z_1\overline{a}_1}{E_{s2}} + \frac{z_3\overline{a}_3 - z_2\overline{a}_2}{E_{s3}} + \frac{z_4\overline{a}_4 - z_3\overline{a}_3}{E_{s4}} + \frac{z_5\overline{a}_5 - z_4\overline{a}_4}{E_{s5}}\right)}$$

$$=\frac{5.06}{\frac{1.898+1.612+1.04}{14.62}+\frac{0.455+0.055}{11.81}}$$

$$=14.28\ \text{MPa}$$

$$p_0=227.15\ \text{kPa}\geqslant 0.75[f_{a0}]=0.75\times 412.6=309.45\ \text{kPa},\ \overline{E}_s=14.28\ \text{MPa}$$

查表得沉降计算经验系数$\psi_s=0.427$。

$$s=\psi_s s_0=0.427\times 80.5=34.37\ \text{mm}$$

表 2.15 沉降计算表

分层序号	z/m	l/b	z/b	$\overline{\alpha}_i$	$z\overline{\alpha}_i$	$z_i\overline{\alpha}_i-z_{i-1}\overline{\alpha}_{i-1}$	E_{si}	Δs_i	$\sum\Delta s_i$
0	0	2.11	0	1.000	0				
1	2.0	2.11	0.455	0.949	1.898	1.898	14.62	29.49	29.49
2	4.5	2.11	1.023	0.780	3.510	1.612	14.62	25.04	54.53
3	7.0	2.11	1.59	0.650	4.550	1.040	14.62	16.16	70.69
4	9.1	2.11	2.068	0.550	5.005	0.455	11.81	8.75	79.44
5	10.1	2.11	2.295	0.501	5.060	0.055	11.81	1.06	80.5

按《公桥基规》，墩台容许总的均匀沉降极限值为$20\sqrt{L}$（mm）；其中L为相邻墩台间最小跨径长度，跨径小于25 m时仍以25 m的计算。故本题取$L=25$ m。容许的墩台均匀沉降值为

$$[s]=20\sqrt{25}=100\ \text{mm}>s=34.37\ \text{mm}$$

故满足要求。

地基压缩层厚度验算

$$\Delta s_n=\Delta s_5=1.06\ \text{mm}\leqslant 0.025\sum\Delta s_i=0.025\times 80.5=2.01\ \text{mm}$$

满足要求。

思考题

1. 天然地基上的浅基础有哪些特点？
2. 刚性基础与柔性基础的区别有哪些？列举常见的刚性基础。
3. 什么是刚性角？刚性角与哪些因素有关？
4. 刚性扩大基础设计的主要内容是什么？
5. 刚性扩大基础设计时，为什么对地基进行承载力验算后还要对基底合力偏心距进行验算？
6. 基础埋置深度的定义是什么？确定其影响因素有哪些？

7. 一桥墩底为矩形 4 m×10 m，位于河流中，河流一般冲刷深度为 1.4 m，局部冲刷深度为 0.8 m，最大冲刷深度为 2.2 m，作用于基础顶面作用为：轴心力 $N=8\,500$ kN，弯矩 $M=1\,200$ kN·m，水平力 $H=100$ kN。地基土为一般黏性土，第一层厚为 7 m（自河床算起），$\gamma=19.0$ kN/m^3，$e=0.8$，$I_L=0.9$，第二层厚 10 m，$\gamma=19.8$ kN/m^3，$e=0.5$，$I_L=0.3$，低水位在河床以上 1 m（第二层下为砂砾土），请确定基础埋置深度及尺寸，并经过验算说明合理性。

第三章　桩基础

在桥梁工程中，常用的三大基础是刚性扩大基础、桩基础和沉井基础，我们已经学习和掌握了天然地基上刚性扩大基础的设计计算及施工，本章进入深基础桩基础的学习。

当地基浅层土质不良，采用浅基础无法满足建筑物对地基强度、变形和稳定性方面的要求时，往往需要采用深基础。

本章将主要介绍桩基础的组成、作用及常用的结构形式；桩基础的分类、构造及施工工艺并对桩基础的质量检验作简要介绍，还要讨论单桩的承载力问题，包括单桩的轴向承载力、横轴向承载力和负摩阻力问题。

第一节　概　述

一、桩基础的组成与特点

1. 组　成

桩基础可以是单根桩（如一柱一桩的情况），也可以是单排桩或多排桩。对于双（多）柱式桥墩单排桩基础，当桩外露在地面上较高时，桩与桩之间以横系梁相连，以加强各桩的横向联系。多数情况下桩基础是由多根桩组成的群桩基础，基桩可全部或部分埋入地基土中。群桩基础中所有桩的顶部由承台联成一整体，在承台上再修筑墩身或台身及上部结构，如图 3.1 所示。

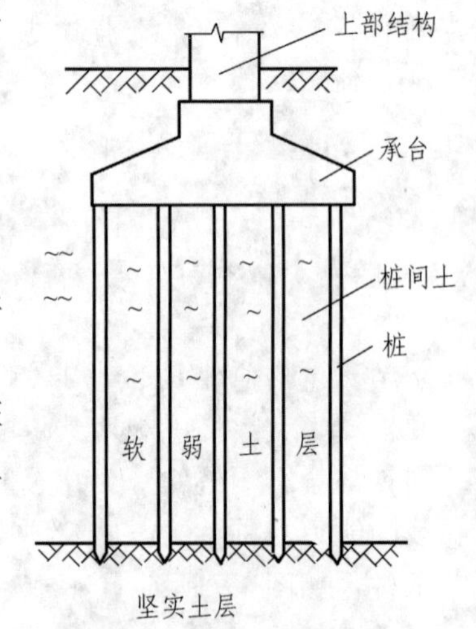

图 3.1　桩基础的组成

2. 作　用

承台的作用是将外力传递给各桩并将各桩联成一整体共同承受外荷载。基桩的作用在于穿过软弱的压缩性土层或水，使桩底坐落在更密实的地基持力层上。各桩所承受的荷载由桩通过桩侧土的摩阻力及桩端土的抵抗力将荷载传递到桩周土及持力层中，如图 3.1 所示。

3. 特　点

桩基础如设计正确，施工得当，它具有承载力高、稳定性好、沉降量小而均匀，在深基础中具有耗用材料少、施工简便等特点。在深水河道中，可避免（或减少）水下工程，简化施工设备和技术要求，加快施工速度并改善工作条件。缺点是造价比浅基础高，施工环境影响比较大，预制桩有施工噪声影响，钻孔灌注桩的泥浆可能破坏环境以及施工导致的质量不可控因素较多等。

二、桩基础的典型应用与适用条件

（1）荷载较大，地基上部土层软弱，适宜的地基持力层位置较深，采用浅基础或人工地基在技术上、经济上不合理时。

（2）河床冲刷较大，河道不稳定或冲刷深度不易计算正确，位于基础或结构物下面的土层有可能被侵蚀、冲刷，如采用浅基础不能保证基础安全时。

（3）当地基计算沉降过大或建筑物对不均匀沉降敏感时，采用桩基础穿过松软（高压缩）土层，将荷载传到较坚实（低压缩性）土层，以减少建筑物沉降并使沉降较均匀。

（4）当建筑物承受较大的水平荷载，需要减少建筑物的水平位移和倾斜时。

（5）当施工水位或地下水位较高，采用其他深基础施工不便或经济上不合理时。

（6）地震区，在可液化地基中，采用桩基础可增加建筑物的抗震能力，桩基础穿越可液化土层并伸入下部密实稳定土层，可消除或减轻地震对建筑物的危害。

以上情况也可以采用其他形式的深基础，但桩基础由于耗材少、施工快速简便，往往是优先考虑的深基础方案。

第二节　桩与桩基础的分类

为满足建筑物的要求，适应地基特点，随着科学技术的发展，在工程实践中已形成了各种类型的桩基础，它们在本身构造上和桩土相互作用性能上具有各自的特点。学习桩和桩基础的分类，目的是掌握其特点、了解桩和桩基础的基本特征，以便设计和施工时更好地发挥桩基础的特长。

下面按桩的受力条件、成桩的方法、承台位置及桩身材料等分类介绍。

一、按桩的受力条件分类

建筑物荷载通过桩基础传递给地基。垂直荷载一般由桩底土层抵抗力和桩侧与土产生的摩阻力来支承。由于地基土的分层和其物理力学性质不同，桩的尺寸和设置在土中方法的不同，都会影响桩的受力状态。水平荷载一般由桩和桩侧土水平抗力来支承，而桩承受水平荷载的能力与桩轴线方向及斜度有关，因此，根据桩土相互作用特点，基桩可分为摩擦桩与端承桩，如图 3.2 所示。

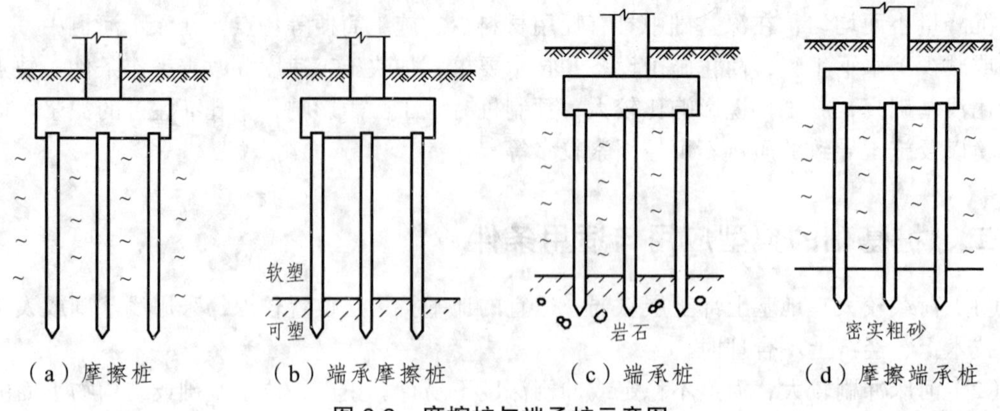

图 3.2 摩擦桩与端承桩示意图

（一）摩擦桩与端承桩

1. 摩擦桩

桩穿过并支承在各种压缩性土层中，在竖向荷载作用下，桩顶荷载由桩侧摩阻力和桩端阻力共同承担的桩叫摩擦桩。以下几种情况均可视为摩擦桩：

（1）当桩端无坚实持力层且不扩底时。

（2）当桩的长径比很大，即使桩端置于坚实持力层上，由于桩身直接压缩量过大，传递到桩端的荷载较小时。

（3）当预制桩沉桩过程由于桩距小、桩数多、沉桩速度快，使已沉入桩上涌，桩端阻力明显降低时。

摩擦桩分为摩擦桩和端承摩擦桩。摩擦桩指在极限承载力状态下桩顶荷载由桩侧阻力承受的桩，如图 3.2（a）所示。在极限承载力状态下，桩顶荷载主要由桩侧阻力承受，桩端阻力很小，这种桩称为端承摩擦桩，如 3.2（b）所示。

2. 端承桩

桩顶荷载主要由桩端阻力承受，并考虑桩侧摩阻力。桩穿过较松软土层，桩底支承在坚实土层（砂、砾石、卵石、坚硬老黏土等）或岩层中，且桩的长径比不太大时，在竖向荷载作用下，基桩所发挥的承载力以桩底土层的抵抗力为主时，称为端承桩。

端承型桩又分为端承桩和摩擦端承桩。端承桩指在极限承载力状态下，桩顶荷载由桩端阻力承受的桩。例如通过软弱土层桩嵌入基岩的桩，桩的承载力由桩的端部承受，桩侧摩擦阻力很小，不予考虑，如图 3.2（c）所示。摩擦端承桩在极限承载力状态下，桩顶荷载主要由桩端阻力承受，桩侧摩擦力很小。例如 3.2（d）所示的预制桩，桩周土为流塑状态黏性土，桩端土为密实状态粗砂，桩侧摩擦力约占单桩承载力的 20%。

两种桩对比分析：通常端承桩承载力较大，基础沉降小，较安全可靠。但若岩层埋置很深，沉桩困难时，则采用其他几种类型的桩。摩擦桩的沉降一般大于端承桩的沉降，为防止桩基产生不均匀沉降，在同一桩基中，不同时采用摩擦桩和端承桩。在同一桩基中，采用不同直径、不同材料和桩端深度相差过大的桩，不仅设计复杂，而且施工中也易产生差错，故不宜采用。

（二）竖直桩与斜桩

按桩轴方向可分为竖直桩、单向斜桩和多向斜桩等，如图 3.3 所示。在桩基础中是否需要设置斜桩，斜度如何确定，应根据荷载的具体情况而定。一般结构物基础承受的水平力常较竖直力小得多，且现已广泛采用的大直径钻、挖孔灌注桩具有一定的抗剪强度，因此，桩基础常全部采用竖直桩。拱桥墩台等结构物桩基础往往需设斜桩以承受上部结构传来的较大水平推力，减小桩身弯矩、剪力和整个基础的侧向位移。

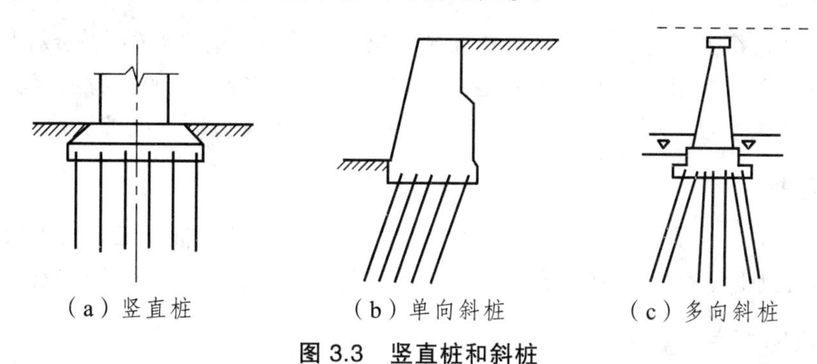

图 3.3　竖直桩和斜桩

斜桩的桩轴线与竖直线所成倾斜角的正切不宜小于 1/8，否则斜桩施工斜度误差将显著地影响桩的受力情况。目前，为了适应拱台推力，有些拱台基础已采用倾斜角大于 45°的斜桩。

二、按施工方法分类

基桩的施工方法不同，不仅在于采用的机具设备和工艺过程的不同，而且将影响桩与桩周土接触边界处的状态，也影响桩土间的共同作用性能。桩的施工方法种类较多，但基本形式为沉桩（预制桩）和灌注桩。

（一）沉桩（预制桩）

预制桩是按设计要求在地面良好条件下制作（长桩可在桩端设置钢板、法兰盘等接桩构造，分节制作），如图 3.4 所示。桩体质量高，可大量工厂化生产，加速施工进度。

图 3.4　预制的方桩、管桩

1. 打入桩（锤击桩）

打入桩是通过锤击（或以高压射水辅助）将各种预先制好的桩（主要是钢筋混凝土实心桩或管桩，也有木桩或钢桩）打入地基内达到所需要的深度。这种施工方法适应于桩径较小（一般直径在 0.60 m 以下），地基土质为砂性土、塑性土、粉土、细砂以及松散的不含大卵石或漂石的碎卵石类土的情况。

2. 振动下沉桩

振动法沉桩是将大功率的振动打桩机安装在桩顶（预制的钢筋混凝土桩或钢管桩），利用振动力以减少土对桩的阻力，使桩沉入土中。它对于较大桩径，土的抗剪强度受振动时有较大降低的砂土等地基效果更为明显。《公桥基规》将打入桩及振动下沉桩均称为沉桩。

3. 静力压桩

在软塑黏性土中用重力将桩压入土中称为静力压桩。这种压桩施工方法免除了锤击振动影响，是在软土地区，特别是在不允许有强烈振动的条件下桩基础的一种有效施工方法。

4. 预制桩的特点

（1）不易穿透较厚的砂土等硬夹层（除非采用预钻孔、射水等辅助沉桩措施），只能进入砂、砾、硬黏土、强风化岩层等坚实持力层不大的深度。

（2）沉桩方法一般采用锤击，由此产生的振动、噪声污染必须加以考虑。

（3）沉桩过程产生挤土效应，特别是在饱和软黏土地区沉桩可能导致周围建筑物、道路、管线等的损失。

（4）一般说来预制桩的施工质量较稳定。

（5）预制桩打入松散的粉土、砂砾层中，由于桩周和桩端土受到挤密，使桩侧表面法向应力提高，桩侧摩阻力和桩端阻力也相应提高。

（6）由于桩的贯入能力受多种因素制约，因而常常出现因桩打不到设计标高而截桩，造成浪费。

（7）预制桩由于承受运输、起吊、打击应力，需要配置较多钢筋，混凝土标号也要相应提高，因此其造价往往高于灌注桩。

（二）灌注桩

灌注桩是在现场地基中钻挖桩孔，然后在孔内放入钢筋骨架，再灌注桩身混凝土而成的桩。灌注桩在成孔过程中需采取相应的措施和方法来保证孔壁稳定和提高桩体质量。针对不同类型的地基土可选择适当的钻具设备和施工方法。

1. 钻、挖孔灌注桩

（1）钻孔灌注桩的定义。

钻孔灌注桩系指用钻（冲）孔机具在土中钻进，边破碎土体边出土渣而成孔，然后在孔内放入钢筋骨架，灌注混凝土而形成的桩。为了顺利成孔、成桩，需采用包括制备有一定要求的泥浆护壁、提高孔内泥浆水位、灌注水下混凝土等相应的施工工艺和方法，如图 3.5 所示。

图 3.5 钻孔灌注桩

（2）钻孔灌注桩的特点及适用条件。

钻孔灌注桩的特点是施工设备简单、操作方便，适应于各种砂性土、黏性土，也适应于碎、卵石类土层和岩层。但对淤泥及可能发生流沙或承压水的地基，施工较困难，施工前应做试桩以取得经验。我国已施工的钻孔灌注桩的最大入土深度已达百余米。

（3）挖孔灌注桩的定义。

依靠人工（用部分机械配合）在地基中挖出桩孔，然后与钻孔桩一样灌注混凝土而成的桩称为挖孔灌注桩，如图 3.6 所示。

图 3.6 人工挖孔桩

（4）挖孔灌注桩的特点及适用条件。

挖孔灌注桩适用于无水或少水的较密实的各类土层中，或缺乏钻孔设备，或不用钻机以节省造价。桩的直径（或边长）不宜小于 1.2 m，孔深一般不宜超过 15 m。对可能发生流沙或含较厚的软黏土层地基施工较困难（需要加强孔壁支撑）；在地形狭窄、山坡陡峻处可以代替钻孔桩或较深的刚性扩大基础。

（5）挖孔桩的优点。

① 施工工艺和设备比较简单，只有护筒、套筒或简单模板，简单起吊设备如绞车，必要时设潜水泵等备用，自上而下，人工或机械开挖。

② 质量好，不卡钻，不断桩，不塌孔，绝大多数情况下无须浇注水下混凝土，桩底无沉淀浮泥；能直接检验孔壁和孔底土质，能保证桩的质量。易扩大桩尖，提高桩的承载力。

③ 速度快，由于护筒内挖土方量甚小，进尺比钻孔快，而且无须重大设备如钻机等，容易多孔平行施工，加快全桥进度。

④ 成本低，比钻孔桩可降低 30%～40%。

2. **沉管灌注桩**

（1）沉管灌注桩的定义。

沉管灌注桩系指采用锤击或振动的方法把带有钢筋混凝土桩尖或带有活瓣式桩尖（沉桩时桩尖闭合，拔管时活瓣张开）的钢套管沉入土层中成孔，然后在套管内放置钢筋笼，并边灌混凝土边拔套管而形成的灌注桩。也可将钢套管打入土中挤土成孔后向套管中灌注混凝土并拔出套管成桩，如图 3.7 所示。

（2）沉管灌注桩的特点及适用条件。

由于采用了套管，可以避免钻孔灌注桩施工中可能产生的流沙、坍孔的危害和由泥浆护壁所带来的排渣等弊病。但桩的直径较小，常用的尺寸在 0.6 m 以下，桩长常在 20 m 以内。它适用于黏性土、砂性土地基。在软黏土中由于沉管的挤压作用对邻桩有挤压影响，且挤压时产生的孔隙水压力易使拔管时出现混凝土桩缩颈现象。

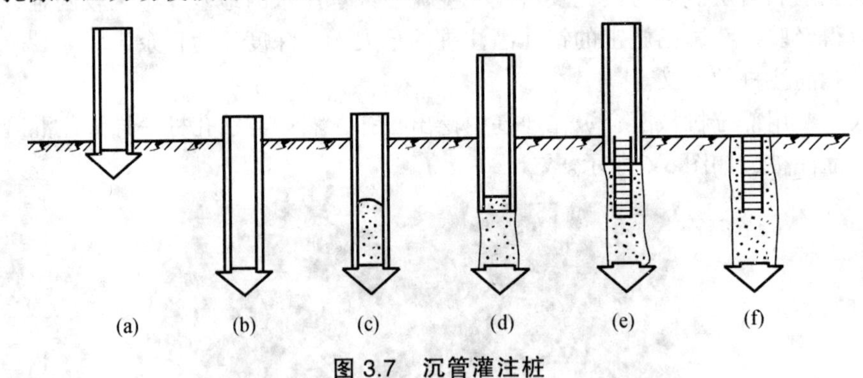

图 3.7 沉管灌注桩

3. **扩底灌注桩**

扩底灌注桩是用普通成孔机械成孔后，为了提高灌注桩的承载能力，再使用扩孔钻头在孔底部分进行扩孔，使孔底形成喇叭形状，增加桩底部的承载面积，如图 3.8 所示。扩孔也可采用爆扩的方法进行，即先就地成孔，后用炸药爆炸扩大孔底。

爆扩桩指就地成孔后用炸药爆炸扩大孔底，然后灌注混凝土而成的桩，如图 3.9 所示。爆扩桩扩大了桩底的接触面积从而扩大了桩的承载能力，适用于较浅持力层，在黏土中成型并支承在坚硬密实土层上的情况。

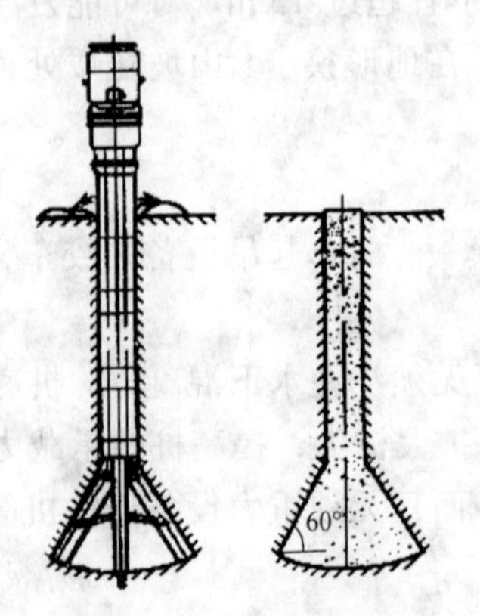

图 3.8 扩孔桩施工

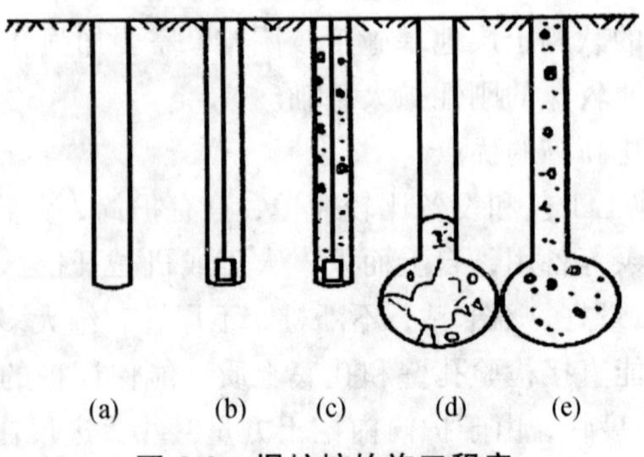

图 3.9 爆扩桩的施工程序

（a）成孔；（b）放炸药；（c）浇灌第一次混凝土；（d）爆炸扩孔；（e）第二次浇筑混凝土成桩

4. 灌注桩的优点

（1）施工过程无大的噪声和振动（沉管灌注桩除外）。

（2）可根据土层分布情况任意变化桩长；根据同一建筑物的荷载分布与土层情况可采用不同桩径；对于承受侧向荷载的桩，可设计成有利于提高横向承载力的异形桩，还可设计成变截面桩，即在受弯矩较大的上部采用较大的断面。

（3）可穿过各种软、硬夹层，将桩端置于坚实土层和嵌入基岩，还可扩大桩底以充分发挥桩身强度和持力层的承载力。

（4）桩身钢筋可根据荷载大小与性质及荷载沿深度的传递特征，以及土层的变化配置。无需像预制桩那样配置起吊、运输、打击应力筋。其配筋率远低于预制桩，造价约为预制桩的 40% ~ 70%。

（三）管柱基础

1. 定　义

它是将预制的大直径（直径 1 ~ 5 m）钢筋混凝土或预应力钢筋混凝土或钢管柱（实质上是一种巨型的管桩，每节长度根据施工条件决定，一般采用 4 m、8 m 或 10 m，接头用法兰盘和螺栓连接），用大型的振动沉桩锤沿导向结构将其振动下沉到基岩（一般以高压射水和吸泥机配合帮助下沉），然后在管柱内钻岩成孔，下放钢筋笼骨架，灌注混凝土，将管柱与岩盘牢固连接组成的基础结构。

2. 管柱基础的特点及适用条件

管柱基础可以在深水及各种覆盖层条件下进行，没有水下作业和不受季节限制，但施工需要有振动沉桩锤、凿岩机、起重设备等大型机具，动力要求也高，所以一般在大跨径桥梁的深水基础中被采用。

三、桩基础按承台位置分类

桩基础按承台位置可分为高桩承台基础和低桩承台基础（简称高桩、低桩承台），如图 3.10 所示。

高桩承台的承台底面位于地面（或冲刷线）以上，低桩承台的承台底面位于地面（或冲刷线）以下。高桩承台的结构特点是基桩部分桩身沉入土中，部分桩身外露在地面以上（称为桩的自由长度），而低桩承台则基桩全部沉入土中（桩的自由长度为零）。

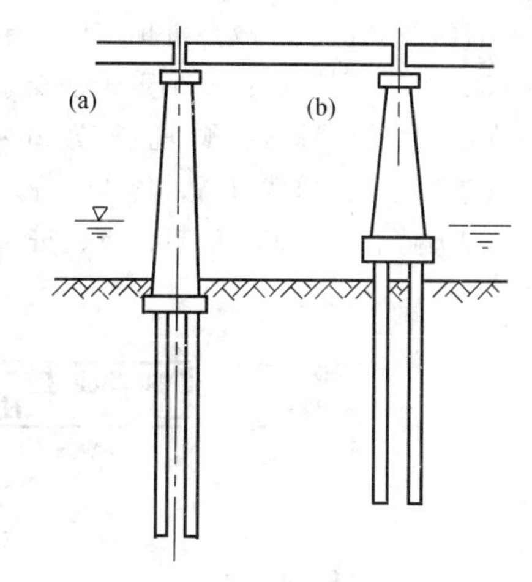

图 3.10　高桩承台基础和低桩承台基础

（a）低桩承台；（b）高桩承台

高桩承台由于承台位置较高或设在施工水位以上，可减少墩台的圬工数量，避免或减少水下作业，施工较为方便。然而，在水平力的作用，由于承台及基桩露出地面的一段自由长度周围无土来共同承受水平外力，基桩的受力情况较为不利，桩身内力和位移都比同样水平外力作用下的低桩承台要大，其稳定性也比低桩承台差。低桩承台施工比高桩承台施工工艺复杂些，但是稳定性好。

四、按桩身材料分类

1. 就地浇筑钢筋混凝土桩

（1）设计直径：钻孔桩不小于 0.80 m，挖孔桩的直径或最小边宽度不宜小于 1.20 m，沉管灌注桩直径一般为 0.40 ~ 0.80 m，管壁最小厚度不小于 80 mm。

（2）混凝土：不低于 C25，管桩填芯混凝土不低于 C15。

（3）桩内钢筋：应按照内力和抗裂性的要求布设，长摩擦桩应根据桩身弯矩分布情况分段配筋，短摩擦桩和柱桩也可按桩身最大弯矩通长均匀配筋。当按内力计算桩身不需要配筋时，应在桩顶 3 ~ 5 m 内设置构造钢筋。

① 主筋：直径不宜小于 16 mm，每根桩不宜少于 8 根。

② 箍筋：直径不小于主筋直径的 1/4 且不小于 8 mm，中距不大于主筋直径的 15 倍且不大于 300 mm。

③ 加劲箍筋：对于直径较大的桩或较长的钢筋骨架，可在钢筋骨架上每隔 2.0 ~ 2.5 m 设置一道加劲箍筋（直径为 16 ~ 22 mm）。

④ 主筋保护层厚度：一般不应小于 50 mm。

⑤ 含筋率：钻孔灌注桩常用的含筋率为 0.2% ~ 0.6%。

2. 钢筋混凝土预制桩（见图 3.11、3.12）

（1）断面形式：有实心的圆桩和方桩（少数为矩形桩），有空心的管桩，另外还有管柱（用于管柱基础）。实心方桩边长 30 ~ 50 cm，分节长度≤12 m。预应力管桩边长不小于 35 cm。

（2）混凝土：不低于 C25。

（3）配筋率：最小配筋率不小于 0.8%。

（4）箍筋：直径不小于 8 mm，间距 100 ~ 200 mm，桩的两端处加密间距为 50 mm。因桩头直接受到锤击，故在桩顶需设 3 层方格网片以增强桩头强度。

（5）保护层厚度：不小于 35 mm。

（6）吊环：桩内需预埋直径为 20 ~ 25 mm 的钢筋吊环，吊点位置通过计算确定。

（7）优点：承载力高，耐久性好，质量较易保证。

（8）缺点：自重大，打桩难，桩长难统一，工艺复杂。

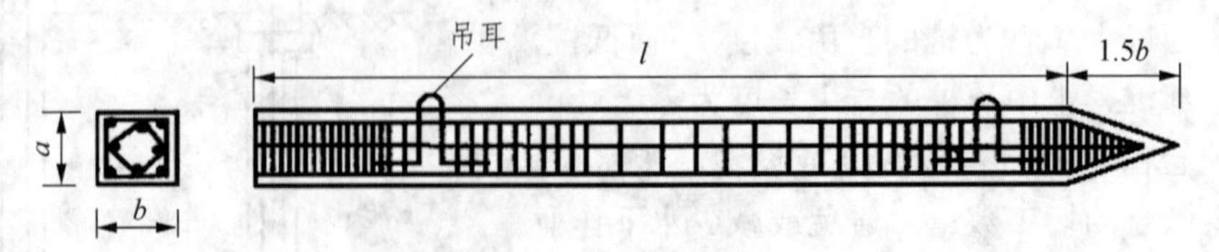

图 3.11 预制钢筋混凝土方桩

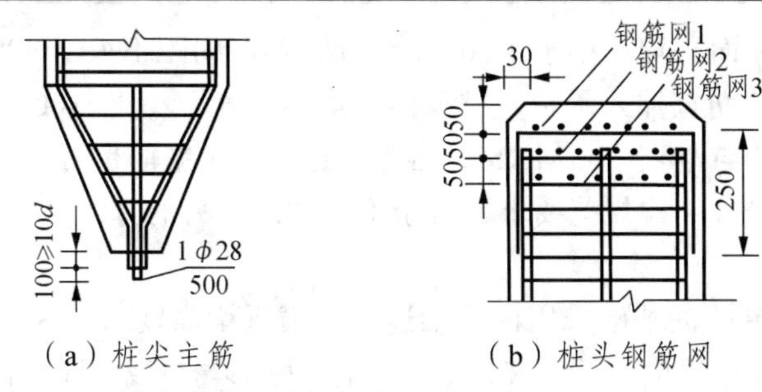

（a）桩尖主筋　　（b）桩头钢筋网

图 3.12　桩尖主筋和桩头钢筋网的布置（尺寸单位：cm）

3. 钢桩

（1）钢桩的形式。钢桩的形式很多，主要有钢管型和 H 型钢桩，常用的是钢管桩。钢管桩的分段长度按施工条件确定，不宜超过 12 ~ 15 m，常用直径为 400 ~ 1 000 mm。

（2）钢管桩的设计厚度。钢管桩的设计厚度由有效厚度和腐蚀厚度两部分组成。有效厚度为管壁在外力作用下所需要的厚度，可按使用阶段的应力计算确定。腐蚀厚度为建筑物在使用年限内管壁腐蚀所需要的厚度，可通过钢桩的腐蚀情况实测或调查确定，无实测资料时可参考表 3.1 确定。

表 3.1　钢管桩年腐蚀速率

钢管桩所处环境		单面年腐蚀率/（mm/a）
地面以上	无腐蚀性气体或腐蚀性挥发介质	0.05 ~ 0.1
地面以下	水位以上	0.05
	水位以下	0.02
	波动区	0.1 ~ 0.3

注：表中上限值为一般情况，下限值为近海或临海地区。

（3）钢桩的防腐。钢桩防腐处理可采用外表涂防腐层，增加腐蚀余量及阴极保护。当钢管桩内壁同外界隔绝时，可不考虑内壁防腐。

（4）优点：设计灵活，轻便易于搬运，贯入能力强，速度快，工期短，排挤土量小，对邻近建筑影响小。

（5）缺点：造价高，易腐蚀。

4. 承台的构造及与桩的连接

（1）断面形式：矩形和圆端形。厚度为桩直径的 1 倍以上且不小于 1.5 m。

（2）混凝土：不低于 C25。

（3）桩顶直接埋入承台连接：桩径小于 0.6 m，埋入长度不小于 2 倍桩径；桩径 0.6 ~ 1.2 m，埋入长度不小于 1.2 m；桩径大于 1.2 m，埋入长度不小于桩径。

（4）箍筋：承台的受力情况比较复杂，为了使承台受力较为均匀并防止承台因桩顶荷载作用发生破碎和断裂，应在承台底部桩顶平面上设置一层钢筋网，钢筋纵桥向和横桥向每 1 m 宽度内可采用钢筋截面面积 1 200 ~ 1 500 mm^2（此项钢筋直径为 12 ~ 16 mm，应按规定锚固长度弯起锚固，钢筋网在越过桩顶钢筋处不应截断）。承台的顶面和侧面设置表层钢筋网，每个面在两个方向的截面面积均不小于 1 500 mm²/m，钢筋间距不大于 400 mm。

（5）连接：桩顶主筋宜伸入承台，桩身伸入承台长度不小于 100 mm。伸入承台的桩顶主筋可做成喇叭形（约与竖直线倾斜 15°，若受构造限制，主筋也可不做成喇叭形），伸入承台的钢筋锚固长度应符合结构规范要求。对于不受轴向拉力的打入桩可不破桩头，将桩直接埋入承台内。

双柱式或多柱式单排桩基础采用横系梁连接，横系梁高度为 0.8～1.0 倍桩径，宽度取 0.6～1.0 倍桩径，混凝土强度不低于 C25，纵向刚劲不少于横系梁截面面积的 0.15%，箍筋直径不小于 8 mm，间距不大于 400 mm，横系梁主筋伸入桩内，长度不小于 35 倍主筋直径。

第三节　桩基础的施工

我国目前常用的桩基础施工方法有挤入法（把预制桩直接挤入土中，或者先把闭口钢管打至设计标高然后拔出套管放入钢筋笼再灌注混凝土）和就地成孔法（先在桩孔位置钻挖成孔，然后放置钢筋骨架再灌注混凝土）。桩基础施工前应根据已定出的墩台纵横中心轴线直接定出桩基础轴线和各基桩桩位，并设置好固定桩标志或控制桩，以便施工时随时校核。

下面主要介绍钻孔灌注桩、挖孔灌注桩、打入桩、振动下沉桩、静力压桩的施工方法和设备，对其他桩的施工方法和特点仅做简要说明。

一、钻孔灌注桩的施工

钻孔灌注桩施工应根据土质、桩径大小、入土深度和机具设备等条件选用适当的钻具（目前我国常使用的钻具有旋转钻、冲击钻和冲抓钻 3 种类型）和钻孔方法，以保证能顺利达到预计孔深，然后，清孔、吊放钢筋骨架、灌注水下混凝土。

优点：入土深，能进入岩层，刚度大，承载力高，桩身变形小，可方便地进行水下施工。

缺点：要求有专门的设备（钻机），清孔较难彻底。

主要施工工序：场地清理—埋设护筒—制备泥浆—钻孔—清孔—安放钢筋笼—二次清孔—灌注水下混凝土。

现按施工顺序介绍其主要工序如下：

（一）准备工作

1. 准备场地

施工前应将场地平整好，以便安装钻架进行钻孔。

（1）墩台位于无水岸滩时应整平夯实、清除杂物、挖换软土。

（2）场地有浅水时宜采用土或草袋围堰筑岛。

（3）当场地为深水或陡坡时可用木桩或钢筋混凝土桩搭设支架，安装施工平台支承钻机（架）。深水中在水流较平稳时，可将施工平台架设在浮船上，就位锚固稳定后在水上钻孔。

2. 埋置护筒（见图 3.13）

（1）护筒的作用。固定桩位，并作钻孔导向；保护孔口防止孔口土层坍塌；隔离孔内孔外表层水，并保持钻孔内水位高出施工水位以稳固孔壁。

（2）护筒制作要求。坚固、耐用、不易变形、不漏水、装卸方便和能重复使用。一般用木材、薄钢板或钢筋混凝土制成。护筒内径应比钻头直径稍大，旋转钻须增大 0.1 ~ 0.2 m，冲击或冲抓钻增大 0.2 ~ 0.3 m。

（3）护筒埋设的方法。一般有下埋式（适用于旱地埋置）、上埋式（适用于旱地或浅水筑岛埋置）和下沉埋式（适用于深水埋置）3 种。

埋置护筒时应注意下列几点：

① 护筒平面位置应埋设正确，偏差不宜大于 50 mm。

② 护筒顶标高应高出地下水位和施工最高水位 1.5 ~ 2.0 m。无水地层钻孔因护筒顶部设有溢浆口，筒顶也应高出地面 0.2 ~ 0.3 m。

③ 护筒底应低于施工最低水位（一般低于 0.1 ~ 0.3 m 即可）。深水下沉埋设的护筒应沿导向架借自重、射水、振动或锤击等方法将护筒下沉至稳定深度，入土深度黏性土应达到 0.5 ~ 1 m，砂性土则为 3 ~ 4 m。

图 3.13　护筒的埋设

④ 下埋式及上埋式护筒挖坑不宜太大（一般比护筒直径大 1.0 ~ 0.6 m），护筒四周应夯填密实的黏土，护筒底应埋置在稳固的黏土层中，否则也应换填黏土并夯密实，其厚度一般为 0.50 m。

⑤ 埋设护筒时，采用人工开挖一个直径比设计桩径大 30 cm，深 2.0 ~ 3.0 m 的桩孔，将钢护筒吊装入孔内后定位。

3. 制备泥浆

泥浆选用和管理得好坏，将直接影响到灌注桩的工程质量。泥浆是由膨润土、羧甲基纤维素（又称化学糨糊，简称 CMC）、纯碱及铁铬木质磺酸钙（简称 FCL）等原料按一定比例配合，并加水搅拌而成的悬浮液。

（1）泥浆在钻孔中的作用。

① 在孔内产生较大的静水压力，可防止坍孔。

② 泥浆向孔外土层渗漏，在钻进过程中，由于钻头的活动，孔壁表面形成一层胶泥，具有护壁作用，同时将孔内外水流切断，能稳定孔内水位。

③ 泥浆密度大，具有挟带钻渣的作用，利于钻渣的排出。

④ 此外，还有冷却机具和切土润滑作用，降低钻具磨损和发热程度。

（2）泥浆性能指标可以参照表 3.2 选用。

表 3.2 泥浆性能指标

钻孔方法	地层情况	泥浆性能指标							
		相对密度	黏度/Pa·s	含砂率/%	胶体率/%	失水率/(mL/30 min)	泥皮厚/(mm/30 min)	静切力/Pa	酸碱度/pH
正循环	一般地层	1.05～1.20	16～22	8～4	≥96	≤25	≤2	1.0～2.5	8～10
	易坍地层	1.20～1.45	19～28	8～4	≥96	≤15	≤2	3～5	8～10
反循环	一般地层	1.02～1.06	16～20	≤4	≥95	≤20	≤3	1～2.5	8～10
	易坍地层	1.06～1.10	18～28	≤4	≥95	≤20	≤3	1～2.5	8～10
	卵石土	1.10～1.15	20～35	≤4	≥95	≤20	≤3	1～2.5	8～10
推钻冲抓	一般地层	1.10～1.20	18～24	≤4	≥95	≤20	≤3	1～2.5	8～11
冲击	易坍地层	1.20～1.40	22～30	≤4	≥95	≤20	≤3	3～5	8～11

注意：① 地下水位较高或者其流速较大时，取高限，反之取低限。
② 地质状态较好，孔径或孔深较小的取低限，反之取高限。
③ 在不易坍塌的黏质土层中，使用推钻、冲抓、反循环回转钻进时，可用清水提高水头（≥2 m），维护孔壁。
④ 当地缺乏优良黏质土，长途运输膨润土也很困难，调制不出来合格泥浆时，可添加添加剂改善泥浆性能。

对于在黏性土或粉质土为主的地质条件下，如土质中黏土含量大于 50%，塑性指数大于 20，含砂率小于 5%，二氧化硅和三氧化铝含量的比值为 3～4，亦可采用自成泥浆护壁。施工时，可用切削桩孔中的原土为造浆原料，再加入少量化学稳定剂进行半自成泥浆护壁，以简化施工过程，节省施工费用。注意采用直接注入清水造浆时不得将水直接注入桩孔内。

4. 安装钻机或钻架

钻架是钻孔、吊放钢筋笼、灌注混凝土的支架。我国生产的定型旋转钻机和冲击钻机都附有定型钻架，其他常用的还有木制的和钢制的四脚架、三脚架或人字扒杆。

在钻孔过程中，成孔中心必须对准桩位中心，钻机（架）必须保持平稳，不发生位移、倾斜和沉陷。钻机（架）安装就位时，应详细测量，底座应用枕木垫实塞紧，顶端应用缆风绳固定平稳，并在钻进过程中经常检查。

（二）钻　孔

1. 钻孔方法和钻具

（1）旋转钻进成孔。

利用钻具的旋转切削土体钻进，并同时采用循环泥浆的方法护壁排渣。我国现用旋转钻机按泥浆循环的程序不同分为正循环和反循环两种。

① 正循环。指在钻进的同时，泥浆泵将泥浆压进泥浆笼头，通过钻杆中心从钻头喷入钻孔内，泥浆挟带钻渣沿钻孔上升，从护筒顶部排浆孔排出至沉淀池，钻渣在此沉淀而泥浆仍进入泥浆池循环使用，如图 3.14（a）所示。

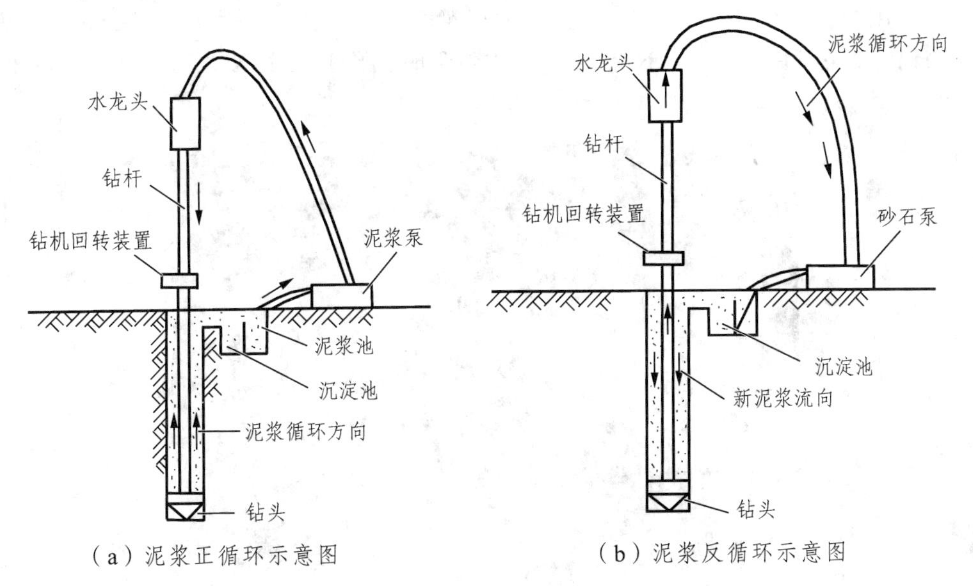

图 3.14

正循环成孔特点：设备简单，操作方便，工艺成熟，当孔深不太深、孔径较小时钻进效率高，工程费用较低。但当桩径较大时，钻杆与孔壁间的环形断面较大，桩孔深度较深时，泥浆循环时返流速度低，排渣能力弱，孔底沉渣多，孔壁泥皮厚。正循环成孔适用于黏土，粉土，细、中、粗砂等各类土层，对含有卵石、砾石的地层不适用。

② 反循环。指泥浆从钻杆与孔壁间的环状间隙流入孔内，以冷却钻头并携带沉渣由钻杆内腔高速返回地面泥浆池的一种钻进工艺，如图 3.14（b）所示。

反循环成孔特点。优点：① 冲洗液上返流速快（达 2 ~ 3.5 m/s，正循环时上返速度 0.3 ~ 0.9 m/s 已很难达到），排渣能力强；②在一般地质条件下，可用清水作冲洗液，故孔壁泥浆易于清除，提高成桩/成井质量。缺点：对含水层和钻头附近地层具有抽吸作用，造成孔壁坍塌。由于全孔反循环要以外环状空间作为冲洗液的补给通道，故遇漏失层，冲洗液顺地层流失，其消耗和补给量增加，如补给不及时，孔内液柱高度下降，易引起坍塌事故。

反循环成孔适用于黏性土、砂性土、砂卵石和风化岩层，但卵石粒径不得超过钻杆内径的 2/3，且含量不大于 20%。目前，100 m 以上的深孔都采用反循环回转钻机。

③ 我国定型生产的旋转钻机，其转盘、钻架、动力设备等均配套定型，钻头的构造根据土质采用各种形式。

正循环旋转钻机所用钻头有：鱼尾钻头、笼式钻头和刺猬钻头。

反循环常用的钻头有：三翼空心单尖钻锥和牙轮钻头。

旋转钻孔现也可采用更轻便、高效的潜水电钻，钻头的旋转电动机及变速装置均经密封后安装在钻头与钻杆之间。钻孔时钻头旋转刀刃切土，并在端部喷出高速水流冲刷土体，以水力排渣。

（2）冲击钻进成孔。

利用钻锥（重为 10 ~ 35 kN）不断地提锥、落锥反复冲击孔底土层，把土层中泥砂、石块挤向四壁或打成碎渣，钻渣悬浮于泥浆中，利用掏渣筒取出，重复上述过程冲击钻进成孔。

主要采用的机具有定型冲击式钻机（包括钻架、动力、起重装置等）、冲击钻头、转向装置和掏渣筒等，也可用 30 ~ 50 kN 带离合器的卷扬机配合钢、木钻架及动力组成简易冲击机，如图 3.15 所示。

图 3.15 冲击钻钻孔施工

冲击时钻头应有足够的重量，适当的冲程和冲击频率，以使它有足够的能量将岩块打碎。冲锥每冲击一次旋转一个角度，才能得到圆形的钻孔，因此在锥头和提升钢丝绳连接处应有转向装置，常用的有合金套或转向环，以保证冲击锥的转动，也避免了钢丝绳打结扭断。

施工要点：

埋设护筒时，采用人工开挖一个直径比设计桩径大 30 cm，深 2.0 ~ 3.0 m 的桩孔，将钢护筒吊装入孔内后定位。采用高级泥浆掺入聚丙烯酰胺（PHP）絮凝处理剂，各项指标达到要求并经监理工程师认可后用于施工。

邻孔混凝土达 2.5 MPa 后开钻，开钻前孔内灌注泥浆。开孔小冲程反复冲击造浆（高频率、小冲程、浓泥浆）使孔壁不塌不漏。进尺速度：密实土 5 ~ 10 cm/h，松软土 15 ~ 30 cm/h；孔深为钻头高加冲程后正常冲击。冲击钻进过程中，除渣的方法一般常用可以利用泥浆循环的方式除渣或者用掏渣筒掏渣，如采用掏渣筒排渣，应及时补给泥浆，保证孔内水位高于地下水位 1.5 m。冲击钻孔适用于含有漂卵石 、大块石的土层及岩层，也能用于其他土层。成孔深度一般不宜大于 50 m。

（3）冲抓钻进成孔。

用兼有冲击和抓土作用的抓土瓣，通过钻架，由带离合器的卷扬机操纵，靠冲锥自重（重为 10 ~ 20 kN）冲下使土瓣锥尖张开插入土层，然后由卷扬机提升锥头收拢抓土瓣将土抓出，弃土后继续冲抓钻进而成孔。钻锥常采用四瓣或六瓣冲抓锥，当收紧外套钢丝绳松内套钢丝绳时，内套在自重作用下相对外套下坠，便使锥瓣张开插入土中，如图 3.16 所示。冲抓成孔适用于黏性土、砂性土及夹有碎卵石的砂砾土层，成孔深度不宜大于 30 m。

图 3.16　双绳冲抓锥

双绳冲抓锥工作原理：卷扬机带动两根钢丝绳（外套绳和内套绳），外套绳用来卸土和落锥冲击，内套绳用来抓土和提升锥体。

2. 钻孔注意事项

（1）在钻孔过程中，始终要保持钻孔护筒内水位要高出筒外 1 ~ 1.5 m 和护壁泥浆的要求（泥浆密度为 1.1 ~ 1.3、黏度为 10 ~ 25 Pa · s、含砂率≤6%等），以起到护壁固壁作用，防止坍孔。若发现漏水（漏浆）现象，应找出原因及时处理。

（2）在钻孔过程中，应根据土质等情况控制钻进速度、调整泥浆稠度，以防止坍孔及钻孔偏斜、卡钻和旋转钻机负荷超载等情况发生。

（3）钻孔宜一气呵成，不宜中途停钻以避免坍孔。钻孔过程中应加强对桩位、成孔情况的检查工作。终孔时应对桩位、孔径、形状、深度、倾斜度及孔底土质等情况进检验，合格后立即清孔，吊放钢筋笼，灌注混凝土。

（三）清　孔

清孔的目的是除去孔底沉淀钻渣和泥浆，以保证灌注的钢筋混凝土质量，确保桩的承载力。

清孔的方法有：抽浆清孔、掏渣清孔、换浆清孔等几种方法。

1. 抽浆清孔

用空气吸泥机吸出含钻渣的泥浆而达到清孔的方法，称为抽浆清孔。由风管将压缩空气输进排泥管，使泥浆形成密度较小的泥浆空气混合物，在水柱压力下沿排泥管向外排出泥浆和孔底沉渣，同时用水泵向孔内注水，保持水位不变直至喷出清水或沉渣厚度达设计要求为止，这种方法适用于孔壁不易坍塌的孔。

2. **掏渣清孔**

用掏渣筒掏清孔内粗粒钻渣，适用于冲抓、冲击成孔的摩擦桩。

3. **换浆清孔**

正、反循环旋转机可在钻孔完成后不停钻、不进尺，继续循环换浆清渣，直至达到清理泥浆的要求。它适用于各类土层的摩擦桩。清孔后进行成孔检测项目如表 3.3 所示。

表 3.3　清孔后进行成孔检测项目

项目	允许偏差
孔的中心位置/mm	群桩：100；单排桩：50
孔径/mm	不小于设计桩径
倾斜度	钻孔：小于 1%；挖孔：小于 0.5%
孔深	摩擦桩：不小于设计规定； 支承桩：比设计深度超深不小于 50 mm
沉淀厚度/mm	摩擦桩：符合设计要求，当设计无要求时，对于直径≤1.5 m 的桩，≤30 mm；对桩径>1.5 m 或桩长>40 m 或土质较差的桩，≤50 mm； 支承桩：不大于设计规定
清孔后的泥浆指标	相对密度 1.03～1.10；黏度 17～20 Pa·s；含砂率<2%；胶体率>98%

注：清孔后的泥浆指标，是从桩孔的顶、中、底部分别取样检验的平均值。本指标的测定，限指大直径桩或有特殊要求的钻孔桩。

（四）钢筋骨架制作和安装

钢筋骨架制作应在车间统一进行，然后运至现场，骨架接长采用镦粗直螺纹接头连接，并在钢筋骨架内预埋检测用无缝钢管（声测管），管长延伸至桩底。检测管连接用套管连接，保证无缝钢管内壁顺接光滑，检测管底部用钢材焊好封底，管底与桩基底部相距 20 cm。吊放钢筋骨架前，声测管内装满清水，顶部用塑料套盖盖紧，防止异物掉入管内堵塞。

钢筋笼骨架吊放前应检查孔底深度是否符合要求，孔壁有无妨碍骨架吊放和正确就位的情况。骨架吊装可利用钻架或另立扒杆进行。吊放时应避免骨架碰撞孔壁，并保证骨架外混凝土保护层厚度，应随时较正骨架位置。钢筋骨架达到设计标高后，应将其牢固定位于孔口。再次进行孔底检查，有时须进行二次清孔，达到要求后即可灌注水下混凝土。

钢筋骨架允许偏差：主筋间距 ± 10 mm ；箍筋间距 ± 20 mm；骨架外径 ± 10 mm ；骨架倾斜度 ± 0.5% ；骨架保护层厚度 ± 20 mm；骨架中心平面位置 20 mm；骨架顶端高程 ± 20 mm；骨架底面高程 ± 50 mm。

（五）二次清孔

二次清孔的目的是除去孔底沉淀的钻渣和泥浆，保证桩的承载力。二次清孔后需再次进行成孔检测。

（六）灌注水下混凝土

目前，我国多采用直升导管法灌注水下混凝土。

1. 灌注方法及有关设备

导管法的施工过程如图 3.17 所示。导管是内径 200 ~ 350 mm 的钢管，壁厚 3 ~ 4 mm，每节长度 1 ~ 2 m，最下面一节导管应较长，一般为 3 ~ 4 m。导管两端用法兰盘及螺栓连接，并垫橡皮圈以保证接头不漏水，导管内壁应光滑，内径大小一致，连接牢固，在压力下不漏水。可在漏斗与导管接头处设置活门作为隔水装置。使用前进行水密承压和接头抗拉试验，严禁用压气试压。

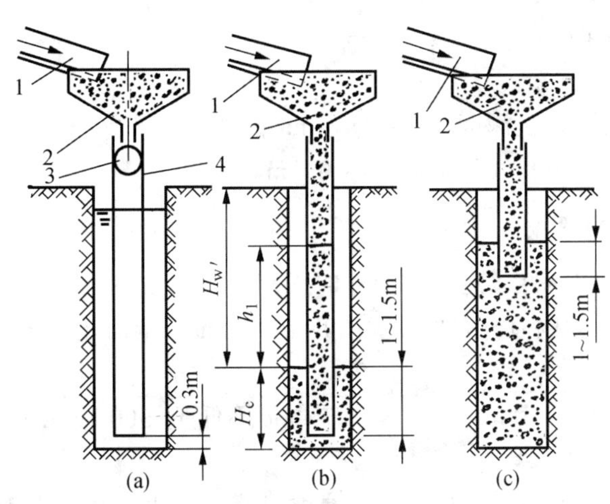

图 3.17　直升导管法灌注水下混凝土

直升导管法施工步骤如下：

（1）将导管居中插入到离孔底 0.3 ~ 0.4 m，上接漏斗（顶端比桩顶高出至少 3 m），接口处设隔水栓。

（2）放开隔水栓使混凝土向孔底下落，将水挤出，并使导管始终埋在混凝土内（2 ~ 6 m），此后连续灌注混凝土。

（3）水和泥浆被混凝土顶托升高，不断提升导管，直至灌注完毕。

隔水栓要求：

直径比导管内径小 20 ~ 30 mm 的木球、混凝土球、砂袋，用粗铁丝悬挂在导管上口并能在导管内自由滑动。

首批灌注的混凝土数量，要保证将导管内水全部压出，并能将导管初次埋入 1 ~ 1.5 m 深。即漏斗和储料槽的最小容量（m^3），参见图 3.17（b）。

漏斗顶端至少应高出桩顶 3 m，以保证在灌注最后部分混凝土时，管内混凝土能满足顶托管外混凝土及其上面的水或泥浆重力的需要。

$$V = h_1 \times \frac{\pi d^2}{4} + H_c \times \frac{\pi D^2}{4} \tag{3.1}$$

式中　V——首批混凝土所需数量（m^3）；

γ_c——混凝土容重（kN/m^3）；

γ_w——孔内泥浆的容重（kN/m^3）；

H_w——孔内泥浆的深度（m）；

h_1——井孔混凝土面高度达到 H_c 时导管内混凝土柱需要的高度（m）;

$$h_1 \geqslant \gamma_w H_w / \gamma_c;$$

H_c——灌注首批混凝土时所需井孔内混凝土面至孔底的高度（m），

$$H_c = h_2 + h_3;$$

H_w——井孔内混凝土面以上水或泥浆深度；
D——井孔直径（m）;
d——导管内径（m）;
h_2——导管埋入混凝土深度，$h_2 \geqslant 1.0$（m）;
h_3——导管底端至钻孔底间隙，0.3 ~ 0.4 m。

2. 对混凝土材料的要求

（1）混凝土良好的和易性，运输和灌注时无离析、泌水。

（2）混凝土足够流动性，坍落度宜为 180 ~ 220 mm ，混凝土含砂率为 0.4 ~ 0.5，水灰比 0.5 ~ 0.6。

（3）水泥用量不少于 350 kg/ m^3，掺入缓凝剂不低于 300 kg/ m^3，水泥初凝时间不早于 2.5 h，强度等级不低于 42.5 级。

（4）粗集料优先选用卵石，用碎石时提高含砂率，最大粒径不大于导管内径的 1/6 ~ 1/8 和钢筋最小净距的 1/4 且不大于 40 mm，细集料用级配良好的中砂。

3. 灌注水下混凝土注意事项

灌注水下混凝土是钻孔灌注桩施工最后一道关键性的工序，其施工质量将严重影响到成桩质量，施工中应注意以下几点：

（1）混凝土拌合必须均匀，尽可能缩短运输距离和减小颠簸，防止混凝土离析而发生卡管事故。

（2）灌注混凝土必须连续作业，一气呵成，避免任何原因的中断。

（3）在灌注过程中，要随时测量和记录孔内混凝土灌注标高和导管入孔长度，孔内混凝土上升到接近钢筋骨架底处时应防止钢筋笼架被混凝土顶起。

（4）灌注的桩顶标高应比设计值高出 0.5 ~ 1.0 m，此范围的浮浆和混凝土应凿除。待桩身混凝土达到设计强度，按规定检验后方可灌注系梁、盖梁或承台。

二、挖孔灌注桩的施工

挖孔桩施工，必须在保证安全的前提下不间断地快速进行。由人工向下挖掘土（岩）成圆孔，且每挖 1 m 左右支模浇筑一圈混凝土护壁，如此不断下挖，每一桩孔开挖、提升出土、排水、直到设计要求的深度，然后在孔内安放钢筋笼，灌注桩身混凝土。有的挖孔桩的护壁由砖块、喷射混凝土或现浇混凝土做成。

优点：符合国情，经济，设备简单，噪声小，场区内各桩可同时施工，可直接观察地层情况，孔底易清除干净，且桩径大、适应性强。

缺点：可能遇到流沙、塌孔、缺氧、有害气体和地面掉重物等危险而造成伤亡事故。

1. 开挖桩孔

一般采用人工开挖。开挖之前应清除现场四周及山坡上的悬石、浮土等，排除一切不安全因素，备好孔口四周临时围护和排水设备，并安排好排土提升设备，布置好弃土通道，必要时孔口应搭雨棚。

挖土过程中要随时检查桩孔尺寸和平面位置，防止误差。应根据孔内渗水情况，做好孔内排水工作，并注意施工安全。

2. 护壁和支撑

挖孔桩开挖过程中，开挖和护壁两个工序，必须连续作业，以确保孔壁不坍。应根据地质、水文条件、材料来源等情况因地制宜选择支撑和护壁方法。

常用的井壁护圈有现浇混凝土护圈、沉井护圈、钢套管护圈几种。

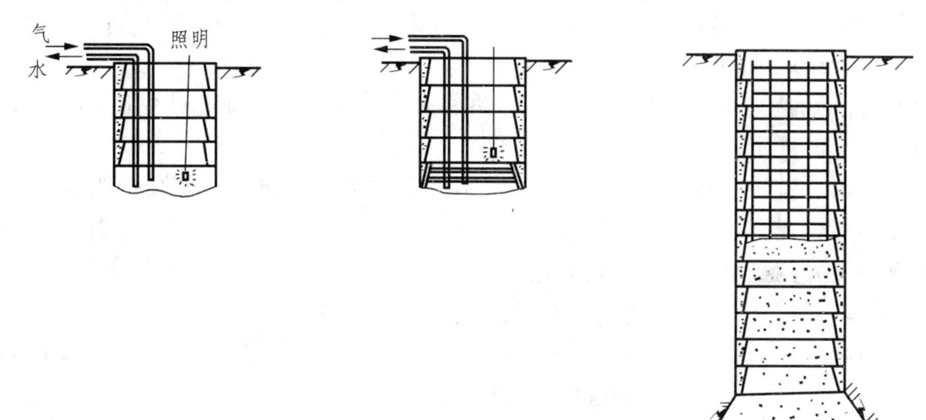

（a）在护圈保护下开挖土方　（b）支模板浇注混凝土护圈　（c）浇注桩身混凝土

图 3.18　混凝土护圈

（1）现浇混凝土护圈。当桩孔较深，土质相对较差，出水量较大或遇流沙等情况时，宜采用就地灌注混凝土围圈护壁。采用拼装式弧形模板，每下挖 1 ~ 2 m 灌注一次，随挖随支。护圈的结构形式为斜阶型。混凝土为 15 或 20 号，必要时可配置少量的钢筋，如图 3.18 所示。有时也可在架立钢筋网后直接锚喷砂浆形成护圈来代替现浇混凝土护圈，这样可以节省模板。

（2）沉井护圈。在桩位上制作钢筋混凝土井筒，然后在井筒内挖土，井筒靠自重或附加荷载克服井壁与土之间的摩阻力，下沉至设计标高，在井内吊装钢筋骨架及灌注桩身混凝土。

（3）钢套管护圈。在桩位处先用桩锤将钢套管强行打入土层中，再在钢套管的保护下，将管内土挖出，吊放钢筋笼，浇注桩基混凝土。待浇注混凝土完毕，用振动锤和人字拔杆将钢管立即强行拔出移至下一桩位使用。这种方法适用于地下水丰富的强透水地层或承压水地层，可避免产生流砂和管涌现象，能确保施工安全。

3. 挖孔桩施工注意事项

（1）人工挖孔桩的孔径（不含护壁）不得小于 1.2 m，且不宜大于 2.5 m，孔深不宜大于

15 m。当桩净距小于 2.5 m 时，应采用先边后中间隔开挖。相邻排桩跳挖的最小施工净距不得小于 4.5 m。

（2）人工挖孔桩混凝土护壁的厚度不应小于 150 mm，混凝土强度等级不应低于 C15，并应振捣密实；地质情况稍差的地方护壁应配置直径不小于 8 mm 的构造钢筋，竖向筋应上下搭接或拉接。

（3）人工挖孔桩施工应采取下列安全措施：

① 孔内必须设置应急软爬梯供人员上下；使用的电葫芦、吊笼等应安全可靠，并配有自动卡紧保险装置，不得使用麻绳和尼龙绳吊挂或脚踏井壁凸缘上下；电葫芦宜用按钮式开关，使用前必须检验其安全起吊能力。

② 每日开工前必须检测井下的有毒、有害气体，并应有相应的安全防范措施；当桩孔开挖深度超过 10 m 时，应有专门向井下送风的设备，风量不宜少于 25 L/s。

③ 孔口四周必须设置护栏，护栏高度宜为 0.8 m。

④ 挖出的土石方应及时运离孔口，不得堆放在孔口周边 1 m 范围内，机动车辆的通行不得对井壁的安全造成影响。

⑤ 施工现场的一切电源、电路的安装和拆除必须遵守现行行业标准《施工现场临时用电安全技术规范》的规定。

（4）开孔前，桩位应准确定位放样，在桩位外设置定位基准桩，安装护壁模板必须用桩中心点校正模板位置，并应由专人负责。

（5）第一节井圈护壁应符合下列规定：

① 井圈中心线与设计轴线的偏差不得大于 20 mm。

② 井圈顶面应比场地高出 100～150 mm，壁厚应比下面井壁厚度增加 100～150 mm。

（6）修筑井圈护壁应符合下列规定：

① 护壁的厚度、拉接钢筋、配筋、混凝土强度等级均应符合设计要求。

② 上下节护壁的搭接长度不得小于 50 mm。

③ 每节护壁均应在当日连续施工完毕。

④ 护壁混凝土必须保证振捣密实，应根据土层渗水情况使用速凝剂。

⑤ 护壁模板的拆除应在灌注混凝土 24 h 之后。

⑥ 发现护壁有蜂窝、漏水现象时，应及时补强。

⑦ 同一水平面上的井圈任意直径的极差不得大于 50 mm。

（7）当遇有局部或厚度不大于 1.5 m 的流动性淤泥和可能出现涌土涌砂时，护壁施工可按下列方法处理。

① 将每节护壁的高度减小到 300～500 mm，并随挖、随验、灌注混凝土。

② 采用钢护筒或有效的降水措施。

（8）孔深达到设计要求深度后，对孔位、孔形、孔径、孔深及垂直度进行检查，并核对嵌岩深度、孔底地质情况、持力层与设计是否相符，确认满足要求后，即对孔底进行清理，清除浮土、石渣。填写成孔“检查表”。

（9）灌注桩身混凝土时，混凝土必须通过溜槽；当落距超过 3 m 时，应采用串筒，串筒末端距孔底高度不宜大于 2 m；也可用导管泵送;混凝土宜采用插入式振捣器振实，并填写混凝土灌注检测表。

（10）当渗水量过大时，应采取场地截水、降水或水下灌注混凝土等有效措施。严禁在桩孔中边抽水边开挖，同时不得灌注相邻桩。

吊装钢筋骨架及灌注桩身混凝土挖孔到达设计深度后，应检查和处理孔底和孔壁情况，以保证基桩质量。

三、沉管灌注桩的施工

沉管灌注桩又称为打拔管灌注桩，是采用锤击或振动的方法将一根与桩的设计尺寸相适应的钢管（下端带有桩尖）沉入土中，然后将钢筋笼放入钢管内，再灌注混凝土，并边灌边将钢管拔出，利用拔管时的振动力将混凝土捣实。

钢管下端有两种构造，一种是开口，在沉管时套以钢筋混凝土预制桩尖，拔管时，桩尖留在桩底土中；另一种是管端带有活瓣桩尖，沉管时，桩尖活瓣合拢，灌注混凝土后拔管时活瓣打开。

施工中应注意下列事项：

（1）套管沉入土中时，应保持位置正确，如有偏斜或倾斜应立即纠正。

（2）拔管时应先振后拔，满灌慢拔，边振边拔。在开始拔管时应测得桩靴活瓣确已张开，或钢筋混凝土确已脱离，灌入混凝土已从套管中流出，方可继续拔管。拔管速度宜控制在 1.5 m/min 之内，在软土中不宜大于 0.8 m/min。边振边拔以防管内混凝土被吸住上拉而缩颈，每拔起 0.5 m，宜停拔，再振动片刻，如此反复进行，直至将套管全部拔出。

（3）在软土中沉管时，由于排土挤压作用会使周围土体侧移及隆起，有可能挤断邻近已完成但混凝土强度还不高的灌注桩，因此桩距不宜小于 3 ~ 3.5 倍桩径，宜采用间隔跳打的施工方法，避免对邻桩挤压过大。

（4）由于沉管的挤压作用，在软黏土中或软、硬土层交界处所产生的孔隙水压力较大或侧压力大小不一而易产生混凝土桩缩径。为了弥补这种现象可采取扩大桩径的“复打”措施，即在灌注混凝土并拔出套管后，立即在原位重新沉管再灌注混凝土。复打后的桩，其横截面增大，承载力提高，但其造价也相应增加，对邻近桩的挤压也大。

四、长螺旋钻孔压灌桩

1. 定　义

长螺旋钻孔压灌桩技术是采用长螺旋钻机钻孔至设计标高，利用混凝土泵将混凝土从钻头底压出，边压灌混凝土边提升钻头直至成桩，然后利用专门的振动装置将钢筋笼一次插入混凝土桩体，形成钢筋混凝土灌注桩。后插入钢筋笼的工序应在压灌混凝土工序后连续进行。与普通水下灌注桩施工工艺相比，长螺旋钻孔压灌桩施工，由于不需要泥浆护壁，无泥皮，无沉渣，无泥浆污染，施工速度快，造价较低，如图 3.19 所示。

图 3.19　长螺旋钻孔施工

图 3.20　旋挖钻孔施工

2. 适用条件

长螺旋钻孔压灌桩适用于黏性土、粉土、黄土等土质地基，桩尖下有可作为持力层的密实土层、砂层或砂卵石层。特点就是大大缩短了施工时间，利用正反循环钻机完成一根桩径 800 mm，深 25 m 的灌注桩需 3 ~ 8 h，而压灌桩施工同样一根桩仅需 30 ~ 60 min。

五、旋挖钻孔灌注桩

旋挖钻机是一种多功能、高效率的灌注桩桩孔的成孔设备，可以实现桅杆垂直度的自动调节和钻孔深度的计量；旋挖钻孔施工是利用钻杆和钻斗的旋转，以钻斗自重并加液压作为钻进压力，使土屑装满钻斗后提升钻斗出土。通过钻斗的旋转、挖土、提升、卸土和泥浆置换护壁，反复循环而成孔。吊放钢筋笼、灌注混凝土、后压浆等与其他水下钻孔灌注桩工艺相同，如图 3.20 所示。此方法自动化程度和钻进效率高，钻头可快速穿过各种复杂地层，在桩基施工特别是城市桩基施工中具有非常广阔的前景。

旋挖钻机与传统的潜水钻机相比，由于旋挖钻机的圆柱形钻头在提出泥浆液面时会使钻头下局部空间产生“真空”，同时由于钻头提升时泥浆对护筒下部与孔眼相交部位孔壁的冲刷作用，很容易造成护筒底孔壁坍塌，因此对护筒周围回填土必须精心进行夯实。分析地质水文资料，根据地质层理，及时调整泥浆密度和钻进速度，尤其是对不良地层，要有预控措施。适用性：淤泥质土、黏性土、砂土、碎石土或单块单轴抗压强度在 30 MPa 以下的软质岩石和风化的硬质岩。

六、打入桩的施工

打入桩靠桩锤的冲击能量将桩打入土中，因此桩径不能太大（在一般土质中桩径不大于 0.6 m），桩的入土深度在一般土质中不超过 40 m，否则打桩设备要求较高，而打桩效率较低。

预制管桩施工如图 3.21 所示。

图 3.21　管桩的施工

打桩过程包括：桩架移动和定位、吊桩和定桩、打桩、截桩和接桩等。正式打桩前，还应进行打桩试验，以便检验设备和工艺是否符合要求。按照规范的规定，试桩不得少于 2 根。现就打桩施工的主要设备和施工中应注意的主要问题简要介绍如下。

1. 桩　锤

常用的桩锤有坠锤、单动汽锤、双动汽锤及柴油锤等几种。打入桩施工时，应适当选择桩锤重量，桩锤过轻，桩难以打下，频率较低，还可能将桩头打坏。桩锤过重，则各种机具、动力设备都需加大，不经济。

2. 桩　架

桩架在结构上必须有足够的强度、刚度和稳定性，保证在打桩过程中桩架不会发生移位和变位。

桩架的作用：装吊桩锤、插桩、打桩、控制桩锤的上下方向。

桩架的组成：包括导杆（又称龙门，控制桩和锤的插打方向）、起吊设备（滑轮组、绞车、动力设备等）、撑架（支撑导杆）及底盘（承托以上设备）、移位行走部件等。

桩架的高度：应保证桩吊立就位的需要和锤击的必要冲程。

桩架的类型：根据材料不同，有木桩架和钢结构桩架，常用的是钢桩架。根据作业性的差异，桩架有简易桩架和多功能桩架（或称万能桩架）。

3. 桩的吊运

钢筋混凝土预制桩由预制场地吊运到桩架内，在起吊、运输、堆放时，都应该按照设计计算的吊点位置起吊（一般吊点在桩内预埋直径为 20 ~ 25 mm 的钢筋吊环，或以油漆在桩身标明），否则桩身受力情况与计算不符，可能引起桩身混凝土开裂。一般长度的桩，水平起吊采用两个吊点；插桩吊立时，常为单点起吊；对于较长的桩为了减小内力、节省钢材，有时采用多点起吊。

4. **预制桩的打桩顺序**

打桩顺序是否合理，会直接影响到打桩的速度、打桩的质量及周围环境。当桩距小于 4 倍桩的边长或者桩径时，打桩顺序尤为重要，根据桩群的密集程度、土质情况和周围环境，可以逐排打设，可以自中间向两个方向对称进行，可以自中间向四周进行。此外，根据桩及基础的设计高程和规格，宜先深后浅、先大后小、先长后短。

5. **预制桩接桩**

混凝土预制桩的接桩方法有焊接、法兰接及硫黄胶泥锚接 3 种，如图 3.22 所示，前两种可用于各类土层，硫黄胶泥锚接适用于软土层。目前焊接接桩应用最多。

（a）焊接

（b）法兰接

（c）硫黄胶泥锚接

图 3.22 混凝土预制桩的接桩

焊接接桩的钢板宜用低碳钢，接桩时预埋铁件表面应清洁，上、下节桩之间如有间隙应用铁片填实焊牢，焊接时焊缝应连续饱满，并采取措施减少焊接变形。接桩时，上、下节桩的中心线偏差不得大于 10 mm。焊接时，应先将四角点焊固定，然后对称焊接，并确保焊缝质量和设计尺寸。在焊接后应使焊缝在自然条件下冷却 10 min 后方可继续沉桩。

6. **打桩过程注意事项**

由于桩要穿过构造复杂的土层，所以在打桩过程中要随时注意观察，凡发生贯入度突变、桩身突然倾斜、锤击时桩锤产生严重回弹、桩顶或桩身出现严重裂缝或破碎等应暂停施工，及时研究处理。

（1）为了避免或减轻打桩时由于土体挤压，使后打入的桩打入困难或先打入的桩被推挤移动，打桩顺序应视桩数、土质情况及周围环境而定，可由基础的一端向另一端进行，或由中央向两端施打。

（2）在打桩前，应检查锤与桩的中心线是否一致，桩位是否正确，桩的垂直度或倾斜度是否符合设计要求，打桩架是否安置牢固平稳。桩顶应采用桩帽、桩垫保护，以免打裂桩头。

（3）桩开始打入时，应轻击慢打，每次的冲击能不宜过大，随着桩的打入，逐渐增大锤击的冲击能量。

（4）打桩时应记录好桩的贯入度，作为桩承载力是否达到设计要求的一个参考数据。

（5）打桩过程中应随时注意观测打桩情况，防止基桩的偏移，并填写好打桩记录。

（6）每打一根桩应一次连续完成，避免中途停顿过久，否则因桩周摩阻力的恢复而增加沉桩的困难。

（7）接桩要使上下两节桩对准，在接桩过程中及接好打桩前，均须注意检查上下两节桩的纵轴线是否在一条直线上。接头必须牢固，焊接时要注意焊接质量，宜用两人双向对称同时电焊，以免产生不对称收缩，焊完待冷却后再打桩，以免热的焊缝遇到地下水而开裂。

（8）在建筑物靠近打桩场地或建筑物密集地区打桩时，需观测地面变化情况，注意打桩对周围建筑物的影响。打桩完毕基坑开挖后，应对桩位、桩顶标高进行检查，方能浇筑承台。

七、振动沉桩

1. 定　义

振动沉桩法是用振动打桩机（振动桩锤）将桩打入土中的施工方法，如图3.23所示。其原理是由振动打桩机使桩产生上下方向的振动，在清除桩与周围土层间摩擦力的同时使桩尖地基松动，从而使桩贯入或拔出。

图3.23　振动沉桩施工

2. 适用条件

振动沉桩法一般适用于砂土、硬塑及软塑的黏性土和中密及较软的碎石土，在砂性土中最为有效，而在较硬地基中则难以沉入。

3. 振动沉桩法的特点

噪声较小、施工速度快、不会损坏桩头、不用导向架也能打进、移位操作方便，但需要的电源功率大。桩的断面较大和桩身较长时，桩锤重量也应加大。随着地基的硬度加大，桩锤的重量也应增大。振动力加大则桩的贯入速度加快。

八、静力压桩

1. 定　义

静力压桩是利用静压力将桩压入土中，施工中虽然仍然存在挤土效应，但没有振动和噪声。静力压桩适用于软弱土层，当存在厚度大于 2 m 的中密以上砂夹层时，不宜采用静力压桩。

2. 静力压桩机分类

静力压桩机有机械式和液压式之分，根据顶压桩的部位又分为在桩顶顶压的顶压式压桩机以及在桩身抱压的抱压式压桩机。目前使用的多为液压式静力压桩机，压力可达 6 000 kN 甚至更大，图 3.24 所示是一种采用抱压式的液压静力压桩机。

图 3.24 液压式静力压桩机

3. 压桩施工

静力压桩机应根据土质情况配足额定重量。施工中桩帽、桩身和送桩的中心线应重合，压同一根（节）桩应缩短停顿时间，以便于桩的压入。长桩的静力压入一般也是分节进行，逐段接长。当第一节桩压入土中，其上端距地面 1 m 左右时将第二节桩接上，继续压入。对每一根桩的压入，各工序应连续。其接桩处理与锤击法类似。

4. 静力压桩施工的特点

静力压桩法施工时产生的噪声和振动较小；桩头不易损坏；桩在贯入时相当于给桩做静载试验，故可准确知道桩的承载力；压入法不仅可用于竖直桩，而且也可用于斜桩和水平桩；但机械的拼装移动等均需要较多的时间。

九、水中桩基础施工

水中修筑桩基础显然比旱地上施工要复杂困难得多，尤其是在深水急流的大河中修筑桩基础。为了适应水中施工的环境，必然要增添浮运沉桩及有关的设备和采用水中施工的特殊方法。与旱地施工相比较，水中钻孔灌注桩的施工有如下特点：

（1）地基地质条件比较复杂，江河床底一般以松散砂、砾、卵石为主，很少有泥质胶结物，在近堤岸处大多有护堤抛石，而港湾或湖滨静水地带又多为流塑状淤泥。

（2）护筒埋设难度大，技术要求高。尤其是水深流急时，必须采取专门措施，以保证施工质量。

（3）水面作业自然条件恶劣，施工具有明显的季节性。

（4）在重要的航运水道上，必须兼顾航运和施工两者安全。

（5）考虑上部结构荷重及其安全稳定，桩基设计的竖向承载力较大，所以钻孔较深，孔径也比较大。

基于上述特点，水中施工必须充分准备施工场地，用以安装钻孔机械、混凝土灌注设备以及其他设备。这是水中钻孔桩施工最重要的一环，也是水中施工的关键技术和主要难点之一。

根据水中桩基础施工方法的不同，其施工场地分为两种类型。一类是用围堰筑岛法修筑的水域岛或长堤，称为围堰筑岛施工场地；另一类是用船或支架拼装建造的施工平台，称为水域工作平台。水域工作平台依据其建造材料和定位的不同可分为船式、支架式和沉浮式等多种类型。水中支架的结构强度、刚度和船只的浮力、稳定都应事前进行验算。因地制宜的水中桩基础施工方法有多种，下面就常用的基本方法分浅水和深水施工简要介绍。

（一）浅水中桩基础施工

对位于浅水或临近河岸的桩基，其施工方法类同于浅水浅基础常采用的围堰修筑法，即先筑围堰施工场地，可抽水挖基坑或水中吸泥挖坑再抽水，最后作基桩施工。对围堰所用的材料和形式，以及各种围堰应注意的要求，与浅基础施工一节所述相同，在此不作赘述。

在浅水中建桥，常在桥位旁设置施工临时便桥。在这种情况下，可利用便桥和相应的脚手架搭设水域工作平台，进行围堰和基桩施工。这样在整个桩基础施工中可不必动用浮运打桩设备，同时也是解决料具、人员运输的好办法。

（二）深水中桩基础施工

在宽大的江河深水中施工桩基础时，常采用笼架围堰和吊箱等施工方法。

1. 围堰法

在深水中低桩承台桩基础或墩身有相当长度需在水下施工时，常采用围笼（围囹）修筑钢板桩围堰进行桩基础施工（围笼结构可参阅第二章有关部分）。

钢板桩围堰桩基础施工的方法与步骤如下（其中有关钢板桩围堰施工部分已在第二章较详细介绍）：

（1）在导向船上拼制围笼，拖运至墩位，将围笼下沉、接高、沉至设计标高，用锚船（定位船）抛锚定位。

（2）在围笼内插打定位桩（可以是基础的基桩也可以是临时桩或护筒），并将围笼固定在定位桩上，退出导向船。

（3）在围笼上搭设工作平台，安钻机或打桩设备；沿围笼插打钢板桩，组成防水围堰。

（4）完成全部基桩的施工（钻孔灌注桩或打入桩）。

（5）吸泥，开挖基坑。

（6）基坑经检验后，灌注水下混凝土封底。

（7）待封底混凝土达到规定强度后，抽水、修筑承台和墩身直至出水面。

（8）拆除围笼，拔除钢板桩。

在施工中也有采用先完成全部基桩施工后，再进行钢板桩围堰的施工步骤。是先筑围堰还是先打基桩，应根据现场水文、地质条件，施工条件，航运情况和所选择的基桩类型等情况确定。

2. 吊箱法和套箱法

在深水中修筑高桩承台桩基时，由于承台位置较高不需坐落到河底，一般采用吊箱方法修筑桩基础，或在已完成的基桩上安置套箱的方法修筑高桩承台。

（1）吊箱法。

吊箱是悬吊在水中的箱形围堰，基桩施工时用作导向定位，基桩完成后封底抽水，灌注混凝土承台。

吊箱一般由围笼、底盘、侧面围堰板等部分组成。吊箱围笼平面尺寸与承台相应，分层拼装，最下一节将埋入封底混凝土内，以上部分可拆除周转使用；顶部设有起吊的横梁和工作平台，并留有导向孔。底盘用槽钢作纵、横梁，梁上铺以木板作封底混凝土的底板，并留有导向孔（大于桩径 50 mm）以控制桩位。侧面围堰板由钢板形成，整块吊装。

吊箱法的施工方法与步骤如下：

① 在岸上或岸边驳船 1 上拼制吊箱围堰，浮运至墩位，吊箱 2 下沉至设计标高，如图 3.25（a）所示。

② 插打围堰外定位桩 3，并将吊箱围堰固定于定位桩上，如图 3.25（c）所示。

③ 基桩 5 施工，如图 3.25（b）、（c）所示，4 为送桩。

④ 填塞底板缝隙，灌注水下混凝土。

⑤ 抽水，将桩顶钢筋伸入承台，铺设承台钢筋，灌注承台及墩身混凝土。

⑥ 拆除吊箱围堰连接螺栓外框，吊出围笼。

（2）套箱法。

这种方法是针对先完成了全部基桩施工后，修筑高桩承台基础的水中承台的一种方法。

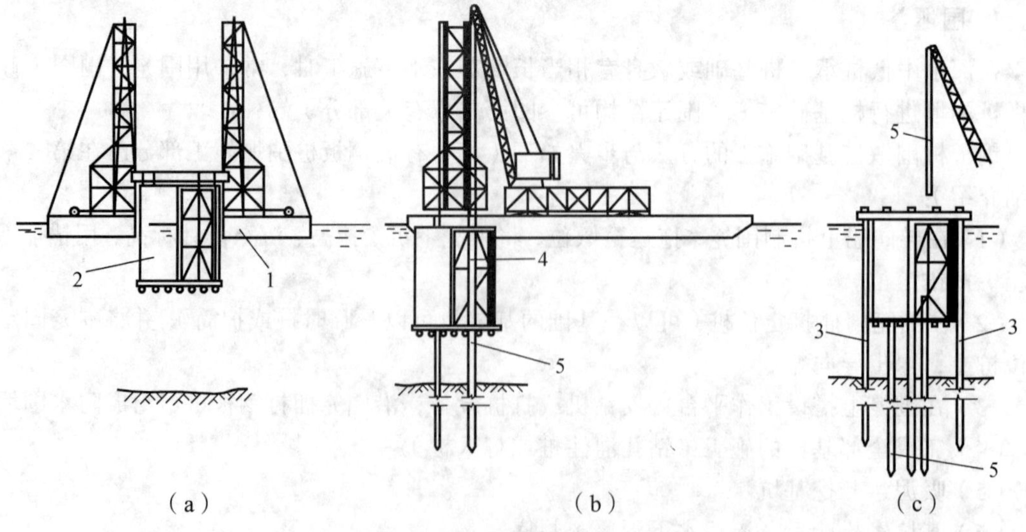

图 3.25　吊箱围堰修建水中桩基

套箱可预制成与承台尺寸相应的钢套箱或钢筋混凝土套箱，箱底板按基桩平面位置留有桩孔。基桩施工完成后，吊放套箱围堰，将基桩顶端套入套箱围堰内（基桩顶端伸入套箱的长度按基桩与承台的构造要求确定），并将套箱固定在定位桩（可直接用基础的基桩）上，然后浇注水下混凝土封底，待达到规定强度后即可抽水，继而施工承台和墩身结构。

施工中应注意：水中直接打桩及浮运箱形围堰吊装的正确定位，一般均采用交汇法控制，在大河中有时还需搭临时观测平台；在吊箱中插打基桩，由于桩的自由长度大应细心把握吊沉方位；在浇灌水下混凝土前应将箱底桩侧缝隙堵塞好。

3. 沉井结合法

当河床基岩裸露或因卵石、漂石土层钢板围堰无法插打时，或在水深流急的河道上为使钻孔灌注桩在静水中施工时，还可以采用浮运钢筋混凝土沉井或薄壁沉井（有关沉井的内容见第四章）作桩基施工时的挡水挡土结构（相当于围堰）和沉井顶设作工作平台。沉井既可作为桩基础的施工设施，又可作为桩基础的一部分即承台。薄壁沉井多用于钻孔灌注桩的施工，除能保持在静水状态施工外，还可将几个桩孔一起圈在沉井内代替单个安设护筒并可周转重复使用。

（三）水中钻孔桩施工的注意事项

1. 护筒的埋设

围堰筑岛施工场地的护筒埋设方法与旱地施工时基本相同。

施工场地是工作平台的可采用钢制或钢筋混凝土护筒。为防止水流将护筒冲歪，应在工作平台的孔口部位架设护筒导向架；下沉好的护筒，应固定在工作平台上或护筒导向架上，以防万一发生坍孔时，护筒下跑或倾斜。在风浪流速较大的深水中，可在护筒或导向架四周抛锚加固定位。

2. 配备安全设施，抓好安全作业

严格保持船体和平台不致有任何位移。船体和平台的位移，将导致孔口护筒偏斜、倾倒等一系列恶性事故，因此每一桩孔从开孔到灌注成桩都要严格控制。在工作平台四周设坚固的防护栏，配备足够的救生设备和防火器材，还要按规定悬挂信号灯等。

第四节　桩基础施工时问题分析与处理

一、钻孔过程中容易发生的质量问题及处理方法

在钻孔过程中应防止坍孔、孔形扭歪或孔偏斜，甚至把钻头埋住或掉进孔内等事故。

1. 塌　孔

在成孔过程或成孔后，有时在排出的泥浆中不断出现气泡，有时护筒内的水位突然下降，这是塌孔的迹象。其形成原因主要是土质松散、泥浆护壁不好、护筒水位不高等。如发生塌

孔，应探明塌孔位置，将砂和黏土的混合物回填到塌孔位置1～2 m，如塌孔严重，应全部回填，等回填物沉积密实再重新钻孔。

2. 缩 孔

缩孔是指孔径小于设计孔径的现象，缩孔使桩的完整性大受损害，桩身的强度和承载能力都降低。缩孔是由于塑性土膨胀或灌注混凝土过程中孔壁局部坍塌和内挤产生的，处理时采用优质泥浆，加快成孔速度，上下反复扫孔，扩大孔径。

3. 斜 孔

桩孔成孔后发现较大垂直偏差，这是由于护筒倾斜和位移、钻杆不垂直、钻头导向部分太短、导向性差、土质软硬不一或遇上孤石等原因造成的。斜孔会影响桩基质量，并会造成施工上的困难。处理时可在偏斜处吊放钻头，上下反复扫孔，直至把孔位校直；或在偏斜处回填砂黏土，待沉积密实后再钻。

4. 糊 钻

黏土紧紧地将钻头包住的现象，就是常说的“糊钻”，是因为钻机进尺速度和旋转速度不合理、泥浆的调配未达到相应的性能指标要求等原因造成的，可以采取控制进尺，加强泥浆循环等措施进行预防。若已严重糊钻，应将钻锥提出孔口，清除钻头残渣。

5. 卡 钻

钻头在钻孔内无法继续运转就是常说的“卡钻”。卡钻的原因是：孔内出现梅花孔、探头石或缩孔、下钻头时太猛，或钢丝绳松绳太长，使钻头倾倒卡在井壁上，坍孔时落下的石块或落下较大的工具将钻头卡住。常采用的解决方法是：当土质较好或在石质孔内卡钻时，可以采取小爆破震动使钻头松动，以便提起钻头；可上下左右试着进行轻提，将钻锥提起；用千斤顶或滑轮组强提。

二、灌注水下混凝土过程中容易发生的质量问题及处理方法

1. 混凝土导管漏水

导管接头漏水、初灌量过小、导管埋入过浅、导管上拉过快等都有可能导致混凝土导管漏水，会使已浇灌的混凝土断断续续地被水稀释而严重离析或造成断桩。采取的措施是在离析段补浆加固，严重者重新补桩。

2. 导管堵塞

隔水塞制作粗糙，导管内壁不平直，变形过大，使隔水塞受阻卡住都有可能导致混凝土导管堵塞，危害是已浇好的混凝土面上易重新积存沉渣，处理堵管需要时间，新混凝土与已浇混凝土之间存在夹泥，桩抗水平力及弯矩能力降低。采用的办法是及时处理新旧混凝土结合面段。

3. 钢筋笼上浮或下沉

钢筋笼上浮或下沉的原因是导管置放和上拔过程中挂住钢筋笼，带动它一起上下；混凝

土开始灌注时产生的冲击力。后果是桩的承载能力严重削弱。补救方法是若混凝土质量较好者不予处理；若是水平承载桩需重新计算内弯矩；不合要求时采用补强措施。

4. 桩头浮浆

因混凝土离析导致桩上段承载能力丧失，采取截除浮浆段，重新灌注混凝土的解决方式。

5. 断　桩

断桩是指混凝土凝固后不连续，中间被冲洗液等疏松体及泥土填充形成间断的桩。

产生的原因：在浇筑混凝土时导管提升和起拔过多，露出混凝土面；停电、待料造成加渣；浇筑混凝土时直接从孔口内倒入，产生混凝土离析，造成凝固后不密实坚硬；导管离孔底过远，混凝土被冲洗稀释，等等。

防治措施：认真清孔，及时灌注，准确计算灌注量；提管准确可靠，严格按规范操作，保证导管密封；确定混凝土的配合比，保证混凝土良好的施工性能。

第五节　单桩承载力的确定

一般情况下，桩受到轴向力、横向力及弯矩作用，因此须分别研究和确定单桩的轴向承载力和横向承载力。

一、竖向荷载下桩的受力特点

（一）荷载传递过程

当竖向荷载逐步施加于单桩桩顶，桩身上部受到压缩而产生相对于土的向下位移，与此同时桩侧表面就会受到土的向上摩阻力。桩顶荷载通过所发挥出来的桩侧摩阻力传递到桩周土层中去，致使桩身轴力和桩身压缩变形随深度递减。在桩土相对位移等于零处，其摩阻力尚未开始发挥作用而等于零。随着荷载增加，桩身压缩量和位移量增大，桩身下部的摩阻力随之逐步调动起来，桩底土层也因受到压缩而产生桩端阻力。桩端土层的压缩加大了桩土相对位移，从而使桩身摩阻力进一步发挥到极限值，而桩端极限阻力的发挥则需要比发生桩侧极限摩阻力大得多的位移值，这时总是桩侧摩阻力先充分发挥出来。当桩身摩阻力全部发挥出来达到极限后，若继续增加荷载，其荷载增量将全部由桩端阻力承担。由于桩端持力层的大量压缩和塑性挤出，位移增长速度显著加大，直至桩端阻力达到极限，位移迅速增大而破坏。此时桩所受的荷载就是桩的极限承载力。

由此可见，桩侧摩阻力和桩底阻力的发挥程度与桩土间的变形性态有关，在确定桩的承载力时，应考虑这一特点。

对于柱桩，桩底阻力占桩支承力的绝大部分，桩侧摩阻力很小常忽略不计。对于桩长很大的摩擦桩，也因桩身压缩变形大，桩底反力尚未达到极限值，桩顶位移已超过使用要求所容许的范围，且传递到桩底的荷载也很微小，此时确定桩的承载力时桩底极限阻力不宜取值过大。

（二）桩侧摩阻力的影响因素及其分布

桩侧摩阻力除与桩土间的相对位移有关，还与土的性质、桩的刚度、时间因素和土中应力状态以及桩的施工方法等因素有关。

由于影响桩侧摩阻力的因素即桩土间的相对位移、土中的侧向应力及土质分布及性状均随深度变化，因此要精确地用物理力学方程描述桩侧摩阻力沿深度的分布规律较复杂，只能用试验研究方法，即桩在承受竖向荷载过程中，量测桩身内力或应变，计算各截面轴力，求得侧阻力分布或端阻力值。

为简化起见，现常近似假设打入桩侧摩阻力在地面处为零，沿桩入土深度呈线性分布，而对钻孔灌注桩则近似假设桩侧摩阻力沿桩身均匀分布。

（三）单桩在轴向受压荷载作用下的破坏模式

轴向受压荷载作用下，单桩的破坏是由地基土强度破坏或桩身材料强度破坏所引起。而以地基土强度破坏居多。以下介绍工程实践中常见的几种典型破坏模式，如图 3.26 所示。

1. 屈曲破坏

当桩底支承在很坚硬的地层，桩侧土为软土层其抗剪强度很低时，桩在轴向受压荷载作用下，如同一受压杆件呈现纵向挠曲破坏。在荷载-沉降（P-S）曲线上呈现出明确的破坏荷载。桩的承载力取决于桩身的材料强度。

2. 整体剪切破坏

当具有足够强度的桩穿过抗剪强度较低的土层而达到强度较高的土层时，桩在轴向受压荷载作用下，由于桩底持力层以上的软弱土层不能阻止滑动土楔的形成，桩底土体将形成滑动面而出现整体剪切破坏。在 P-S 曲线上可见明确的破坏荷载。桩的承载力主要取决于桩底土的支承力，桩侧摩阻力也起一部分作用。

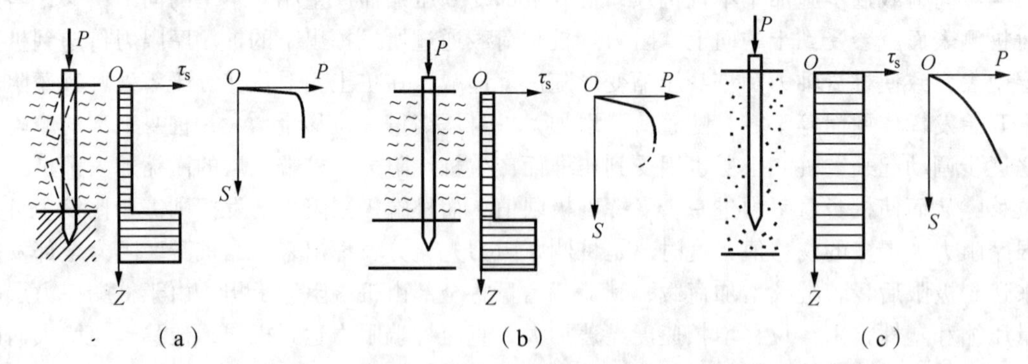

图 3.26 单桩在轴向受压荷载作用下的破坏模式

3. 刺入式破坏

当具有足够强度的桩入土深度较大或桩周土层抗剪强度较均匀时，桩在轴向受压荷载作用下，将出现刺入式破坏。根据荷载大小和土质不同，其 P-S 曲线通常无明显的转折点。桩所受荷载由桩侧摩阻力和桩底反力共同承担，一般摩擦桩或纯摩擦桩多为此类破坏，且基桩承载力往往由桩顶所允许的沉降量控制。

因此，桩的轴向受压承载力，取决于桩周土的强度或桩本身的材料强度。一般情况下桩的轴向承载力都是由土的支承能力控制的，对于柱桩和穿过土层土质较差的长摩擦桩，则两种因素均有可能是决定因素。

二、单桩竖向力容许承载力的确定

在工程设计中，单桩轴向容许承载力，系指单桩在轴向荷载作用下，地基土和桩本身的强度和稳定性均能得到保证，变形也在容许范围之内所容许承受的最大荷载。单桩轴向容许承载力的确定方法较多，考虑到地基土具有多变性、复杂性和地域性等特点，往往需选用几种方法作综合考虑和分析，以合理确定单桩轴向容许承载力。

（一）经验公式法

现行的各种设计规范都规定了以经验公式计算单桩竖向承载力的方法，以经验公式计算单桩轴向容许承载力的方法是一种简化计算方法。规范根据全国各地大量的静载试验资料，经过理论分析和统计整理，给出不同类型的桩，按土的类别、密实度、稠度、埋置深度等条件下有关桩侧摩阻力及桩底阻力的经验系数、数据及相应公式。

1. 摩擦桩

单桩竖向容许承载力 $[P]$ = [桩侧极限摩阻力 (P_{su}) + 桩底极限阻力 (P_{pu})]/安全系数 K

沉入桩与钻孔灌注桩，由于施工方法不同，根据实验资料所得桩侧摩阻力和桩底阻力数据，所给出的计算数据也会不同。

（1）沉入桩容许承载力按下式计算

$$[R_a]=\frac{1}{2}(u\sum_{i=1}^{n}a_i l_i q_{ik}+a_r A_P q_{rk}) \tag{3.2}$$

式中　$[R_a]$ ——单桩轴向受压承载力容许值（kN），桩身自重与置换土重（当自重计入浮力时，置换土重也计入浮力）的差值作为荷载考虑；

u ——桩身的周长（m）；

n ——土的层数；

l_i ——承台底面或局部冲刷线以下各土层的厚度（m）；

q_{ik} ——与 l_i 对应的各土层与桩侧的摩阻力标准值（kPa），宜采用单桩摩阻力试验确定或通过静力触探试验测定，当无试验条件时按表 3.4 选用。

q_{rk} ——桩端处土的承载力标准值（kPa），宜采用单桩试验确定或通过静力触探试验测定，当无试验条件时按表 3.5 选用。

a_i、a_r ——分别为振动沉桩对各土层侧摩阻力和桩端承载力的影响系数，按表 3.6 采用；对于锤击、静压沉桩其值均取为 1.0；

A_P ——桩端截面面积 (m^2)，对于扩底桩，取扩底截面面积。

表 3.4　沉桩桩侧土的摩阻力标准值 q_{ik}

土类	状态	摩阻力标准值 q_{ik} /kPa
黏性土	$1.5 \geqslant I_L \geqslant 1$	15 ~ 30
	$1 > I_L \geqslant 0.75$	30 ~ 45
	$0.75 > I_L \geqslant 0.5$	45 ~ 60
	$0.5 > I_L \geqslant 0.25$	60 ~ 75
	$0.25 > I_L \geqslant 0$	75 ~ 85
	$0 > I_L$	85 ~ 95
粉土	稍密	20 ~ 35
	中密	35 ~ 65
	密实	65 ~ 80
粉、细砂	稍密	20 ~ 35
	中密	35 ~ 65
	密实	65 ~ 80
中砂	中密	55 ~ 75
	密实	75 ~ 90
粗砂	中密	70 ~ 90
	密实	90 ~ 105

注：表中的液限指数 I_L，是按 76 g 平衡锥测定的数值。

表 3.5　沉桩桩端土的承载力标准值 q_{rk}

土类	状态	桩端承载力标准值 q_{rk} /kPa		
黏性土	$I_L \geqslant 1$	1 000		
	$1 > I_L \geqslant 0.65$	1 600		
	$0.65 > I_L \geqslant 0.35$	2 200		
	$0.35 > I_L$	3 000		
		$1 > \frac{h_c}{d}$	$4 > \frac{h_c}{d} \geqslant 1$	$\frac{h_c}{d} \geqslant 4$
粉土	中密	1 700	2 000	2 300
	密实	2 500	3 000	3 500
粉砂	中密	2 500	3 000	3 500
	密实	5 000	6 000	7 000
细砂	中密	3 000	3 500	4 000
	密实	5 500	6 500	7 500
中、粗砂	中密	3 500	4 000	4 500
	密实	6 000	7 000	8 000
圆砾石	中密	4 000	4 500	5 000
	密实	7 000	8 000	9 000

注：表中 h_c 为桩端进入持力层的深度（不包括桩靴）；d 为桩的直径或边长。

表 3.6　系数 a_i、a_r 值

桩径或者边长 d/m ＼ 土类（系数 a_i、a_r）	黏土	粉质黏土	粉土	砂土
$0.8 \geqslant d$	0.6	0.7	0.9	1.1
$2.0 \geqslant d > 0.8$	0.6	0.7	0.9	1.0
$d > 2.0$	0.5	0.6	0.7	0.9

（2）钻（挖）孔灌注桩容许承载力按下式计算

$$[R_a]=\frac{1}{2}u\sum_{i=1}^{n}q_{ik}l_i + A_P m_0 \lambda[[f_{a0}]+k_2 r_2(h-3)] \tag{3.3}$$

$$q_r = m_0\lambda\left[[f_{a0}]+k_2\gamma_2(h-3)\right] \tag{3.4}$$

式中　$[R_a]$——单桩轴向受压承载力容许值（kN），桩身自重与置换土重（当自重计入浮力时，置换土重也计入浮力）的差值作为荷载考虑；

u——桩身的周长（m）；

n——土的层数；

A_P——桩端截面面积（m^2），对于扩底桩，取扩底截面面积。

l_i——承台底面或局部冲刷线以下各土层的厚度（m），扩孔部分不计；

q_{ik}——与 l_i 对应的各土层与桩侧的摩阻力标准值（kPa），宜采用单桩摩阻力试验确定，当无试验条件时按表 3.7 选用。

表 3.7　钻孔桩桩侧土的摩阻力标准值 q_{ik}

土类		q_{ik}/kPa	土类		q_{ik}/kPa
中密炉渣、粉煤灰		40～60	中砂	中密	45～60
黏性土	流塑 $I_L \geqslant 1$	20～30		密实	60～80
	软塑 $0.75 < I_L \leqslant 1$	30～50	粗砂、砂砾	中密	60～90
	可塑、硬塑 $0 < I_L \leqslant 0.75$	50～80		密实	90～140
	坚硬 $I_L \leqslant 0$	80～120	圆砾、角砾	中密	120～150
粉土	中密	30～55		密实	150～180
	密实	55～80	碎石、卵石	中密	160～220
粉砂、细砂	中密	35～55		密实	220～400
	密实	55～70	漂石、块石		400～600

注：挖孔桩的摩阻力标准值可参照本表采用。

q_r——桩端处土的承载力容许值（kPa），当持力层为砂土、碎石土时。若计算值超过下列值，宜按下列值采用：粉砂 1 000 kPa；细砂 1 150 kPa；中、粗砂、砂砾

1 450 kPa；碎石土 2 750 kPa；

$[f_{a0}]$——桩端处土的承载力基本容许值（kPa）；

h——基础底面的埋置深度（m），当受水流冲刷的基础，由一般冲刷线算起；不受水流冲刷的基础，由天然地面算起，h 的计算值不大于 40 m；当大于 40 m 时按 40 m 算。

k_2——容许承载力随深度的修正系数；

γ_2——桩端以上各土层的加权平均重度（kN/m^3），如持力层在水位以下且为不透水性土时，不论桩端以上土的透水性质如何，应一律采用饱和重度，如持力层为透水性土时，水中部分土层则应取浮重度；

λ——修正系数，按表 3.8 选用；

m_0——清底系数，按表 3.9 选用。

表 3.8 λ 值

桩端土的情况 / l/d	4 ~ 20	20 ~ 25	>25
透水性土	0.7	0.7 ~ 0.85	0.85
不透水性土	0.65	0.65 ~ 0.72	0.72

表 3.9 清底系数 m_0 值

t/d	0.3 ~ 0.1	m_0	0.7 ~ 1.0

注：① t、d 为桩端沉渣厚度和桩的直径。

② $d \leqslant 1.5$ m 时，$t \leqslant 300$ mm；$d > 1.50$ m 时，$t \leqslant 500$ mm，且 $0.1 < l/d < 0.3$。

2. 端承桩（柱桩）

支承在基岩上或嵌入岩层中的单桩，其轴向受压容许承载力取决于桩底处岩石的强度和嵌入岩层的深度，可按下式计算

$$[R_a] = c_1 A_p f_{rk} + u\sum_{i=1}^{m} c_{2i} h_i f_{rki} + \frac{1}{2}\zeta_s u \sum_{i=1}^{n} l_i q_{ik} \tag{3.5}$$

式中：$[R_a]$——单桩轴向受压承载力容许值（kN），桩身自重与置换土重（当自重计入浮力、时，置换土重也计入浮力）的差值作为荷载考虑；

c_1——根据清孔情况、岩石破碎程度等因素而定的端阻发挥系数，按表 3.10 采用；

A_P——桩端截面面积（m^2），对于扩底桩，取扩底截面面积；

f_{rk}——桩端岩石饱和单轴抗压强度标准值（kPa），黏土质岩取天然湿度单轴抗压强度标准值，当 f_{rk} 小于 2 MPa 时，按摩擦桩计算，f_{rki} 为第 i 层的 f_{rk}；

c_{2i}——根据清孔情况、岩石破碎程度等因素而定的第 i 层岩层的侧阻发挥系数，按表 3.10 采用；

u——各土层或各岩层部分的桩身周长（m）；

h_i——桩嵌入各岩层部分的厚度（m），不包括强风化层和全风化层；

m——岩层的层数，不包括强风化层和全风化层；

ζ_s——覆盖层土的侧阻力发挥系数，根据桩端ζ_s确定，当2 MPa≤f_{rk}<15 MPa时，$\zeta_s=0.8$；当15 MPa≤f_{rk}<30 MPa时，$\zeta_s=0.5$；当f_{rk}>30 MPa时，$\zeta_s=0.2$；

l_i——各土层的厚度（m）；

q_{ik}——桩侧第i层土的侧阻力标准值（kPa），宜采用单桩摩阻力试验值，当无试验条件时，对于钻（挖）孔桩按本规范表3.7选用，对于沉桩按本规范表3.4选用；

n——土层的层数，强风化和全风化岩层按土层考虑。

表3.10　系数c_1、c_2值

岩层情况	c_1	c_2
完整、较完整	0.6	0.05
较破碎	0.5	0.04
破碎、极破碎	0.4	0.03

按式（3.2）、式（3.3）、式（3.5）计算的单桩竖向承载力容许值$[R_a]$，应根据桩的受荷阶段及受荷情况乘以表3.11规定的抗力系数。

表3.11　单桩竖向承载力的抗力系数

受荷阶段	作用效应组合		抗力系数
使用阶段	短期作用效应组合	永久作用于可变作用组合	1.25
		结构自重、预加力、土重、土侧压力和汽车、人群荷载组合	1.00
	作用效应偶然组合（不含地震作用）		1.25
施工阶段	施工荷载效应组合		1.25

（二）材料强度法

通常，桩的竖向承载力往往由土对桩的支承能力控制。但当桩穿过极软弱土层，支承（或嵌固）于岩层或坚硬的土层上时，单桩竖向承载力往往由桩身材料强度控制。此时，基桩将像一根全部或者部分埋入土中的受压杆件，在竖向荷载作用下，将发生纵向挠曲破坏而丧失稳定性，而且这种破坏往往发生于截面承压强度破坏以前，因此验算时尚需考虑纵向挠曲影响。根据《公路钢筋混凝土与预应力钢筋混凝土桥涵设计规范》（JTG D62—2004）对于钢筋混凝土桩，基桩的竖向承载力可归结为桩身轴向强度验算。

（三）垂直静载试验法

（1）概念：在桩顶逐级施加轴向荷载，直至桩达到破坏状态为止，并在试验过程中测量每级荷载下不同时间的桩顶沉降，根据沉降与荷载及时间的关系，分析确定单桩轴向容许承载力。

（2）静载试验法的特点：确定单桩容许承载力直观可靠，但费时、费力，通常只在大型、重要工程或地质较复杂的桩基工程中进行试验。配合其他测试设备，它还能较直接了解桩的荷载传递特征，提供有关资料，因此也是桩基础研究分析常用的试验方法。

单桩承载力的检验常采用单桩静载试验或高应变动力试验确定单桩承载力。单桩静载试验包括垂直静载试验和水平静载试验两项。

1. 试验装置

试验装置主要有加载系统和观测系统两部分。加载主要有堆载法与锚桩法（见图 3.27）两种。堆载法是在荷载平台上堆放重物，一般为钢锭或砂包，也有在荷载平台上置放水箱，向水箱中充水作为荷载。堆载法适用于极限承载力较小的桩。锚桩法是在试桩周围布置 4 ~ 6 根锚桩，常利用工程桩群。锚桩深度不宜小于试桩深度，且与试桩有一定距离，一般应大于 $3d$ 且不小于 1.5 m（d 为试桩直径或边长），以减少锚桩对试桩承载力的影响。观测系统主要有桩顶位移和加载数值的观测。

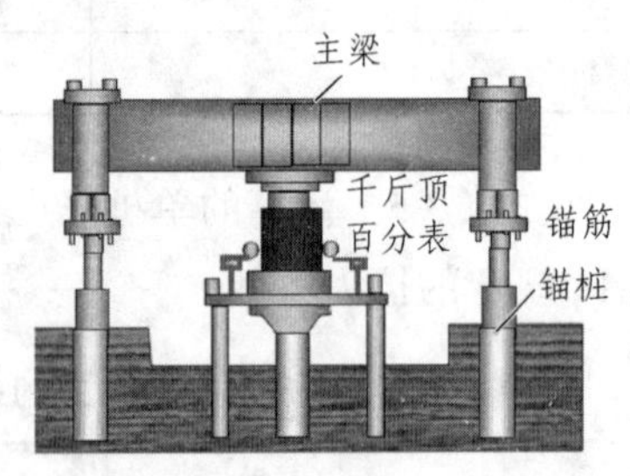

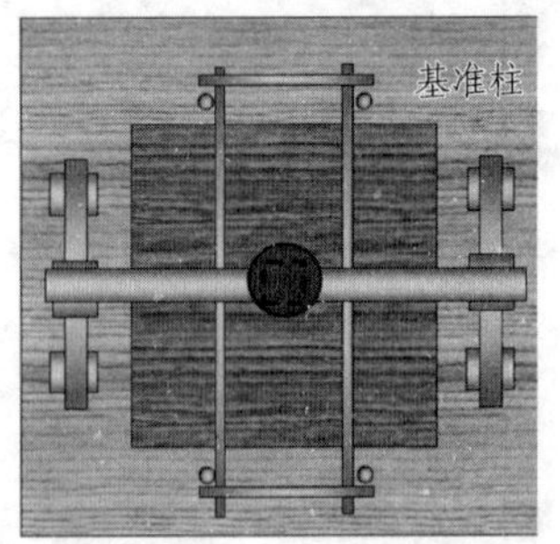

图 3.27 堆载法和锚桩法试验装置

试桩可在已打好的工程桩中选定，也可专门设置与工程桩相同的试验桩。考虑到试验场地的差异及试验的离散性，试桩数目应不小于基桩总数的 2%，且不应少于 2 根；试桩的施工方法以及试桩的材料和尺寸、入土深度均应与设计桩相同。

2. 观测系统

观测系统主要有桩顶位移和加载数值的观测。位移通过安装在基准梁上的位移计或百分表量测。加载数值通过油压表或压力传感器观测。每根基准梁固定在两个无位移影响的支点或基准点上，支点或基准桩与试桩中心距应大于 $4d$ 且不小于 2 m（d 为试桩直径或边长）。

3. 试验方法

分级加载：试桩加载应分级或者递变进行，每级荷载约为预估破坏荷载的 1/10 ~ 1/15；有时也采用递变加载方式，开始阶段每级荷载取预估破坏荷载的 1/2.5 ~ 1/5，终了阶段取 1/10 ~ 1/15。

测读沉降时间：在每级加荷后的第一小时内，按 0、2、5、15、30、45、60 min 测读一次，以后每隔 30 min 测读一次，每个阶段的测读间隔次数不少于 5 次，直至沉降稳定为止。

沉降休止的标准，通常规定为对砂性土为 30 min 内不超过 0.1 mm；对黏性土为 1h 内不超过 0.1 mm。待沉降稳定后，方可施加下一级荷载，循环加载观测，直到桩达到破坏状态，终止试验。

4. 破坏荷载的确定

当出现下列情况之一时，一般认为桩已达破坏状态，所相应施加的荷载即为破坏荷载：

（1）桩的沉降量突然增大，总沉降量大于 40 mm，且本级荷载下的沉降量为前一级荷载下沉降量的 5 倍。

（2）本级荷载下桩的沉降量为前一级荷载下沉降量的 2 倍，且 24 h 桩的沉降未趋稳定。

5. 试验结果分析并确定单桩轴向容许承载力

破坏荷载求得以后，可将其前一级荷载作为极限荷载，从而确定单桩轴向容许承载力：

$$[P]=\frac{P_{\mathrm{j}}}{k} \tag{3.6}$$

式中　$[P]$——单桩轴向受压容许承载力（kN）；

P_{j}——试桩的极限荷载（kN）；

k——安全系数，一般为 2。

实际上，在破坏荷载下，处于不同土层中的桩，其沉降量及沉降速率是不同的，人为地统一规定某一沉降值或沉降速率作为破坏标准，难以正确评价基桩的极限承载力，因此，宜根据试验曲线采用多种方法分析，以综合评定基桩的极限承载力，比较常见的有：P-S 曲线明显转折点法、S-log$t$ 法（沉降速率法）。

三、单桩横向容许承载力的确定

（1）概念：桩的横向承载力是指桩在与桩轴线垂直方向受力时的承载能力。桩在横向力（包括弯矩）作用下的工作情况较轴向受力时要复杂些，但仍然是从保证桩身材料和地基强度与稳定性以及桩顶水平位移满足使用要求，来分析和确定桩的横轴向容许承载力。

（2）决定因素：桩的横向承载力决定于桩周的土质条件、桩的入土深度、桩的截面刚度、桩的材料强度以及建筑物的性质等因素。土质越好，桩入土越深，土的抗力越大，桩的水平承载力也就越高。抗弯性能差的桩，如低配筋率的灌注桩，常因桩身断裂而破坏，而抗弯性能好的桩如钢筋混凝土桩和钢桩，承载力往往受周围土体的性质控制。为保证建筑物能正常使用，按工程经验，应控制桩顶水平位移不大于 10 mm，而对水平位移敏感的建筑物，则不应大于 6 mm。

横向荷载作用下桩的破坏机理和特点：

桩在横向荷载作用下，桩身产生横向位移或挠曲，并与桩侧土协调变形。桩身对土产生侧向压应力，同时桩侧土反作用于桩，产生侧向土抗力。桩土共同作用，互相影响。

通常有下列两种情况，如图 3.28 所示。

第一种情况，当桩径较大，入土深度较小或周围土层较松软，即桩的刚度远大于土层刚度时，受横向力作用后桩身挠曲变形不明显，如同刚体一样围绕桩轴某一点转动，如图 3.28（a）所示。如果不断增大横向荷载，则可能由于桩侧土强度不够而失稳，使桩丧失承载的能力或破坏。因此，基桩的横向容许承载力可能由桩侧土的强度及稳定性决定，刚性短桩 $\alpha h<2.5$。

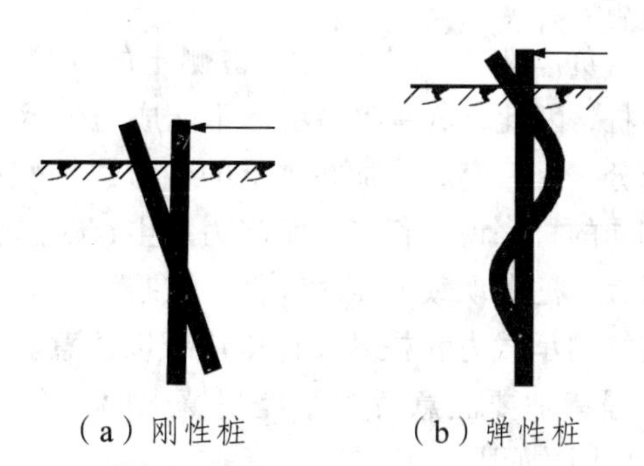

图 3.28　桩在横向力作用下变形示意图

第二种情况，当桩径较小，入土深度较大或

周围土层较坚实，即桩的相对刚度较小时，由于桩侧土有足够大的抗力，桩身发生挠曲变形，其侧向位移随着入土深度增大而逐渐减小，以至达到一定深度后，几乎不受荷载影响。形成一端嵌固的地基梁，桩的变形呈图 3.28（b）所示的波状曲线。如果不断增大横向荷载，可使桩身在较大弯矩处发生断裂或使桩发生过大的侧向位移超过了桩或结构物的容许变形值。因此，基桩的横向容许承载力将由桩身材料的抗剪强度或侧向变形条件决定，弹性桩 $\alpha h \geqslant 2.5$。

以上是桩顶自由的情况，当桩顶受约束而呈嵌固条件时，桩的内力和位移情况以及桩的横向承载力仍可由上述两种条件确定，如图 3.29 所示。

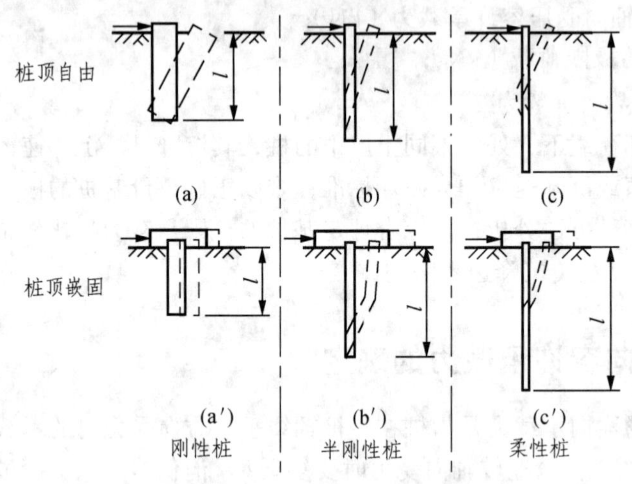

图 3.29　水平受力桩的破坏形式

四、桩的负摩阻力

1. 负摩阻力的意义及其产生原因

一般情况下，桩受轴向荷载作用后，桩相对于桩侧土体作向下位移，土对桩产生向上作用的摩阻力，称正摩阻力。但当桩周土体因某种原因发生下沉，其沉降变形大于桩身的沉降变形时，在桩侧表面的全部或一部分面积上将出现向下作用的摩阻力，称其为负摩阻力，如图 3.30（b）所示。

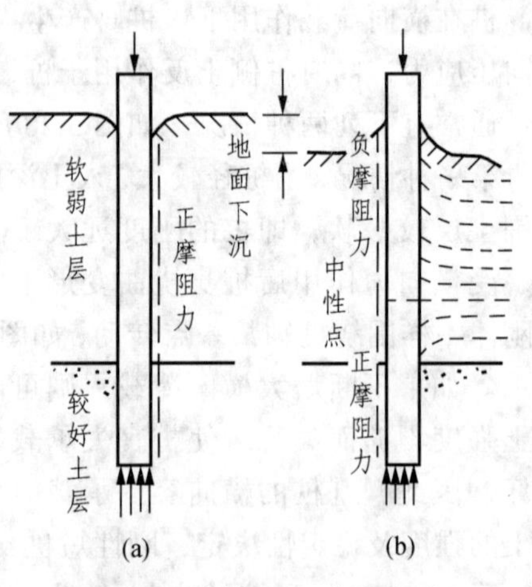

图 3.30　桩的正、负摩阻力

负摩阻力的产生将使桩侧土的部分重力传递给桩，因此，负摩阻力不但不能成为桩承载力的一部分，反而变成施加在桩上的外荷载，对入土深度相同的桩来说，若有负摩阻力发生，则桩的外荷载增大，桩的承载力相对降低，桩基沉降加大，在确定桩的承载力和桩基设计中应予以注意。对于桥梁工程特别要注意桥头路堤高填土的桥台桩基础的负摩阻力问题。

桩的负摩阻力能否产生，主要是看桩与桩周土的相对位移发展情况。桩的负摩阻力产生的原因有：

（1）在桩附近地面大量堆载，引起地面沉降。

（2）土层中抽取地下水或其他原因，地下水位下降，使土层产生自重固结下沉。

（3）桩穿过欠压密土层（如填土）进入硬持力层，土层产生自重固结下沉。

（4）桩数很多的密集群桩打桩时，使桩周土中产生很大的超孔隙水压力，打桩停止后桩周土的再固结作用引起下沉。

（5）在黄土、冻土中的桩，因黄土湿陷、冻土融化产生地面下沉。

从上述可见，当桩穿过软弱高压缩性土层而支承在坚硬持力层上时最易发生桩的负摩阻力问题。

要确定桩身负摩阻力的大小，就要先确定土层产生负摩阻力的范围和负摩阻力强度的大小。

2. 中性点及其位置的确定

桩身产生负摩阻力的范围就是桩侧土层对桩产生相对下沉的范围。它与桩侧土层的压缩、桩身弹性压缩变形和桩底下沉有关。桩侧土层的压缩随深度而逐渐减小，而桩在荷载作用下，桩身压缩多处于弹性阶段，其压缩变形基本上随深度呈线性减少，桩身变形曲线如图 3.31（c）所示。因此，桩侧土下沉量有可能在某一深度与桩身的位移量相等，此处桩侧摩阻力为零，而在此深度以上桩侧土下沉大于桩的位移，桩侧摩阻力为负；在此深度以下，桩的位移大于桩侧土的下沉，桩侧摩阻力为正。正、负摩阻力变换处的位置，称为中性点，如图 3.31 中 O_1 点所示。

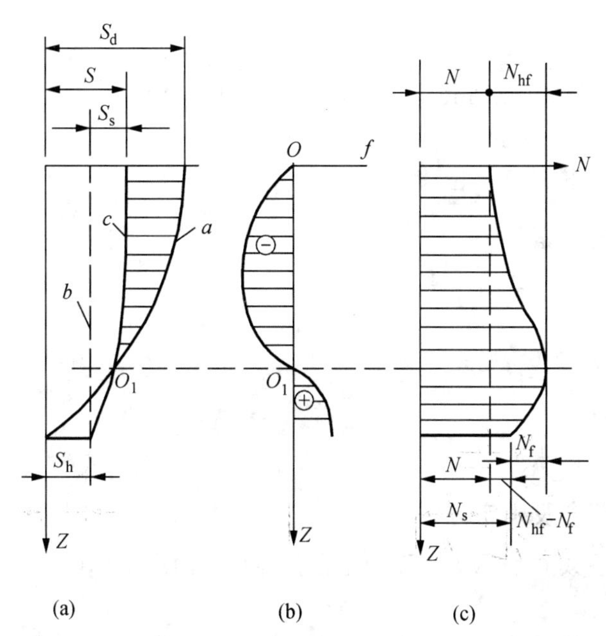

图 3.31 中性点位置及荷载传递

（a）位移曲线；（b）桩侧摩阻力分布曲线；（c）桩身轴力分布曲线

S_d—地面沉降；S—桩的沉降；S_s—桩身压缩；S_h—桩底下沉；

N_{hf}—由负摩阻力引起的桩身最大轴力；N_f—总的正摩阻力

第六节 基桩内力和位移的计算

对于桩在横向荷载下桩身的内力和位移计算,目前较为普遍的是桩侧土采用文克尔假定,通过求解挠曲微分方程，再结合力的平衡条件，求出桩的各部位的内力和位移，求解方法称之为弹性地基梁法。以文克尔假定为基础的弹性地基梁法方法简单，概念明确，结果比较安全，国内外普遍采用，我国公路和铁路在桩基础的设计中常采用的“*m*”法就属于弹性地基梁法。

一、基本概念

（一）土的弹性抗力及其分布规律

1. 土抗力的概念及定义式

（1）概念。桩基础在荷载（包括轴向荷载、横轴向荷载和力矩）作用下产生位移及转角，使桩挤压桩侧土体，桩侧土必然对桩产生一横向土抗力 σ_{zx}，它起抵抗外力和稳定桩基础的作用。土的这种作用力称为土的弹性抗力。

（2）定义式

$$\sigma_{zx} = Cx_z \tag{3.7}$$

式中 σ_{zx}——横向土抗力（kN/m^2）；

C——地基系数（kN/m^3）；

x_z——深度 Z 处桩的横向位移（m）。

2. 影响土抗力的因素

（1）土体性质。

（2）桩身刚度。

（3）桩的入土深度。

（4）桩的截面形状。

（5）桩距及荷载等因素。

3. 地基系数的概念及确定方法

（1）概念。地基系数 C 表示单位面积土在弹性限度内产生单位变形时所需施加的力，单位为 kN/m^3 或 MN/m^3。

（2）确定方法。地基系数大小与地基土的类别、物理力学性质有关。地基系数 C 值是通过对试桩在不同类别土质及不同深度进行实测 x_z 及 σ_{zx} 后反算得到。大量的试验表明，地基系数 C 值不仅与土的类别及其性质有关，而且也随着深度而变化。由于实测的客观条件和分析方法不尽相同等原因，所采用的 C 值随深度的分布规律也各有不同。常采用的地基系数分布规律如图 3.32 所示的几种形式，因此也就产生了与之相应的基桩内力和位移的计算方法。

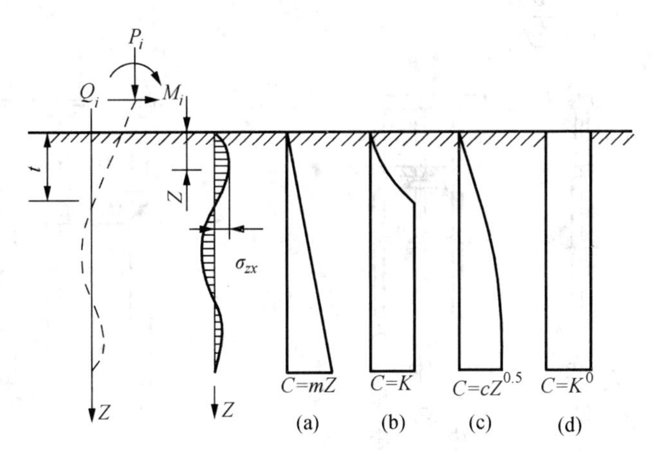

图 3.32 地基系数变化规律

现将桩的几种有代表性的弹性地基梁计算方法概括在表 3.12 中。

表 3.12 桩的几种典型的弹性地基梁法

计算方法	图号	地基系数随深度分布	地基系数 C 表达式	说明
m 法	(a)	与深度成正比	$C=mZ$	m 为地基土比例系数
K 法	(b)	桩身第一挠曲零点以上抛物线变化，以下不随深度变化	$C=K$	K 为常数
C 值法	(c)	与深度呈抛物线变化	$C=cZ^{0.5}$	c 为地基土比例系数
张有龄法	(d)	沿深度均匀分布	$C=K_0$	K_0 为常数

上述的 4 种方法各自假定的地基系数随深度分布规律不同，其计算结果是有差异的。实验资料分析表明，宜根据土质特性来选择恰当的计算方法。

（二）单桩、单排桩与多排桩

1. 单排桩的概念与力的分配

（1）概念.单排桩是指与水平外力 H 作用面相垂直的平面上，仅有一根或一排桩的桩基础。

（2）力的分配。对于单排桩，如图 3.33 所示桥墩作纵向验算时，若作用于承台底面中心的荷载为 N、H、M_y，当 N 在单排桩方向无偏心时，可以假定它是平均分布在各桩上的，即

$$P_i=\frac{N}{n};\ Q_i=\frac{H}{n};\ M_i=\frac{M_y}{n} \tag{3.8}$$

式中 n ——桩的根数。

当竖向力 N 在单排桩方向有偏心距 e 时，如图 3.34（b）所示，即 $M_x=Ne$，因此每根桩

上的竖向作用力可按偏心受压计算，即

$$P_i = \frac{N}{n} \pm \frac{M_x y_i}{\sum y_i^2} \tag{3.9}$$

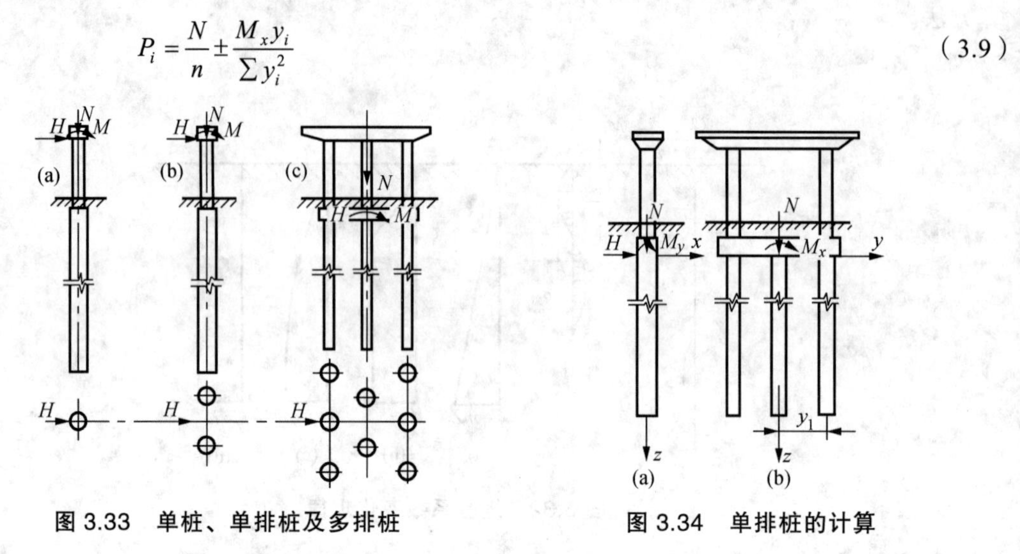

图 3.33　单桩、单排桩及多排桩

图 3.34　单排桩的计算

由于单桩及单排桩中每根桩桩顶作用力可按上述简单公式计算，所以归成一类。

2. 多排桩概念与力的分配

（1）概念。多排桩是指在水平外力作用平面内有一根以上桩的桩基础（对单排桩作横桥向验算时也属此情况）。

（2）力的分配。多排桩不能直接应用上述公式计算各桩顶上的作用力，须应用结构力学方法另行计算。

（三）桩的计算宽度

1. 定义

计算桩的内力与位移时不直接采用桩的设计宽度（直径），而是换算成实际工作条件下相当于矩形截面桩的宽度 b_1，b_1 称为桩的计算宽度。

2. 采用计算宽度的目的

采用计算宽度的目的是将空间受力简化为平面受力，并综合考虑桩的截面形状及多排桩桩间的相互遮蔽作用。

3. 计算方法

根据已有的试验资料分析，现行规范认为计算宽度的换算方法可用式（3.10）、式（3.11）表示：

当 $d \geqslant 1.0$ m时，　$b_1 = kk_f(d+1)$　（3.10）

当 $d < 1.0$ m时，　$b_1 = kk_f(1.5d+0.5)$　（3.11）

对单排桩或 $L_1 \geqslant 0.6h_1$ 的多排桩，$k = 1.0$

$L_1 < 0.6h_1$ 的多排桩，$k = b_2 + \frac{1-b_2}{0.6} \cdot \frac{L_1}{h_1}$

式中 b_1 ——桩的计算宽度（m），$b_1 \leqslant 2d$；

d ——桩径或垂直于水平外力作用方向桩的宽度（m）；

k ——平行于水平力作用方向的桩间相互影响系数

k_f ——桩型换算系数（矩形 $k_f = 1.0$，圆形或圆端形截面 $k_f = 0.9$，圆端形与矩形组合截面 $k_f = 1 - 0.1a/d$）；

L_1 ——平行于水平外力作用方向的桩间净距。

h_1 ——地面或局部冲刷线以下桩的计算埋入深度。

b_2 ——平行于水平力作用方向的与一排桩的桩数 n 有关的系数，当 $n = 1$ 时，$b_2 = 1.0$；当 $n = 2$ 时，$b_2 = 0.6$；当 $n = 3$ 时，$b_2 = 0.5$；$n \geqslant 4$ 时，$b_2 = 0.45$。

（四）刚性桩与弹性桩

为计算方便起见，按照桩与土的相对刚度，将桩分为刚性桩和弹性桩。

1. **弹性桩**

当桩的入土深度 $h > \dfrac{2.5}{\alpha}$ 时，这时桩的相对刚度小，必须考虑桩的实际刚度，按弹性桩来计算。其中 α 称为桩的变形系数，$\alpha = \sqrt[5]{\dfrac{mb_1}{EI}}$。

2. **刚性桩**

当桩的入土深度 $h \leqslant \dfrac{2.5}{a}$ 时，则桩的相对刚度较大，计算时认为属刚性桩。

二、“*m*”法计算桩的内力和位移

（一）计算参数

$$\alpha = \sqrt[5]{\frac{mb_1}{EI}} \tag{3.12}$$

$$EI = 0.8E_cI \tag{3.13}$$

式中 α ——桩的变形系数；

EI ——桩的抗弯刚度，对以受弯为主的钢筋混凝土桩，根据《公路钢筋混凝土及预应力混凝土桥涵设计规范》（JTG D62—2004）规定采用；

E_c ——桩的混凝土抗压弹性模量；

I ——桩的毛面积惯性矩；

b_1 ——桩的计算宽度；

m ——非岩石地基抗力系数的比例系数。

地基土水平抗力系数的比例系数 m 值宜通过桩的水平静载试验确定。但由于试验费用、时间等原因，可采用规范提供的经验值，如表 3.13 所示。

表 3.13　非岩石类土的比例系数 m 值

序号	土　的　分　类	m/（MN/ m^4）
1	流塑黏性土 $I_L>1$、淤泥	3 ~ 5
2	软塑黏性土 $1>I_L>0.5$、粉砂	5 ~ 10
3	硬塑黏性土 $0.25\geqslant I_L\geqslant 0$、细砂、中砂、中密粉土	10 ~ 20
4	坚硬、半坚硬黏性土 $I_L<0$、粗砂	20 ~ 30
5	砾砂、角砾、圆砾、碎石、卵石	30 ~ 80
6	密实粗砂夹卵石，密实漂卵石	80 ~ 120

注：① 本表用于基础在地面处位移最大值不应超过 6 mm 的情况，当位移较大时，应适当降低。
② 当基础侧面设有斜坡或台阶，且其坡度（横：竖）或台阶总宽与深度之比大于 1:20 时，表中的 m 值应减小 50%取用。

在应用上表时应注意以下事项：

（1）由于桩的水平荷载与位移关系是非线性的，即 m 值随荷载与位移增大而有所减小，因此，m 值的确定要与桩的实际荷载相适应。一般结构在地面处最大位移不超过 10 mm，对位移敏感的结构、桥梁工程为 6 mm。位移较大时，应适当降低表列 m 值。

（2）当基桩侧面由几种土层组成时，从地面或局部冲刷线起，应求得主要影响深度 $h_m=2(d+1)$ 范围内的平均 m 值作为整个深度内的 m 值（见图 3.35），对于刚性桩，h_m 采用整个深度 h。

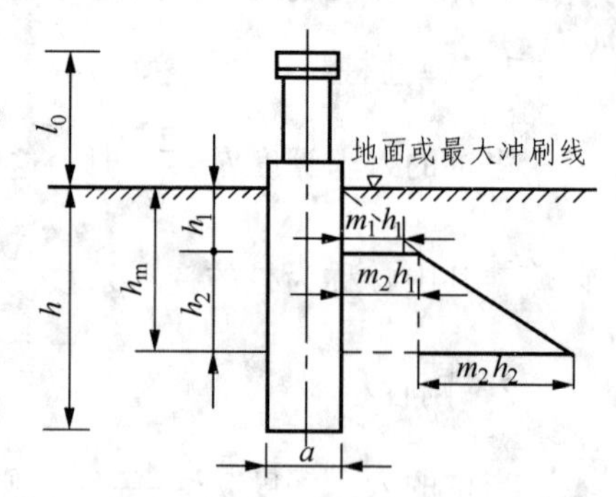

图 3.35　比例系数 m 的换算

当 h_m 深度内存在两层不同土时：

$$m=\frac{m_1h_1^2+m_2(2h_1+h_2)h_2}{h_m^2} \tag{3.14}$$

当 h_m 深度内存在 3 层不同土时

$$m=\frac{m_1h_1^2+m_2(2h_1+h_2)h_2+m_3(2h_1+2h_2+h_3)h_3}{h_m^2} \tag{3.15}$$

（3）承台侧面地基土水平抗力系数 C_n

$$C_n=m\cdot h_n \tag{3.16}$$

式中　m ——承台埋深范围内地基土的水平抗力系数（MN/m^4）；

h_n ——承台埋深（m）。

（4）地基土竖向抗力系数 C_0、C_b 和地基土竖向抗力系数的比例系数 m_0。

① 桩底面地基土竖向抗力系数 C_0

$$C_0=m_0h \tag{3.17}$$

式中　m_0 ——桩底面地基土竖向抗力系数的比例系数，kN/m^4，近似取 $m_0=m$；

h——桩的入土深度（m），当 h 小于 10 m 时，按 10 m 计算。

② 承台底地基土竖向抗力系数 C_b

$$C_b = m_0 h_n \tag{3.18}$$

式中　h_n——承台埋深（m），当 h_n 小于 1 m 时，按 1 m 计算。

表 3.14　岩石地基竖向抗力系数 C_0

编号	单轴极限抗压强度标准值 R_C/MPa	C_0/（MN/ m^3）
1	1	300
2	≥25	15 000

注：当 R_C 为表列数值的中间值时，C_0 采用插入法确定。

（二）假定条件及符号规定

1. 假定条件

考虑到桩与土共同承受外荷载的作用，为便于和简化计算，在基本理论中作如下的假定：

（1）将土视为弹性变形介质，它具有随深度呈比例增长的地基系数（即 $C = mz$）。

（2）土的应力应变关系符合文克尔假定（即 $\sigma_{zx} = CX_z$）。

（3）不考虑桩与土之间的摩擦力和黏结力。

（4）桩与桩侧土在受力前后始终密贴。

（5）将桩作为一弹性构件（即 $ah > 2.5$）。

2. 符号规定

在公式推导和计算中，对力和变位的符号作如下规定（见图 3.36）：

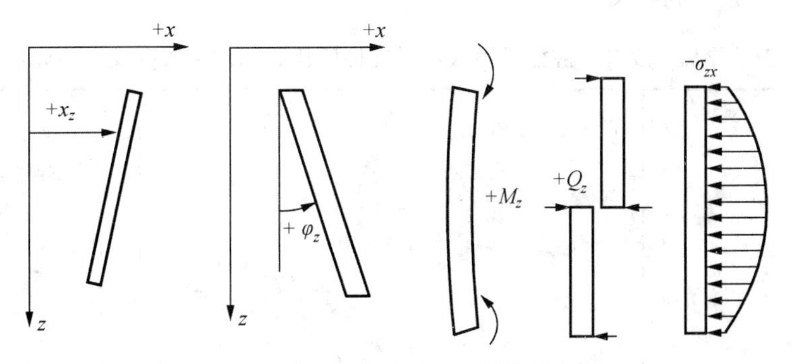

图 3.36　X_z、φ_z、M_z、Q_z 的符号规定

（1）横向位移：顺 x 轴正方向为正值。

（2）转角：逆时针方向转动为正值。

（3）弯矩：当左侧纤维受拉时为正值。

（4）横向力：顺 x 轴正方向为正值。

（三）桩的挠曲微分方程的建立及其解

桩顶若与地面平齐（$z = 0$），且已知桩顶作用水平荷载 Q_0 及弯矩 M_0，此时桩将发生弹性挠曲，桩侧土将产生横向抗力 σ_{zx}。从材料力学中知道，梁的挠度与梁上分布荷载 q 之间的关系式，即梁的挠曲微分方程为

$$\frac{\mathrm{d}^4 x_z}{\mathrm{d}z^4}+\frac{mb_1}{EI}zx_z=0 \quad 或 \quad \frac{\mathrm{d}^4 x_z}{\mathrm{d}z^4}+a^5 zx_z=0 \tag{3.19}$$

式中 α ——桩的变形系数或称桩的特征值，$\alpha=\sqrt[5]{\frac{mb_1}{EI}}$。其余符号意义同前。

从桩的挠曲微分方程中不难看出，桩的横向位移与截面所在深度、桩的刚度（包括桩身材料和截面尺寸）以及桩周土的性质等有关，α 是与桩土变形相关的系数。

（四）无量纲法（桩身在地面以下任一深度处的内力和位移的简捷计算方法）

单排桩柱式桥墩承受桩柱顶荷载的作用效应及位移 $ah>2.5$。

1. 地面或局部冲刷线处桩的作用效应

$$M_0=M+H(h_2+h_1) \tag{3.20}$$

$$H_0=H \tag{3.21}$$

式中 M_0 ——地面或局部冲刷线处桩的弯矩；

H_0 ——地面或局部冲刷线处桩的剪力；

H ——水平力；

h_2 ——墩顶至地面之间的距离；

h_1 ——地面至局部冲刷线到桩身变截面之间的距离。

2. 地面或局部冲刷线处桩变位

表 3.15 $ah>2.5$ 单排桩柱式桥墩承受桩柱顶荷载的作用效应及位移计算用表

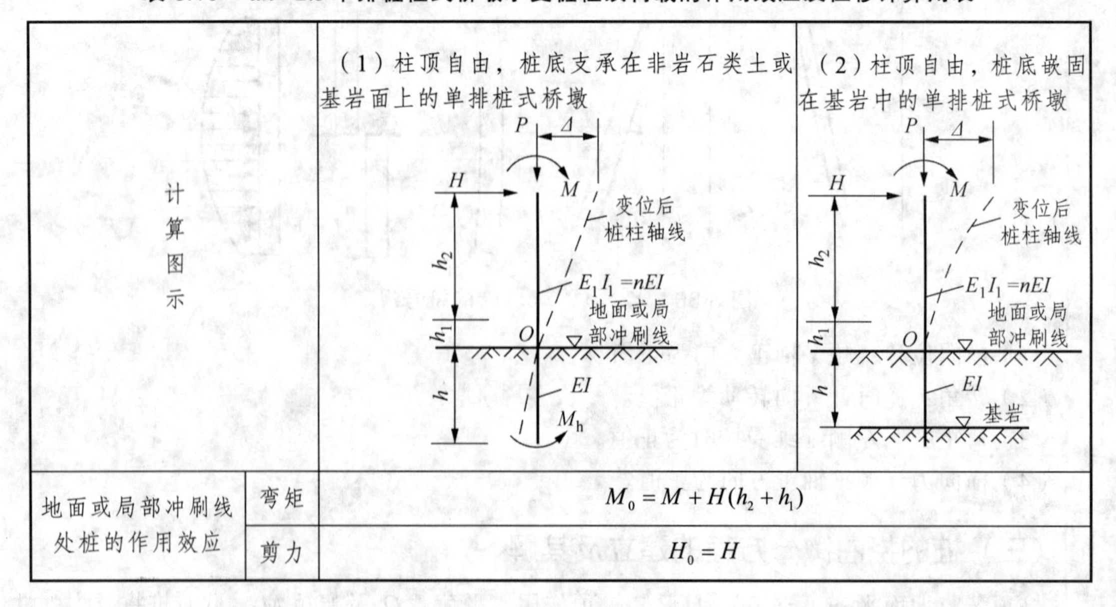

计算图示		（1）柱顶自由，桩底支承在非岩石类土或基岩面上的单排桩式桥墩	（2）柱顶自由，桩底嵌固在基岩中的单排桩式桥墩
地面或局部冲刷线处桩的作用效应	弯矩	$M_0=M+H(h_2+h_1)$	
	剪力	$H_0=H$	

续表

			(1)	(2)
地面或局部冲刷线处作用单位“力”时，该截面产生的变位	$H_0=1$ 作用时	水平位移	$\delta_{HH}^{(0)}=\dfrac{1}{\alpha^3EI}\times\dfrac{(B_3D_4-B_4D_3)+k_h(B_2D_4-B_4D_2)}{(A_3B_4-A_4B_3)+k_h(A_2B_4-A_4B_2)}$	$\delta_{HH}^{(0)}=\dfrac{1}{\alpha^3EI}\times\dfrac{(B_2D_1-B_1D_2)}{(A_2B_1-A_1B_2)}$
		转角/rad	$\delta_{MH}^{(0)}=\dfrac{1}{\alpha^2EI}\times\dfrac{(A_3D_4-A_4D_3)+k_h(A_2D_4-A_4D_2)}{(A_3B_4-A_4B_3)+k_h(A_2B_4-A_4B_2)}$	$\delta_{MH}^{(0)}=\dfrac{1}{\alpha^2EI}\times\dfrac{(A_2D_1-A_1D_2)}{(A_2B_1-A_1B_2)}$
	$M_0=1$ 作用时	水平位移	$\delta_{HM}^{(0)}=\delta_{MH}^{(0)}=\dfrac{1}{\alpha^2EI}\times\dfrac{(B_3C_4-B_4C_3)+k_h(B_2C_4-B_4C_2)}{(A_3B_4-A_4B_3)+k_h(A_2B_4-A_4B_2)}$	$\delta_{HM}^{(0)}=\dfrac{1}{\alpha^2EI}\times\dfrac{(B_2C_1-B_1C_2)}{(A_2B_1-A_1B_2)}$
		转角/rad	$\delta_{MM}^{(0)}=\dfrac{1}{\alpha EI}\times\dfrac{(A_3C_4-A_4C_3)+k_h(A_2C_4-A_4C_2)}{(A_3B_4-A_4B_3)+k_h(A_2B_4-A_4B_2)}$	$\delta_{MM}^{(0)}=\dfrac{1}{\alpha EI}\times\dfrac{(A_2C_1-A_1C_2)}{(A_2B_1-A_1B_2)}$
地面或局部冲刷线处桩的变位	水平位移		$x_0=H_0\delta_{HH}^{(0)}+M_0\delta_{HM}^{(0)}$	
	转角/rad		$\varphi_0=-(H_0\delta_{MH}^{(0)}+M_0\delta_{MM}^{(0)})$	
地面或局部冲刷线以下深度 Z 处桩各截面内力	弯矩		$M_Z=\alpha^2EI(x_0A_3+\dfrac{\varphi_0}{\alpha}B_3+\dfrac{M_0}{\alpha^2EI}C_3+\dfrac{H_0}{\alpha^3EI}D_3)$	
	剪力		$Q_Z=\alpha^3EI(x_0A_4+\dfrac{\varphi_0}{\alpha}B_4+\dfrac{M_0}{\alpha^2EI}C_4+\dfrac{H_0}{\alpha^3EI}D_4)$	
桩柱顶水平位移			$\Delta=x_0-\varphi_0(h_2+h_1)+\Delta_0$ 式中　$\Delta_0=\dfrac{H}{E_1I_1}\left[\dfrac{1}{3}\left(nh_1^3+h_2^3\right)+nh_1h_2(h_1+h_2)\right]+\dfrac{M}{2E_1I_1}\left[h_2^2+nh_1(2h_2+h_1)\right]$	

表 3.16　$ah>2.5$ 单排桩柱式桥台承受桩柱顶荷载的作用效应及位移计算用表

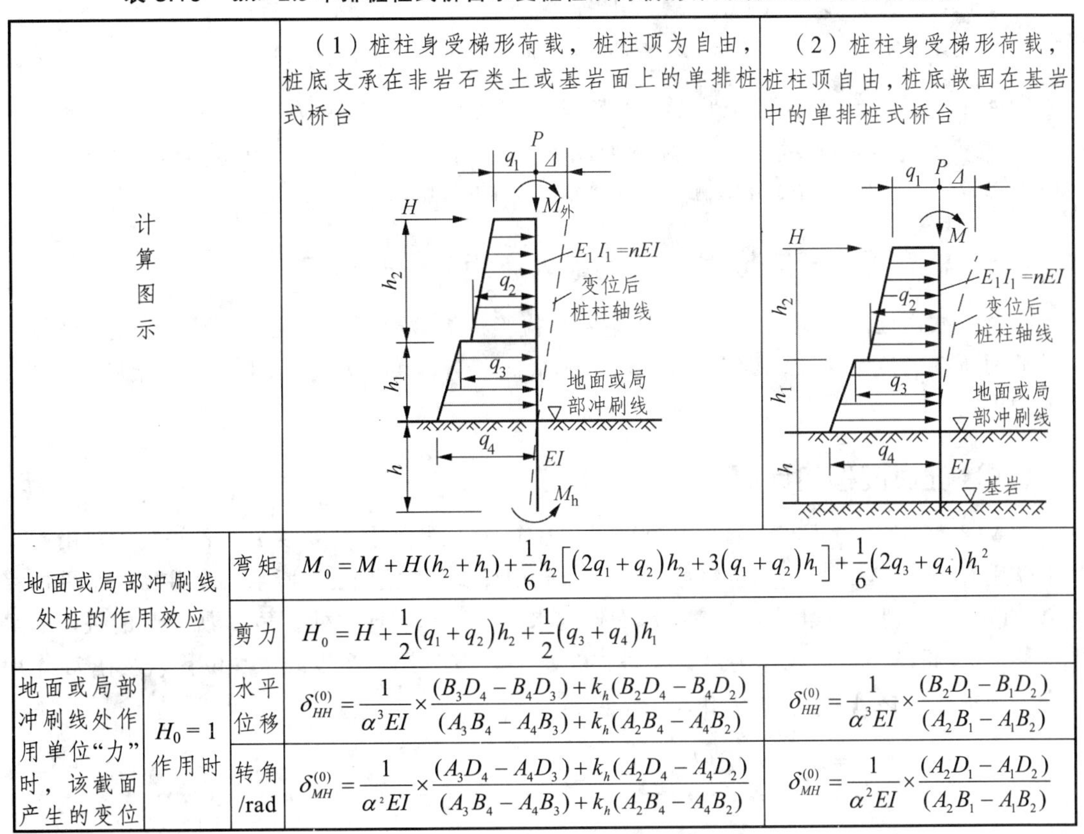

		(1) 桩柱身受梯形荷载，桩柱顶为自由，桩底支承在非岩石类土或基岩面上的单排桩式桥台	(2) 桩柱身受梯形荷载，桩柱顶自由，桩底嵌固在基岩中的单排桩式桥台
计算图示		（见上图）	（见上图）
地面或局部冲刷线处桩的作用效应	弯矩	$M_0=M+H(h_2+h_1)+\dfrac{1}{6}h_2\left[\left(2q_1+q_2\right)h_2+3\left(q_1+q_2\right)h_1\right]+\dfrac{1}{6}\left(2q_3+q_4\right)h_1^2$	
	剪力	$H_0=H+\dfrac{1}{2}\left(q_1+q_2\right)h_2+\dfrac{1}{2}\left(q_3+q_4\right)h_1$	
地面或局部冲刷线处作用单位“力”时，该截面产生的变位　$H_0=1$ 作用时	水平位移	$\delta_{HH}^{(0)}=\dfrac{1}{\alpha^3EI}\times\dfrac{(B_3D_4-B_4D_3)+k_h(B_2D_4-B_4D_2)}{(A_3B_4-A_4B_3)+k_h(A_2B_4-A_4B_2)}$	$\delta_{HH}^{(0)}=\dfrac{1}{\alpha^3EI}\times\dfrac{(B_2D_1-B_1D_2)}{(A_2B_1-A_1B_2)}$
	转角/rad	$\delta_{MH}^{(0)}=\dfrac{1}{\alpha^2EI}\times\dfrac{(A_3D_4-A_4D_3)+k_h(A_2D_4-A_4D_2)}{(A_3B_4-A_4B_3)+k_h(A_2B_4-A_4B_2)}$	$\delta_{MH}^{(0)}=\dfrac{1}{\alpha^2EI}\times\dfrac{(A_2D_1-A_1D_2)}{(A_2B_1-A_1B_2)}$

续表

<table>
<tr><td rowspan="2"></td><td rowspan="2">$M_0=1$ 作用时</td><td>水平位移</td><td>$\delta_{HM}^{(0)}=\delta_{MH}^{(0)}=\dfrac{1}{\alpha^2 EI}\times\dfrac{(B_3C_4-B_4C_3)+k_h(B_2C_4-B_4C_2)}{(A_3B_4-A_4B_3)+k_h(A_2B_4-A_4B_2)}$</td><td>$\delta_{HM}^{(0)}=\dfrac{1}{\alpha^2 EI}\times\dfrac{(B_2C_1-B_1C_2)}{(A_2B_1-A_1B_2)}$</td></tr>
<tr><td>转角/rad</td><td>$\delta_{MM}^{(0)}=\dfrac{1}{\alpha EI}\times\dfrac{(A_3C_4-A_4C_3)+k_h(A_2C_4-A_4C_2)}{(A_3B_4-A_4B_3)+k_h(A_2B_4-A_4B_2)}$</td><td>$\delta_{MM}^{(0)}=\dfrac{1}{\alpha EI}\times\dfrac{(A_2C_1-A_1C_2)}{(A_2B_1-A_1B_2)}$</td></tr>
<tr><td rowspan="2">地面或局部冲刷线处桩的变位</td><td colspan="2">水平位移</td><td colspan="2">$x_0=H_0\delta_{HH}^{(0)}+M_0\delta_{HM}^{(0)}$</td></tr>
<tr><td colspan="2">转角/rad</td><td colspan="2">$\varphi_0=-(H_0\delta_{MH}^{(0)}+M_0\delta_{MM}^{(0)})$</td></tr>
<tr><td rowspan="2">地面或局部冲刷线以下深度 Z 处桩各截面内力</td><td colspan="2">弯矩</td><td colspan="2">$M_Z=\alpha^2 EI(x_0A_3+\dfrac{\varphi_0}{\alpha}B_3+\dfrac{M_0}{\alpha^2 EI}C_3+\dfrac{H_0}{\alpha^3 EI}D_3)$</td></tr>
<tr><td colspan="2">剪力</td><td colspan="2">$Q_Z=\alpha^3 EI(x_0A_4+\dfrac{\varphi_0}{\alpha}B_4+\dfrac{M_0}{\alpha^2 EI}C_4+\dfrac{H_0}{\alpha^3 EI}D_4)$</td></tr>
<tr><td colspan="3">桩柱顶水平位移</td><td colspan="2">$\varDelta=\chi_0-\varphi_0(h_2+h_1)+\varDelta_0$
式中：$\varDelta_0=\dfrac{M}{2E_1I_1}\left(nh_1^2+2nh_1h_2+h_2^2\right)+\dfrac{H}{3E_1I_1}\left(nh_1^3+3nh_1^2h_2+3nh_1h_2^2+h_2^3\right)+$
$\dfrac{1}{120E_1I_1}[\left(11h_2^4+40nh_2^3h_1+20nh_2h_1^3+50nh_2^2h_1^2\right)q_1+$
$4\left(h_2^4+10nh_2^2h_1^2+5nh_2^3h_1+5nh_2h_1^3\right)q_2+$
$\left(11nh_1^4+15nh_2h_1^3+5nh_2^3h_1\right)q_3+\left(4nh_1^4+5nh_2h_1^3\right)q_4]$</td></tr>
</table>

注：① 本表适用于 $ah>2.5$ 桩的计算；

② 系数 A_i、B_i、C_i、D_i（$i=1.2.3.4$）值，在计算 $\delta_{HH}^{(0)}$、$\delta_{HM}^{(0)}$、$\delta_{MH}^{(0)}$、$\delta_{MM}^{(0)}$ 时，根据 $\overline{h}=\alpha h$ 由表 3.17 查用，在计算 M_Z、Q_Z 时，根据 $\overline{h}=\alpha z$ 由表 3.17 查用，当 $\overline{h}>4$ 时，按 $\overline{h}=4$ 计算；

③ $k_h=\dfrac{C_0}{\alpha E}\times\dfrac{I_0}{I}$ 为桩端转动，桩端底面土体产生的抗力对 $\delta_{HH}^{(0)}$、$\delta_{HM}^{(0)}$、$\delta_{MH}^{(0)}$、$\delta_{MM}^{(0)}$ 的影响系数。当桩底置于非岩石类土且 $\alpha h\geqslant 2.5$ 时，或置于基岩上且 $\alpha h\geqslant 3.5$ 时，$k_h=0$，式中 C_0 按公式 3.21 确定。

④ I_0、I 分别为地面或局部冲刷线以下桩截面和桩端面积的惯性矩。

（五）桩身最大弯矩位置 $z_{M\max}$ 和最大弯矩 $M_{\max}$ 的确定

桩身各截面处的弯矩 M_z 的计算，主要是检验桩的截面强度和配筋计算。要找出弯矩最大的截面所在的位置 $Z_{M\max}$ 相应的最大弯矩 $M_{\max}$，将各深度 z 处的 M_z 值求出并绘制 z-M_z 图，从图中求得。

（六）桩顶位移的计算

如表 3.15 所示置于非岩石地基中的桩，已知露出地面长 $l_0=h_1+h_2$，若桩顶为自由端，其上作用有 H 及 M，顶端的位移可应用叠加原理计算，如图 3.37 所示。设桩顶的水平位移为 $\varDelta$，它是由下列各项组成的：桩在地面处的水平位移 x_0、地面处转角 φ_0 所引起的桩顶的水平位移 $\varphi_0 l_0$、桩露出地面段作为悬臂梁桩顶在水平力 H 作用下产生的水平位移以及在 M 作用下产生的水平位移 $\varDelta_0$（φ_0 分别由 H、M 引起），即

$$\varDelta=x_0-\varphi_0(h_1+h_2)+\varDelta_0 \tag{3.22}$$

表 3.17　计算桩身作用效应无量纲系数用表

$\bar{h}=\alpha z$	A_1	B_1	C_1	D_1	A_2	B_2	C_2	D_2	A_3	B_3	C_3	D_3	A_4	B_4	C_4	D_4
0	1.00000	0.00000	0.00000	0.00000	0.00000	1.00000	0.00000	0.00000	0.00000	0.00000	1.00000	0.00000	0.00000	0.00000	0.00000	1.00000
0.1	1.00000	0.10000	0.00500	0.00017	0.00000	1.00000	0.10000	0.00500	-0.00017	-0.00001	1.00000	0.10000	-0.00500	-0.00033	-0.00001	1.00000
0.2	1.00000	0.20000	0.02000	0.00133	-0.00007	1.00000	0.20000	0.02000	-0.00133	-0.00013	0.99999	0.20000	-0.02000	-0.00267	-0.00020	0.99999
0.3	0.99998	0.30000	0.04500	0.00450	-0.00034	0.99996	0.30000	0.04500	-0.00450	-0.00067	0.99994	0.30000	-0.04500	-0.00900	-0.00101	0.99992
0.4	0.99991	0.39999	0.0800	0.01067	-0.00107	0.99983	0.39998	0.08000	-0.01067	-0.00213	0.99974	0.39998	-0.08000	-0.02133	-0.00320	0.99966
0.5	0.99974	0.49996	0.12500	0.02083	-0.00260	0.99948	0.49994	0.12499	-0.02083	-0.00521	0.99922	0.49999	-0.12499	-0.04160	-0.00781	0.99896
0.6	0.99935	0.59987	0.17998	0.03600	-0.00540	0.99870	0.59981	0.17998	-0.03600	-0.01080	0.99806	0.59974	-0.17997	-0.07199	-0.01620	0.99741
0.7	0.99860	0.69967	0.24495	0.05716	-0.01000	0.99720	0.69951	0.24494	-0.05716	-0.02001	0.99580	0.69935	-0.24490	-0.11433	-0.03001	0.99440
0.8	0.99727	0.79927	0.31988	0.08532	-0.01707	0.99454	0.79891	0.31983	-0.08532	-0.03412	0.99181	0.79854	-0.31975	-0.17060	-0.05120	0.98908
0.9	0.99508	0.89852	0.40472	0.12146	-0.02733	0.99016	0.89779	0.40462	-0.12144	-0.05466	0.98524	0.89705	-0.40443	-0.24284	-0.08198	0.98032
1	0.99167	0.99722	0.49941	0.16657	-0.04167	0.98333	0.99583	0.49921	-0.16652	-0.08329	0.97501	0.99445	-0.49881	-0.33298	-0.12493	0.96667
1.1	0.98658	1.09508	0.60384	0.22163	-0.06096	0.97317	1.09262	0.60346	-0.22152	-0.12192	0.95975	1.09016	-0.60268	-0.44292	-0.18285	0.94634
1.2	0.97927	1.19171	0.71787	0.28758	-0.08632	0.95855	1.18756	0.71716	-0.28737	-0.17260	0.93783	1.18342	-0.71573	-0.57450	-0.25866	0.91712
1.3	0.96908	1.28660	0.84127	0.36536	-0.11883	0.93817	1.27990	0.84002	-0.36496	-0.23760	0.90727	1.27320	-0.83753	-0.72950	-0.35631	0.87638
1.4	0.95523	1.37910	0.97373	0.45588	-0.15973	0.91047	1.36865	0.97163	-0.45515	-0.31933	0.96573	1.35821	-0.96746	-0.90754	-0.47883	0.82102
1.5	0.93681	1.46839	1.11484	0.55997	-0.21030	0.87365	1.45259	1.11450	-0.58870	-0.42039	0.81054	1.43680	-1.10468	-1.11609	-0.63027	0.74745
1.6	0.91280	1.55346	1.26403	0.67842	-0.27194	0.82565	1.53020	1.25872	-0.67629	-0.54348	0.73859	1.50695	-1.24808	-1.35042	-0.81466	0.65156
1.7	0.88201	1.63307	1.42061	0.81193	-0.34604	0.76413	1.59963	1.41247	-0.80848	-0.69144	0.64637	1.50695	-1.39623	-1.61340	-1.03616	0.52871
1.8	0.84313	1.70575	1.58362	0.96109	-0.43412	0.68645	1.65867	1.57150	-0.95564	-0.86715	0.52997	1.61162	-1.54728	-1.90577	-1.29909	0.37368
1.9	0.79467	1.76972	1.75090	1.12637	-0.53768	0.58967	1.70468	1.73422	-1.11796	-1.07357	0.38503	1.63969	-1.69899	-2.22745	-1.60770	0.18071
2	0.73502	1.82294	1.92402	1.30801	-0.65822	0.47061	1.73457	1.89872	-1.29535	-1.31361	0.20676	1.64628	-1.84818	-2.57798	-1.96620	-0.05652
2.2	0.57491	1.88709	2.27217	1.72042	-0.95616	0.15113	1.73110	2.22299	-1.69334	-1.90567	-0.27087	1.57538	-2.12481	-3.35952	-2.84858	-0.69158
2.4	0.34691	1.87450	2.60882	2.19535	-1.33889	-0.30273	1.61286	2.51874	-2.14117	-2.66329	-0.94885	1.35201	-2.33901	-4.22811	-3.97323	-1.59151
2.6	0.033146	1.75473	2.90670	2.72365	-1.81479	-0.92602	1.33485	2.74972	-2.62126	-3.59987	-1.87734	0.91679	-2.43695	-5.14023	-5.35541	-2.82106
2.8	-0.38548	1.49037	3.12843	3.28769	-2.38756	-1.17548	0.84177	2.86653	-3.10341	-4.71748	-3.10791	0.19729	-2.34558	-6.02299	-6.99007	-4.44491
3	-0.92809	1.03679	3.22471	3.85838	-3.05319	-2.82410	0.06837	2.80406	-3.54058	-5.99979	-4.68788	-0.89126	-1.96928	-6.76460	-8.84029	-6.51972
3.5	-2.92799	-1.27172	2.46304	4.97982	-4.98062	-6.70806	-3.58647	1.27018	-3.91921	-9.54367	-10.34040	-5.85402	1.07408	-6.78895	-13.69240	-13.82610
4	-5.85333	-5.94097	-0.92677	4.54780	-6.53316	-12.15810	-10.60840	-3.76647	-1.61428	-11.73066	-17.91860	-15.07550	9.24368	-0.35762	-15.61050	-23.14040

注：z 为自地面或最大冲刷线以下的深度。

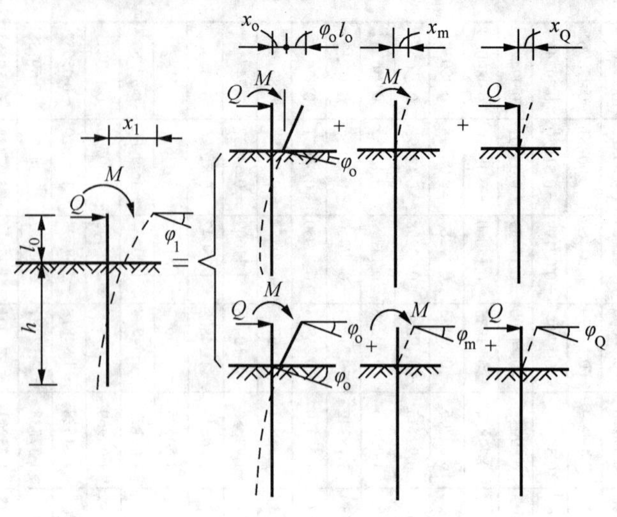

图 3.37 桩顶位移及转角

式中 （桥墩）$\Delta_0=\dfrac{H}{E_1I_1}\left[\dfrac{1}{3}\left(nh_1^{\,3}+h_2^{\,3}\right)+nh_1h_2(h_1+h_2)\right]+\dfrac{M}{2E_1I_1}\left[h_2^{\,2}+nh_1(2h_2+h_1)\right]$

（桥台）

$$\Delta_0=\frac{M}{2E_1I_1}\left(nh_1^{\,2}+2nh_1h_2+h_2^{\,2}\right)+\frac{H}{3E_1I_1}\left(nh_1^{\,3}+3nh_1^{\,2}h_2+3nh_1h_2^{\,2}+h_2^{\,3}\right)+$$

$$\frac{1}{120E_1I_1}\Big[\left(11h_2^{\,4}+40nh_2^{\,3}h_1+20nh_2h_1^{\,3}+50nh_2^{\,2}h_1^{\,2}\right)q_1+$$

$$4\left(h_2^{\,4}+10nh_2^{\,2}h_1^{\,2}+5nh_2^{\,3}h_1+5nh_2h_1^{\,3}\right)q_2+$$

$$\left(11nh_1^{\,4}+15nh_2h_1^{\,3}+5nh_2^{\,3}h_1\right)q_3+\left(4nh_1^{\,4}+5nh_2h_1^{\,3}\right)q_4\Big]$$

n 为桩式桥墩上抗弯刚度 E_1I_1 与下端抗弯刚度 EI 的比值，$EI=0.8E_cI$，$E_1I_1=0.8E_cI_1$，E_c 为桩身混凝土抗压弹性模量，I_1 为桩上段毛截面惯性矩。

第七节 桩基础的计算案例

一、设计资料

1. 地质与水文资料（见图 3.38）

墩帽顶高程：30.500 m；

墩柱顶高程：29.000 m；

桩顶（常水位）：20.000 m ；

最大冲刷线深度：18.000 m；

墩柱直径：1.4 m；桩直径：1.5 m；

地基土：中密粗砂；

地基土比例系数 m = 20 000 kN/m^4；

桩身与土的极限摩阻力：q_{ik} = 60 kPa；

地基与土的内摩擦角 $\varphi = 45°$，内聚力 $C = 0$；

地基容许承载力 $[f_{a0}]$ = 260 kPa；

土重度：γ' = 12.0 kN/m^3；

桩身混凝土强度等级：C25，其受压弹性模量 $E_c = 2.8 \times 10^4$ MPa。

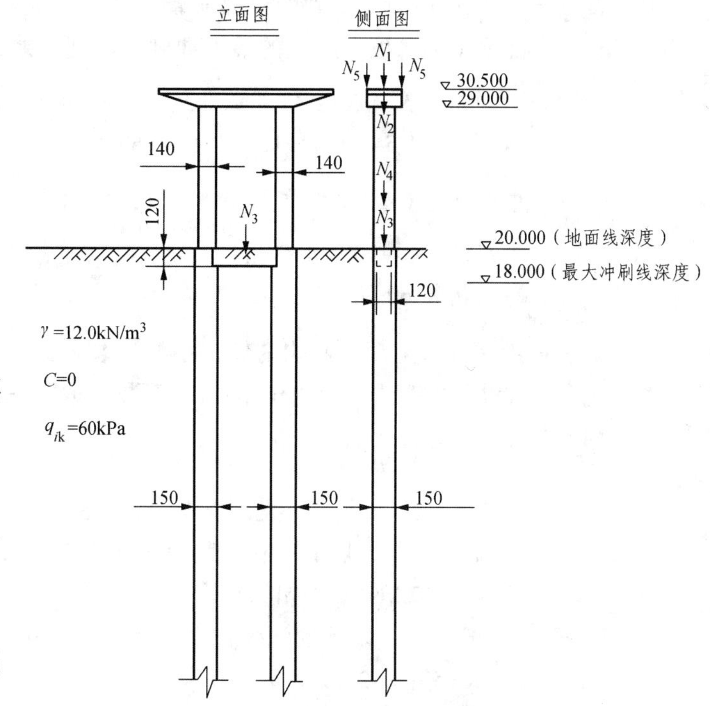

图 3.38　单排桩（尺寸单位：cm）

2. 荷载情况

桥墩为单排双柱式，桥面宽净 9 m + 2 × 1.5 m + 2 × 0.25 m；

公路-II 级，人群荷载 3 kN/m^2；

上部为 30 m 预应力钢筋混凝土梁，每一根桩承受荷载为：

两跨恒载反力：N_1 = 1 540 kN

盖梁自重反力：N_2 = 360 kN

系梁自重反力：N_3 = 122 kN

一根墩柱（直径 1.4 m）自重反力：N_4 = 346 kN

桩（直径 1.5 m）每延米重：$q_1 = \dfrac{\pi \times 1.5^2}{4} \times (25-10) = 26.5$ kN（扣除浮力）

每延米桩（直径 1.5 m）重与置换土重的差值：$q_2 = \dfrac{\pi \times 1.5^2}{4} \times (15-12) = 5.3$ kN（扣除浮力）

两跨活载反力 N_5 = 836 kN（考虑汽车荷载冲击力）

一跨活载反力 N_6 = 558 kN（车辆荷载反力已按偏心受压原理考虑横向偏心的分配）

在顺桥向引起的弯矩：M = 176 kN · m

制动力：H = 45 kN

桩基础采用旋转钻孔灌注桩，因为基岩较深，考虑采用摩擦桩。

二、桩长计算

因为地基土为中密粗砂，地基土层单一，用确定单桩容许承载力的经验公式初步反算桩长，假设该桩埋入最大冲刷线以下深度为 h_3，一般冲刷线以下深度为 h，则

$$[R_a] = \frac{1}{2} U \sum l_i q_{ik} + \lambda m_0 A \left\{ [f_{a0}] + k_2 \gamma_2 (h-3) \right\}$$

式中 R_a ——一根桩地面所受到的全部荷载（kN）；

h_2——桩顶（常水位）与桩的最大冲刷线深度之差；

$$R_a = N_1 + N_2 + N_3 + N_4 + N_5 + h_2 \times q_1 + h_3 \times q_2$$
$$= 1\,540+360+122+346+836.6+2 \times 26.5+h_3 \times 5.3 = 3\,257.6+5.3h_3$$

U——桩的周长（m），按成孔直径计算，采用旋转钻孔；钻头直径增大 50 mm，

$$U = \pi \times 1.55 = 4.87 \text{ m}$$
$$q_{ik} = 60 \text{ kPa}$$

λ ——考虑桩入土深度影响的修正系数，取 $\lambda = 0.7$；

m_0——考虑孔底沉层厚度影响的清空系数，取 $m_0 = 0.8$；

$A = \dfrac{\pi \times 1.5^2}{4} = 1.767 \text{ m}^2$，$\left[f_{a0}\right] = 260$ kPa；

k_2——地基土承载力修正系数，查表为 $k_2 = 5.0$；

γ_2 ——桩端以上各土层的加权平均重度（kN/m^3），因为土层单一，持力层又透水，取 $\gamma_2 = 12 \text{ kN/m}^3$（扣除浮力）；

h——为一般冲刷线以下的深度；$3\,257.6+5.3h_3 = 0.5 \times (4.87 \times h_3 \times 60) + 0.7 \times 0.8 \times 1.767 \times [260+5.0 \times 12.0 \times (h-3)]$

解得：$h_3 = 14.1$ m

现取 $h_3 = 15$ m，即地面以下桩长为 17 m，显然上式反算，可知桩的轴向承载力满足要求。

三、桩的内力计算

1. 计算桩的计算宽度 b_1

$$b_1 = kk_f\left(d+1\right) = 1.0 \times 0.9 \times \left(1.5+1\right) = 2.25 \text{ m}$$

2. 计算桩的变形系数 α

$$\alpha = \sqrt[5]{\frac{mb_1}{EI}} = \sqrt{\frac{20\,000 \times 2.25}{0.8 \times 2.8 \times 10^7 \times 0.248\,5}} = 0.382 \text{ m}^{-1}$$

其中，$I = \dfrac{\pi D^4}{64}$；受弯构件 $EI = 0.8E_cI$，桩在最大冲刷线以下的深度 $h_3 = 15$ m；其计算长度则为 $\overline{h} = \alpha h_3$；

$\overline{h} = \alpha h_3 = 0.382 \times 15 = 5.73 \geqslant 2.5$，所以，按弹性桩计算。

3. 墩柱桩顶上外力 N_i，Q_i，M_i的计算

墩帽顶的外力（按一跨活载计算）

$$N_i = N_1+N_6 = 1\,540+558 = 2\,098 \text{ kN}$$
$$Q_i = 45 \text{ kN}$$
$$M_i = 176 \text{ kN} \cdot \text{m}$$

4. 最大冲刷处桩上的外力 N_0，Q_0，M_0的计算

$$N_0 = N_1+N_2+N_3+N_4+N_6+2 \times q_1 = 2\,098+360+122+346+2 \times 26.5 = 2\,979\ \text{kN}$$
$$Q_0 = H_0 = 45\ \text{kN}$$
$$M_0 = M+H_0 \times L_{\text{力臂}} = 176+45(30.5-18) = 738.5\ \text{kN} \cdot \text{m}$$

5. 最大冲刷线处桩变位 x_0，ϕ_0 的计算

已知 $\alpha = 0.382$；$EI = 0.8E_c I = 0.8 \times 2.8 \times 10^7 \times 0.248\,5 = 5\,566.4 \times 10^3\ \text{kN} \cdot \text{m}^2$

（1）当桩置于非岩石类土，且 $\alpha h \geqslant 2.5$ 时，取$k_h = 0$

$\bar{h} = \alpha h_3 = 0.382 \times 15 = 5.73 > 4$，按 $\bar{h} = 4$ 计算，查表 3.17 得

$A_2 = -0.653\,316$，$B_2 = -12.158\,1$，$C_2 = -10.608\,4$，$D_2 = -3.766\,47$

$A_3 = -1.614\,28$，$B_3 = -11.730\,66$，$C_3 = -17.918\,6$，$D_3 = -15.075\,5$

$A_4 = 9.243\,68$，$B_4 = -0.357\,62$，$C_4 = -15.610\,5$，$D_4 = -23.140\,4$

（2）当 $H_0 = 1$ 作用时

$$\delta_{HH}^{(0)} = \frac{1}{\alpha^3 EI} \times \frac{(B_3D_4 - B_4D_3) + k_h(B_2D_4 - B_4D_2)}{(A_3B_4 - A_4B_3) + k_h(A_2B_4 - A_4B_2)} = 7.866 \times 10^{-6}\,\text{m}$$

$$\delta_{MH}^{(0)} = \frac{1}{\alpha^2 EI} \times \frac{(A_3D_4 - A_4D_3) + k_h(A_2D_4 - A_4D_2)}{(A_3B_4 - A_4B_3) + k_h(A_2B_4 - A_4B_2)} = 1.996 \times 10^{-6}\,\text{rad}$$

（3）当 $M_0 = 1$ 作用时

$$\delta_{HM}^{(0)} = \delta_{MH}^{(0)} = \frac{1}{\alpha^2 EI} \times \frac{(B_3C_4 - B_4C_3) + k_h(B_2C_4 - B_4C_2)}{(A_3B_4 - A_4B_3) + k_h(A_2B_4 - A_4B_2)} = 1.996 \times 10^{-6}\,\text{m}$$

$$\delta_{MM}^{(0)} = \frac{1}{\alpha\ EI} \times \frac{(A_3C_4 - A_4C_3) + k_h(A_2C_4 - A_4C_2)}{(A_3B_4 - A_4B_3) + k_h(A_2B_4 - A_4B_2)} = 0.823 \times 10^{-6}\,\text{rad}$$

（4）x_0，φ_0 计算

$$\begin{aligned} x_0 &= H_0\delta_{HH}^{(0)} + M_0\delta_{HM}^{(0)} = 45 \times 7.866 \times 10^{-6}+738.5 \times 1.996 \times 10^{-6} \\ &= 1.828 \times 10^{-3}\ \text{m} = 1.828\ \text{mm} \leqslant 6\ \text{mm} \end{aligned}$$

经判断，符合“m”法计算的要求。

$$\begin{aligned} \varphi_0 &= -(H_0\delta_{MH}^{(0)} + M_0\delta_{MM}^{(0)}) = -(45 \times 1.996 \times 10^{-6}+738.5 \times 0.823 \times 10^{-6}) \\ &= -6.98 \times 10^{-4}\text{rad} \end{aligned}$$

6. 最大冲刷线以下深度 z 处桩截面上的弯矩 M_z及剪力 Q_z的计算

$$M_z = \alpha^2 EI(x_0A_3 + \frac{\varphi_0}{\alpha}B_3 + \frac{M_0}{\alpha^2 EI}C_3 + \frac{H_0}{\alpha^3 EI}D_3)$$

$$Q_z = \alpha^3 EI(x_0A_4 + \frac{\varphi_0}{\alpha}B_4 + \frac{M_0}{\alpha^2 EI}C_4 + \frac{H_0}{\alpha^3 EI}D_4)$$

式中，无量纲系数 A_3、B_3、C_3、D_3 查表 3.17，M_z 值计算列表于 3.18，Q_z 值计算列表于 3.19，其结果如图 3.39、图 3.40 所示。

表 3.18 桩身弯矩 M_z 计算

z	$\bar{z}=\alpha z$	A_3	B_3	C_3	D_3	$\alpha^2 EI$	$\alpha^3 EI$	x_0/mm	φ_0/rad	H_0/kN	M_0 /(kN · m)	M_z /(kN · m)
0.00	0.00	0.000 00	0.00000	1.00000	0.00000	812271.4	310287.7	1.828	−0.000698	45.00	738.500	738.50
0.52	0.20	−0.001 33	−0.00013	0.99999	0.20000	812271.4	310287.7	1.828	−0.000698	45.00	738.500	760.27
1.05	0.40	−0.010 67	−0.00213	0.99974	0.39998	812271.4	310287.7	1.828	−0.000698	45.00	738.500	772.74
1.57	0.60	−0.036 00	−0.01080	0.99806	0.59974	812271.4	310287.7	1.828	−0.000698	45.00	738.500	770.29
2.09	0.80	−0.08532	−0.03412	0.99181	0.79854	812271.4	310287.7	1.828	−0.000698	45.00	738.500	750.48
2.62	1.00	−0.16652	−0.08329	0.97501	0.99445	812271.4	310287.7	1.828	−0.000698	45.00	738.500	713.56
3.14	1.20	−0.28737	−0.17260	0.93783	1.18342	812271.4	310287.7	1.828	−0.000698	45.00	738.500	661.47
3.66	1.40	−0.45515	−0.31933	0.86573	1.35821	812271.4	310287.7	1.828	−0.000698	45.00	738.500	597.47
4.19	1.60	−0.67629	−0.54348	0.73859	1.50695	812271.4	310287.7	1.828	−0.000698	45.00	738.500	525.43
4.71	1.80	−0.95564	−0.86715	0.52997	1.61162	812271.4	310287.7	1.828	−0.000698	45.00	738.500	449.29
5.24	2.00	−1.29535	−1.31361	0.20676	1.64628	812271.4	310287.7	1.828	−0.000698	45.00	738.500	372.91
5.76	2.20	−1.69334	−1.90567	−0.27087	1.57538	812271.4	310287.7	1.828	−0.000698	45.00	738.500	299.62
6.28	2.40	−2.14117	−2.66329	−0.94885	1.35201	812271.4	310287.7	1.828	−0.000698	45.00	738.500	232.13
6.81	2.60	−2.62126	−3.59987	−1.87734	0.91679	812271.4	310287.7	1.828	−0.000698	45.00	738.500	172.39
7.33	2.80	−3.10341	−4.71748	−3.10791	0.19729	812271.4	310287.7	1.828	−0.000698	45.00	738.500	121.70
7.85	3.00	−3.54058	−5.99979	−4.68788	−0.89126	812271.4	310287.7	1.828	−0.000698	45.00	738.500	80.75
9.16	3.50	−3.91921	−9.54367	−10.3404	−5.85402	812271.4	310287.7	1.828	−0.000698	45.00	738.500	19.38
10.47	4.00	−1.61428	−11.73066	−17.9186	−15.0755	812271.4	310287.7	1.828	−0.000698	45.00	738.500	4.95

表 3.19　桩身剪力 Q_Z 计算

z	$\bar{z}=\alpha z$	A_3	B_3	C_3	D_3	$\alpha^2 EI$	$\alpha^3 EI$	x_0/mm	φ_0/rad	H_0/kN	M_0 /(kN · m)	Q_z /kN
0.00	0.00	0.00000	0.00000	0.00000	1.00000	812271.4	310287.7	1.828	−0.000698	45.00	738.500	45.00
0.52	0.20	−0.02000	−0.00267	−0.00020	0.99990	812271.4	310287.7	1.828	−0.000698	45.00	738.500	35.11
1.05	0.40	−0.08000	−0.02133	−0.00320	0.99966	812271.4	310287.7	1.828	−0.000698	45.00	738.500	10.80
1.57	0.60	−0.17997	−0.07199	−0.01620	0.99741	812271.4	310287.7	1.828	−0.000698	45.00	738.500	−20.95
2.09	0.80	−0.31975	−0.17060	−0.05120	0.98908	812271.4	310287.7	1.828	−0.000698	45.00	738.500	−54.58
2.62	1.00	−0.49881	−0.33298	−0.12493	0.96667	812271.4	310287.7	1.828	−0.000698	45.00	738.500	−85.88
3.14	1.20	−0.71573	−0.57450	−0.25886	0.91712	812271.4	310287.7	1.828	−0.000698	45.00	738.500	−112.00
3.66	1.40	−0.96746	−0.90754	−0.47883	0.82102	812271.4	310287.7	1.828	−0.000698	45.00	738.500	−132.34
4.19	1.60	−1.24808	−1.35042	−0.81446	0.65156	812271.4	310287.7	1.828	−0.000698	45.00	738.500	−142.72
4.71	1.80	−1.54728	−1.90577	−1.29909	0.37368	812271.4	310287.7	1.828	−0.000698	45.00	738.500	−146.79
5.24	2.00	−1.84818	−2.57798	−1.96620	−0.05652	812271.4	310287.7	1.828	−0.000698	45.00	738.500	−143.90
5.76	2.20	−2.12481	−3.35952	−2.84858	−0.69158	812271.4	310287.7	1.828	−0.000698	45.00	738.500	−135.20
6.28	2.40	−2.33901	−4.22811	−3.97323	−1.59151	812271.4	310287.7	1.828	−0.000698	45.00	738.500	−122.00
6.81	2.60	−2.43695	−5.14023	−5.35541	−2.82106	812271.4	310287.7	1.828	−0.000698	45.00	738.500	−105.67
7.33	2.80	−2.34558	−6.02299	−6.99007	−4.44491	812271.4	310287.7	1.828	−0.000698	45.00	738.500	−87.57
7.85	3.00	−1.96928	−6.76460	−8.84029	−6.51972	812271.4	310287.7	1.828	−0.000698	45.00	738.500	−68.99
9.16	3.50	1.07408	−6.78895	−13.6924	−13.8261	812271.4	310287.7	1.828	−0.000698	45.00	738.500	−26.57
10.47	4.00	9.24368	−0.35762	−15.6105	−23.1404	812271.4	310287.7	1.828	−0.000698	45.00	738.500	0.68

从桩身弯矩计算表中可知，最大弯矩设计至为 $M_z = 772.74$ kN·m，发生在最大冲刷线以下 $z = 1.04$ m，可以根据 M_z、Q_z 等进行构件的配筋设计，具体计算略。

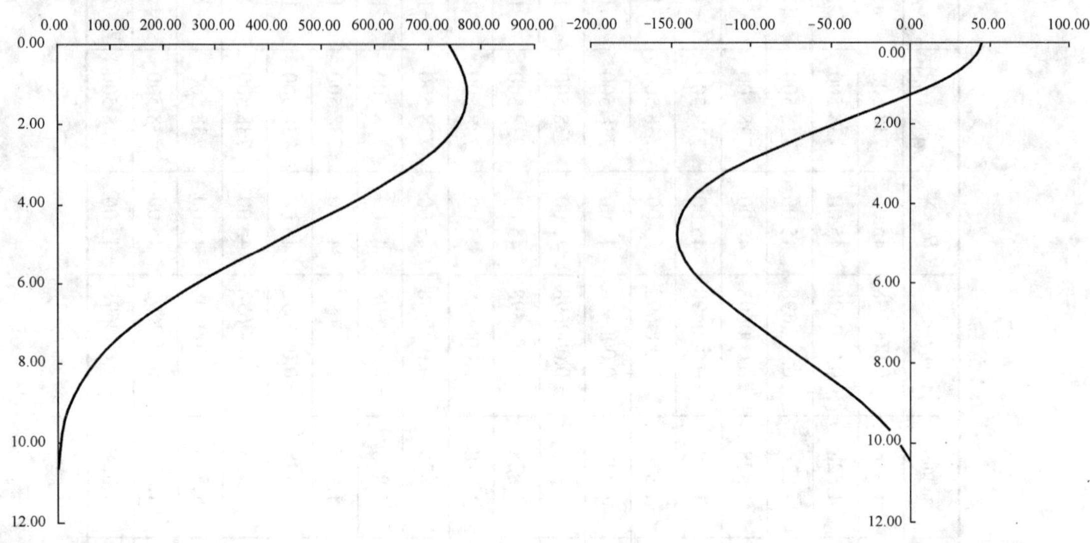

图 3.39 最大冲刷线以下不同深度 M_z 图　　图 3.40 最大冲刷线以下不同深度 Q_z 图

7. 桩顶水平位移

因为 $l_0 = h_1 + h_2$，已知桩露出地面长 $l_0 = 29 - 18 = 11$ m；$h_1 = 20 - 18 = 2$ m；$h_2 = 29 - 20 = 9$ m

$$n = \frac{E_1 I_1}{EI} = \left(\frac{1.4}{1.5}\right)^4 = 0.759$$

$$\begin{aligned}\Delta_0 &= \frac{H}{E_1 I_1}\left[\frac{1}{3}\left(nh_1^{\ 3} + h_2^{\ 3}\right) + nh_1 h_2 (h_1 + h_2)\right] + \frac{M}{2E_1 I_1}\left[h_2^{\ 2} + nh_1(2h_2 + h_1)\right] \\ &= \frac{45}{0.8 \times 2.8 \times 10^7 \times 0.1886} \times [\frac{1}{3} \times (0.759 \times 2^3 + 9^3) + 0.759 \times 9 \times 2 \times (2 + 9)] \\ &\quad + \frac{738.5}{2 \times 0.8 \times 2.8 \times 10^7 \times 0.1886}\left[9^2 + 0.759 \times 2 \times (2 \times 9 + 2)\right] \\ &= 13.94 \times 10^{-3}\ \text{m}\end{aligned}$$

$$\begin{aligned}\Delta &= x_0 - \varphi_0 (h_2 + h_1) + \Delta_0 \\ &= [1.828 + 6.98 \times 10^{-1} \times (9+2) + 13.94] \times 10^{-3} \\ &= 23.45 \times 10^{-3}\ \text{m} = 23.45\ \text{mm}\end{aligned}$$

因为 $[\Delta] = \sqrt[5]{L} = 27.4$ mm，L 为跨径，所以 $\Delta \leqslant [\Delta]$。经判断，桩顶水平位移符合要求。桩的配筋及截面抗压承载力复合 ——略（参考结构设计原理课程）。

第八节　群桩基础竖向荷载下的受力分析及验算

由基桩群和承台组成的桩基础称为群桩基础。群桩基础在荷载作用下，由于基桩间的相互影响及承台的共同作用，其工作状态显然和单桩不同。

群桩效应：群桩基础受竖向荷载后，由于承台、桩、土的相互作用使其桩侧阻力、桩端阻力、沉降等性状发生变化而与单桩明显不同，承载力往往不等于单桩承载力之和。群桩效应是针对摩擦桩群桩基础而言的。

一、群桩共同工作

1. 端承桩（柱桩）群桩基础（见图 3.41）

柱桩群桩基础通过承台分配到各基桩桩顶的荷载，绝大部分或全部由桩身直接传递到桩底，由桩底岩层（或坚硬土层）支承。由于桩底持力层刚硬，桩的贯入变形小，低桩承台的承台底面地基反力与桩侧摩阻力和桩底反力相比所占比例小，可忽略。承台分担荷载的作用和桩侧摩阻力的扩散作用一般均不予考虑。端承桩群桩基础的承载力等于各个单桩承载力之和，沉降量等于单桩沉降量，除进行单桩承载力验算外不需进行群桩竖向承载力的验算。

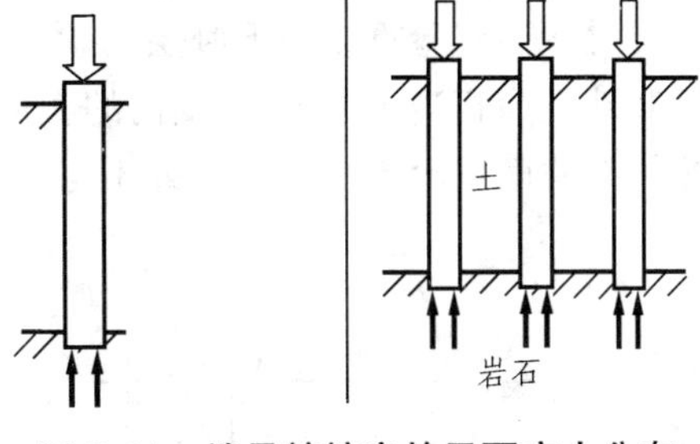

图 3.41　端承桩桩底的平面应力分布

2. 摩擦桩群桩基础（见图 3.42）

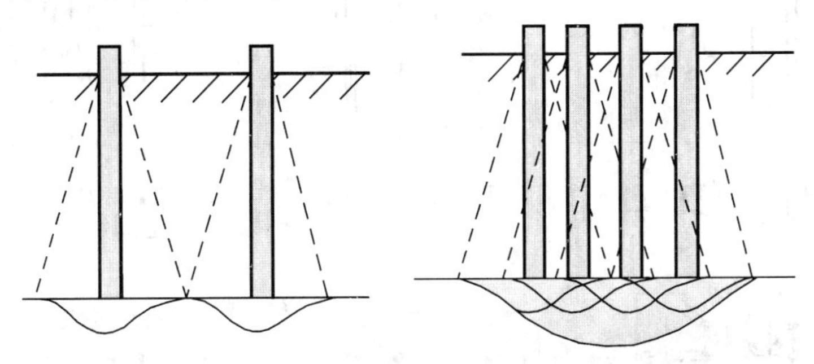

图 3.42　摩擦桩桩底的平面应力分布

由于桩侧摩阻力的扩散作用，使桩底处的压力分布范围远大于桩身。桩底处应力叠加，群桩下地基土受到压力比单桩大；桩底土产生的压缩变形和群桩基础的沉降都比单桩大；群桩基础的承载力常小于单桩承载力之和，有时等于或大于单桩承载力之和。

群桩效应：群桩中各桩传布到桩底处的应力可能叠加，群桩桩底处地基土受到的压力比单桩大，承载力往往不等于单桩承载力之和，群桩不同于单桩的工作性状称之为群桩效应。群桩基础承载力和沉降与土的性质、桩长、桩距、桩数、群桩的平面排列和大小等因素有关。桩距大小的影响是主要的，其次是桩数。

二、桩基础的破坏模式及整体验算

1. 破坏模式

整体破坏：桩与土体整体下沉，桩底下土层受压缩，发生在桩距小、土质坚硬时。桩间土与桩群作为一个整体而下沉，桩底下土层受压缩，破坏时呈“整体破坏”，即指桩、土形成整体，破坏形态类似一个实体深基础。

刺入破坏：桩与土体成剪切变形，发生在桩距大、土质较软时。群桩基础兼有两种破坏模式。

2. 承载力验算

当桩距较大，单桩荷载传到桩底处的压力叠加影响较小时，可不考虑群桩效应。《公路桥涵地基与基础设计规范》JTG D63-2007 规定：桥梁工程规定当桩距大于等于 6 倍桩径时，建筑工程规定当桩的根数少于 3 根的群桩基础，不须验算群桩基础承载力，只要验算单桩容许承载力即可；当桩距小于 6 倍桩径时，需验算桩底持力层土的容许承载力，持力层下有软弱土层时，还应验算软弱下卧层的承载力。摩擦桩群桩基础当桩间中心距小于 6 倍桩径时，将桩基础视为相当于 *acde* 范围内的实体基础，如图 3.43 所示，桩侧外力认为以 $\varphi/4$ 角向下扩散，按扩大的面积验算桩底平面处土层的承载力。

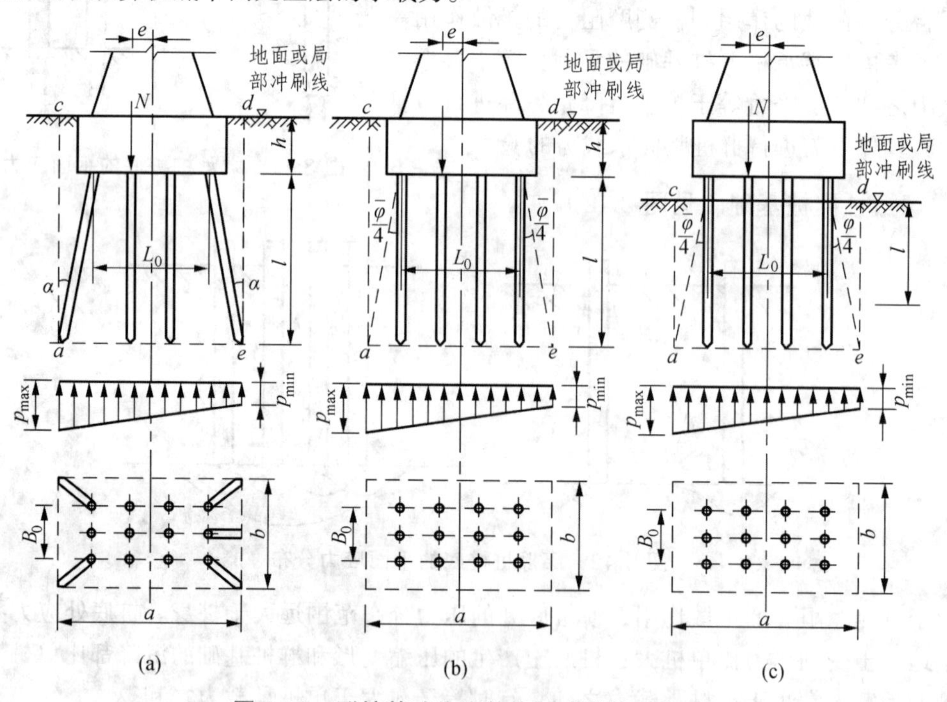

图 3.43　群桩基础作为整体基础计算示意图

软弱下卧层验算方法是按土力学中土内应力分布规律计算出软弱土层顶面处的总应力不得大于该处地基土的容许承载力。

三、群桩基础沉降验算

超静定结构桥梁或建于软土、湿陷性黄土地基或沉降较大的其他土层的静定结构桥梁墩台的群桩基础应计算沉降量并进行验算。

当柱桩桩间中心距大于 6 倍桩径的摩擦桩群桩基础，可以认为其沉降量等于在同样土层中静载试验的单桩沉降量。

当桩的中心距小于 6 倍桩径的摩擦桩群桩基础，则作为实体基础考虑。可采用分层总和法计算沉降量。

墩台基础的沉降应满足下列要求。

总沉降量：$S \leqslant 2.0\sqrt{L}$

总沉降差：$\Delta S \leqslant 1.0\sqrt{L}$，其中 $L \geqslant 25$ m

第九节　桩基础设计

设计桩基础时，首先应该搜集必要的资料，包括上部结构形式与使用要求，荷载的性质与大小，地质和水文资料，以及材料供应和施工条件等。据此拟定出设计方案（包括选择桩基类型、桩长、桩径、桩数、桩的布置、承台位置与尺寸等），然后进行基桩和承台以及桩基础整体的强度、稳定、变形验算，经过计算、比较、修改，以保证承台、基桩和地基在强度、变形及稳定性方面满足安全和使用上的要求，并同时考虑技术和经济上的可能性与合理性，最后确定较理想的设计方案。

一、桩基础类型的选择

选择桩基础类型时，应根据设计要求和现场的条件，并考虑各种类型桩基础具有的不同特点，综合分析选择。

1. 承台底面标高的考虑

承台底面的标高应根据桩的受力情况，桩的刚度和地形、地质、水流、施工等条件确定。承台的稳定性较好，但在水中施工难度较大，因此可用于季节性河流、冲刷小的河流或旱地上其他结构物的基础。当承台埋设于冻胀土层中时，为了避免由于土的冻胀引起桩基础损坏，承台底面应位于冻结线以下不少于 0.25 m，对于常年有流水，冲刷较深，或水位较高，施工排水困难，在受力条件允许时，应尽可能采用高桩承台。承台如在水中或有流冰的河道，承台底面也应适当放低，以保证基桩不会直接受到撞击，否则应设置防撞装置。当作用在桩基础上的水平力和弯矩较大，或桩侧土质较差时，为减少桩身所受的内力，可适当降低承台底面标高。有时为节省墩台身圬工数量，则可适当提高承台底面标高。

2. 柱桩桩基和摩擦桩桩基的考虑

柱桩和摩擦桩的选择主要根据地质和受力情况确定。柱桩桩基础承载力大、沉降量小，较为安全可靠，因此，当基岩埋深较浅时，应考虑采用柱桩桩基。若岩层埋置较深或受施工条件的限制不宜采用柱桩，则可采用摩擦桩，但在同一桩基础中不宜同时采用柱桩和摩擦桩，同时也不宜采用不同材料、不同直径和长度相差过大的桩，以避免桩基产生不均匀沉降或丧失稳定性。

当采用柱桩时，除桩底支承在基岩上（即柱承桩）外，如覆盖层较薄，或水平荷载较大，还需将桩底端嵌入基岩中一定深度成为嵌岩桩，以增加桩基的稳定性和承载能力。为保证嵌岩桩在横向荷载作用下的稳定性,需嵌入基岩的深度与桩嵌固处的内力及桩周岩石强度有关，应分别考虑弯矩和轴力要求，由要求较高的来控制设计深度。

3. 桩型与成桩工艺

桩型与工艺选择应根据结构类型、荷载性质、桩的使用功能、穿越土层、桩端持力层土类、地下水位、施工设备、施工环境、施工经验、桩的材料供应条件等，选择经济、合理、安全适用的桩型和成桩工艺。相关规范中都附有成桩工艺适用性的表格，可供选择时参考。

二、桩径、桩长的拟定

桩径与桩长的设计，应综合考虑荷载的大小、土层性质与桩周土阻力状况、桩基类型与结构特点、桩的长径比以及施工设备与技术条件等因素后确定，力争做到既满足使用要求，又造价经济，最有效地利用和发挥地基土和桩身材料的承载性能。

设计时，首先拟定尺寸，然后通过基桩计算和验算，视所拟定的尺寸是否经济合理，再行最后确定。

1. 桩径拟定

桩的类型选定后，桩的横截面（桩径）可根据各类桩的特点与常用尺寸选择确定。

2. 桩长拟定

确定桩长的关键在于选择桩端持力层，因为桩端持力层对于桩的承载力和沉降有着重要影响。设计时，可先根据地质条件选择适宜的桩端持力层初步确定桩长，并应考虑施工的可行性（如钻孔灌注桩钻机钻进的最大深度等）。

一般都希望把桩底置于岩层或坚硬的土层上，以得到较大的承载力和较小的沉降量。如在施工条件容许的深度内没有坚硬土层存在，应尽可能选择压缩性较低、强度较高的土层作为持力层，要避免使桩底坐落在软土层上或离软弱下卧层的距离太近，以免桩基础发生过大的沉降。

对于摩擦桩，有时桩底持力层可能有多种选择，此时确定桩长与桩数两者相互关联，遇此情况，可通过试算比较，选择较合理的桩长。摩擦桩的桩长不应拟定太短，一般不应小于4 m。因为桩长过短达不到设置桩基把荷载传递到深层或减小基础下沉量的目的，且必然增加桩数很多，扩大了承台尺寸，也影响施工的进度。此外，为保证发挥摩擦桩桩底土层支承力，桩底端部应尽可能达到该土层的桩端阻力的临界深度。

三、确定基桩根数及其平面布置

1. 桩的根数估算

基础所需桩的根数可根据承台底面上的竖向荷载和单桩容许承载力按式（3.23）估算

$$n = \mu \frac{N}{[P]} \tag{3.23}$$

式中　n ——桩的根数；

N ——作用在承台底面上的竖向荷载（kN）；

$[P]$ ——单桩容许承载力或单桩承载力设计值（kN）；

μ ——考虑偏心荷载时各桩受力不均而适当增加桩数的经验系数，可取 $\mu = 1.1 \sim 1.2$。

估算的桩数是否合适，在验算各桩的受力状况后即可确定。桩数的确定还须考虑满足桩基础水平承载力要求的问题。若有水平静载试验资料，可用各单桩水平承载力之和作为桩基础的水平承载力（为偏安全考虑），来校核按式（3.27）估算的桩数。但一般情况下，桩基水平承载力是由基桩的材料强度所控制，可通过对基桩的结构强度设计（如钢筋混凝土桩的配筋设计与截面强度验算）来满足，所以桩数仍按式（3.27）来估算。

此外，桩数的确定与承台尺寸、桩长及桩的间距的确定相关联，确定时应综合考虑。

2. 桩间距的确定

为了避免桩基础施工可能引起土的松弛效应和挤土效应对相邻基桩的不利影响，以及桩群效应对基桩承载力的不利影响，布设桩时，应该根据土类成桩工艺以及排列确定桩的最小中心距。一般情况下，穿越饱和软土的挤土桩，要求桩中心距最大，部分挤土桩或穿越非饱和土的挤土桩次之，非挤土桩最小；对于大面积的桩群，桩的最小中心距宜适当加大。对于桩的排数为 1～2 排、桩数小于 9 根的其他情况摩擦型桩基，桩的最小中心距可适当减小。

摩擦桩的群桩中心距，从受力角度考虑最好是使各桩端平面处压力分布范围不相重叠，以充分发挥其承载能力。根据这一要求，经试验测定，中心距定为 $6d$。但桩距如采用 $6d$ 就需要很大面积的承台，因此，一般采用的群桩中心距均小于 $6d$。为了使桩端平面处相邻桩作用于土的压应力重叠不至太多，不致因土体挤密而使桩挤不下去，根据经验规定打入桩的桩端平面处的中心距不小于 $3d$。振动下沉桩，因土的挤压更为显著，规定在桩端平面处不小于 $4d$（d 为桩的直径或边长）。

3. 桩的平面布置

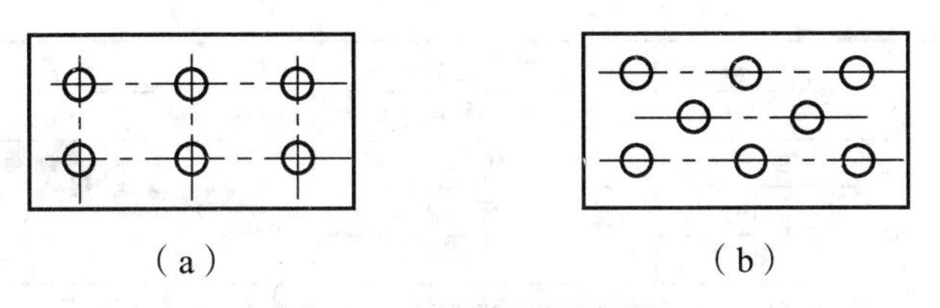

图 3.44　桩的平面布置

桩数确定后，可根据桩基受力情况选用单排桩或多排桩桩基。多排桩的排列形式常采用行列式[见图 3.44（a）]和梅花式[见图 3.44（b）]，在相同的承台底面积下，后者可排列较多的基桩，而前者有利于施工。

桩基础中桩的平面布置，除应满足前述的最小桩距等构造要求外，还应考虑基桩布置对桩基受力有利。为使各桩受力均匀，充分发挥每根桩的承载能力，设计布置时，应尽可能使桩群横截面的重心与荷载合力作用点重合或接近，通常桥墩桩基础中的基桩采取对称布置，而桥台多排桩桩基础视受力情况在纵桥向采用非对称布置。当作用于桩基的弯矩较大时，宜尽量将桩布置在离承台形心较远处，采用外密内疏的布置方式，以增大基桩对承台形心或合力作用点的惯性矩，提高桩基的抗弯能力。

第十节 桩基础的质量检验

按照施工工艺的不同，桩基础可以分为预制桩、灌注桩、挖孔桩等，其在质量的控制管理和检验方法上也不相同，下面重点介绍预制桩、灌注桩等的质量控制和检验方法。

一、钻孔灌注桩

1. 基本要求

（1）桩身混凝土所用的水泥、砂、石、水、外掺剂及混合材料的质量和规格必须符合有关规范的要求，按规定的配合比施工。

（2）成孔后必须清孔，测量孔径、孔深、孔位和沉淀层厚度，确认满足设计或施工技术规范要求后，方可灌注水下混凝土。

（3）水下混凝土应连续灌注，严禁有夹层和断桩。

（4）嵌入承台的锚固钢筋长度不得低于设计规范规定的最小锚固长度要求。

（5）应选择有代表性的桩用无破损法进行检测，重要工程或重要部位的桩宜逐根进行检测。设计有规定或对桩的质量有怀疑时，应采取钻取芯样法对桩进行检测。

（6）凿除桩头预留混凝土后，桩顶应无残余的松散混凝土。

2. 钻孔灌注桩实测项目

表 3.20 钻孔灌注桩实测项目

项次	检查项目			规定值或允许偏差	检查方法和频率	权值
1	混凝土强度(MPa)			在合格标准内	按附录D检查	3
2	桩位(mm)	群桩		100	全站仪或经纬仪：每桩检查	2
		排架桩	允许	50		
			极值	100		
3	孔深(m)			不小于设计	测绳器：每桩测量	3
4	孔径(mm)			不小于设计	探孔器：每桩测量	3
5	钻孔倾斜度(mm)			1%桩长，且不大于500	用侧壁（斜）仪或钻杆垂线法：每桩检查	1
6	沉淀厚度(mm)	摩擦桩		设计规定，设计未规定时按施工规范要求	沉淀盒或标准测锤：每桩检查	2
		支撑桩		不大于设计规定		
7	钢筋骨骨架底面高程(mm)			±50	水准仪：侧每桩骨架顶面高程后反算	1

3. 外观鉴定

（1）无破损检测桩的质量有缺陷，但经设计单位确认仍可用时，应减 3 分。

（2）桩顶面应平整，桩柱连接处应平顺且无局部修补，不符合要求时减 1～3 分。

二、挖孔桩

1. 基本要求

（1）桩身混凝土所用的水泥、砂、石、水、外掺剂及混合材料的质量和规格必须符合有关规范的要求，按规定的配合比施工。

（2）挖孔达到设计深度后，应及时进行孔底处理，必须做到无松渣、淤泥等扰动软土层，使孔底情况满足设计要求。

（3）嵌入承台的锚固钢筋长度不得小于设计规范规定的最小锚固长度要求。

2. 挖孔桩实测项目

表 3.21 挖孔桩实测项目

项次	检查项目			规定值或允许偏差	检查方法和频率	权值
1	混凝土强度 (MPa)			在合格标准内	按附录D检查	3
2	桩位 (mm)	群桩		100	全站仪或经纬仪：每桩检查	2
		排架桩	允许	50		
			极值	100		
3	孔深 (m)			不小于设计	测绳量：每桩测量	3
4	孔径 (mm)			不小于设计	探孔器：每桩测量	3
5	钻孔倾斜度 (mm)			0.5%桩长，且不大于 200	垂线法：每桩检查	1
6	钢筋骨架地面高程 (mm)			±50	水准仪测骨架顶面高程后反算：每桩检查	1

3. 外观鉴定

（1）无破损检测桩的质量有缺陷，但经设计单位确认仍可用时，应减 3 分。

（2）桩顶面应平整，桩柱连接处应平顺且无局部修补，不符合要求时减 1～3 分。

三、沉桩（预制桩）

1. 基本要求

（1）混凝土桩所用的水泥、砂、石、水、外掺剂及混合材料的质量和规格必须符合有关规范的要求，按规定的配合比施工。

（2）混凝土预制桩必须按表 3.22 检查合格后，方可沉桩。

（3）钢管桩的材料规格、外形尺寸和防护应符合设计和施工技术规范的要求。

（4）用射水法沉桩，当桩尖接近设计高程时，应停止射水，用锤击或振动使桩达到设计高程。

（5）桩的接头应严格按照规范要求，确保质量。

2. 预制桩实测项目

表 3.22 预制桩实测项目

项次	检查项目		规定值或允许偏差	检查方法和频率	权值
1	混凝土强度(MPa)		在合格标准内	按附录D检查	3
2	长度(mm)		±50	尺量：每桩检查	1
3	横截面(mm)	桩的边长	±5	尺量：每预制件检查2个断面，检查10%	2
		空心桩空心 管芯 直径	±5		
		空心中心与桩中心偏差	±5		
4	桩尖对桩的纵轴线(mm)		10	尺量：抽查10%	1
5	桩纵轴线弯曲矢高(mm)		0.1%桩长，且不大于20	沿桩长拉线量，取最大矢高：抽查10%	1
6	桩顶面与桩纵轴线倾斜偏差(mm)		1%桩径或边长，且不大于3	角尺：抽检10%	1
7	接桩的接头平面与桩轴平面垂直度		0.5%	角尺：抽检20%	1

四、桩基检测方法及检验目的

表 3.23 桩基检测方法及检验目的

检测内容	检测目的	检测时间
各类成孔检测法	孔径、垂直度、沉渣厚度	成孔后立即检测
单桩竖向抗压静载试验	确定单桩竖向抗压极限承载力； 判定竖向抗压承载力是否满足设计要求； 通过桩身内力及变形测试，测定桩侧摩阻力、桩端阻力	桩身混凝土强度达到设计要求；休止期：砂土，7 d；粉土，10 d；非饱和黏性土，15 d；饱和黏性土，25 d
单桩竖向抗拔静载试验	确定单桩竖向抗拔极限承载力； 判定竖向抗拔承载力是否满足设计要求； 通过桩身内力及变形测试，测定桩的抗拔摩阻力	同上
单桩水平静载试验	确定单桩水平临界和极限承载力，推定土抗力参数；判定水平承载力是否满足设计要求； 通过桩身内力及变形测试，测定桩身弯矩和挠曲	同上
钻芯法	检测灌注桩桩长、桩身混凝土强度、桩底沉渣厚度，判定或鉴别桩底岩土性状，判断桩身完整性类别	28 d 以上
低应变法	检测桩身缺陷及其位置，判定桩身充整性类别	混凝土强度达到设计强度的 70%，约 14 d 左右，且不 小于 15 MPa
高应变法	判定单桩竖向抗压承载力是否满足设计要求：检测桩身缺陷及其位置，判断桩身完整性类别；分析桩侧和桩端土阻力	同静载试验。
声波透射法	检测灌注桩桩身混凝土的均匀性、桩身缺陷及其位置，判定粧身完整性类别	混凝土强度达到设计强度的 70%，约 14 d 左右，且不小于 15 MPa

在实际工程中，桩基的检测方法有很多，如表 3.23 所示，下面简要介绍桩基检测方法及检验目的。

1. 声测法

由于灌注桩属地下隐蔽工程，施工工艺复杂，在施工过程中常遇到各种工程地质问题，如地下水渗流、流沙层、淤泥层，引起塌孔和缩径，以及混凝土灌注过程中容易出现各种问题使桩产生离析、夹泥、断桩、缩径等桩身缺陷，将对桥梁、路基等土工构筑物的正常使用造成隐患。因此，对混凝土灌注桩的质量检测是十分重要的。

预埋声测管，一般是根据桩径及重要程度来设置：桩径在 1 m 以下的，可以只设 2 根；1 ~ 2 m 桩径的设 3 根；桩径 2 m 以上的设 4 根，声测管应沿桩截面外侧呈对称形状布置。关于检测管材质，一般是钢管，测管应下端封闭，上端加盖，管内无异物。声测管采用绑扎方式与钢筋笼连接牢固（不得焊接）；声测管连接应采用外加套筒焊接方式进行，杜绝连接处断裂和堵管现象；连接处应光滑过渡，不漏水；管口应高出桩顶 100 mm 以上，且各声测管管口高度应一致。检测前将各声测管内注满清水，封口待检。检测时间为桩身强度达到混凝土设计强度的 70%或混凝土龄期不少于 15 天。

2. 钻芯检验法

钻芯验桩就是利用专用钻机，从混凝土结构中钻取芯样以检测混凝土强度的方法，如图 3.45 所示。它是大直径基桩工程质量检测的一种手段，是一种既简便又直观的必不可少的验桩方法，它具有以下特点：

（1）可检查基桩混凝土胶结、密实程度及其实际强度，发现断桩、夹泥及混凝土稀释层等不良状况，检查桩身混凝土灌注质量。

（2）可测出桩底沉渣厚度并检验桩长，同时直观认定桩端持力层岩性。

（3）用钻芯桩孔对出现断桩、夹泥或稀释层等缺陷桩进行压浆补强处理。

由于具有以上特点，钻心验桩法广泛应用于大直径基桩质量检测工作中，它特别适用于大直径大荷载端承桩的质量检测。对于长径比比较大的摩擦桩，则易因孔斜使钻具中途穿出桩外而受限制。

图 3.45　桩基钻芯检验

3. 动测法

动测法是指给桩顶施加一动荷载（用冲击、振动等方式施加），量测桩土系统的响应信号，然后分析计算桩的性能和承载力，如图 3.46 所示。

（1）低应变动测法：是用小锤敲击桩顶，通过粘接在桩顶的传感器接收来自桩中的应力波信号，采用应力波理论来研究桩土体系的动态响应，反演分析实测速度信号、频率信号，从而获得桩的完整性。该方法检测简便，且检测速度较快，但如何获取好的波形，如何较好地分析桩身完整性是检测工作的关键。

（2）高应变动测法：一般是以重锤敲击桩顶，使桩贯入，桩土间产生相对位移，从而可以分析对桩的外来抗力和测定桩的承载力，也可检验桩体质量。

图 3.46　桩基高应变动测法

4. 单桩静载试验

单桩承载力的检测，在施工过程中，对于打入桩惯用最终贯入度和桩底高程进行控制，而钻孔灌注桩还缺少在施工过程中监测承载力的直接手段。成桩可做单桩承载力的检验，常采用单桩静载试验或高应变动力试验确定单桩承载力。单桩静载试验包括垂直静载试验和水平静载试验两项。

（1）垂直静载试验法之一：在桩顶逐级施加轴向荷载，直至桩达到破坏状态为止，并在试验过程中查明桩的沉降情况，测定各土层的桩侧摩阻力和桩底反力，测量并记录每级荷载下不同时间的桩顶沉降，根据沉降与荷载及时间的关系，分析确定单桩的轴向承载力。

（2）垂直静载试验法之二：即桩承载力自平衡测试法，在桩身指定位置安放荷载箱，荷载箱内布置大吨位千斤顶，通过测试直观地反映荷载箱上下两段各自的承载力。将荷载箱上段的侧摩阻力经处理后与下段桩端阻力相加，即为桩的极限承载力。

（3）水平静载试验：在桩顶施加水平荷载（单向多循环加卸载法或慢速连续法），直至桩达到破坏标准为止。测量并记录每级荷载下不同时间的桩顶水平位移，根据水平位移与水平荷载及时间的关系，分析确定单桩的横向水平承载力。

通过桩的静载试验，可验证基桩的设计参数并检查选用的钻孔施工工艺是否合理和完善，以便对设计文件规定的桩长、桩径和承载能力进行复合，对钻孔施工工艺和机具进行改善和调整。一些新工艺一般都是通过荷载试验的检验鉴定才能获得推广应用。对特大桥和地质复杂的钻孔灌注桩必须进行桩的承载力试验。

国内外工程实践证明，用静力检验法测试单桩竖向承载力，尽管检验仪器、设备笨重，造价高、劳动强度大、试验时间长，但迄今为止还是其他任何动力检验法无法替代的基桩承载力检测方法，其试验结果的可靠性也是毋庸置疑的。

对于动力检验法确定单桩竖向承载力，无论是高应变法还是低应变法，均是近几十年来国内外发展起来的新的测试手段，目前仍处于发展和继续完善阶段。大桥与重要工程、地质条件复杂或成桩质量可靠性较低的桩基工程，均需做单桩承载力的检验。

思 考 题

1. 天然地基上的浅基础和桩基础各有哪些特点？分别适用于什么情况？
2. 什么叫摩擦桩和端承桩？什么叫灌注桩和预制桩？
3. 什么叫高桩承台和低桩承台？它们各有哪些优缺点？
4. 单桩轴向容许承载力如何确定？哪几种方法比较符合实际？
5. 什么是桩的正、负摩阻力？判断的条件如何？什么叫中性点？
6. 怎样控制钻孔灌注桩的质量？
7. 钻孔灌注桩成孔时，泥浆起什么作用？制备泥浆应控制哪些指标？
8. 钻孔灌注桩的成孔方法有哪些？各适用于什么条件？
9. 钻孔灌注桩的清孔方法有哪些？
10. 什么是“m”法？其理论依据是什么？这个方法有什么优缺点？
11. 用“m”法对单排桩基础的设计和计算包括哪些内容？
12. 什么是地基系数？确定的方法有几种？我国公路桥梁桩基础设计计算时用哪种方法？
13. 某桥墩基础采用钻孔灌注桩，设计直径 1.0 m，桩长 20 m，桩穿过土层情况如图 3.47 所示，按土的阻力求单桩轴向受压容许承载力。

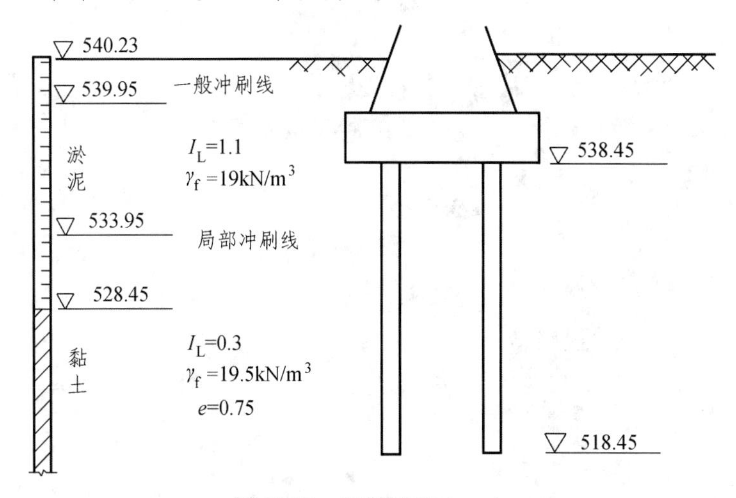

图 3.47　桥墩基础（一）

14. 某桥墩基础如图 3.48 所示，采用钻孔灌注桩，设计直径 1.0 m，桩身重度为 25 kN/m^3，桩底沉垫层厚度 $t \leqslant 0.3$ m。河底土质为黏性土，γ_{sat} 为 19.5 kN/m^3，$e = 0.7$，$I_L = 0.4$。按作用

短期效应组合（可变作用的频遇值系数均取 1.0）计算得到单桩桩顶所受轴向压力为 $P=$ 1 988.68 kN。试确定桩在最大冲刷线以下的入土深度。

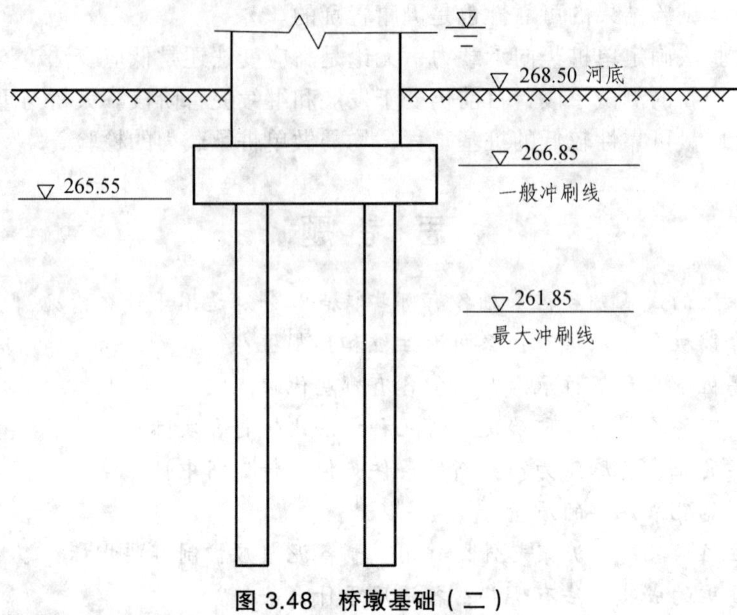

图 3.48 桥墩基础（二）

第四章　沉井基础

第一节　概　述

沉井是指像井筒状的这样一种结构物，它是由古老的掘井作业发展过来的，沉井基础是以沉井法施工的地下结构物和深基础的一种形式。沉井基础施工先是在地表制作成一个井筒状的结构物，然后在井壁的围护下通过从井内不断挖土，使沉井在自重作用下或借助外力克服井壁与地层的摩擦阻力逐渐下沉，达到预定设计标高后，再进行封底、构筑内部结构，如图 4.1、4.2 所示。

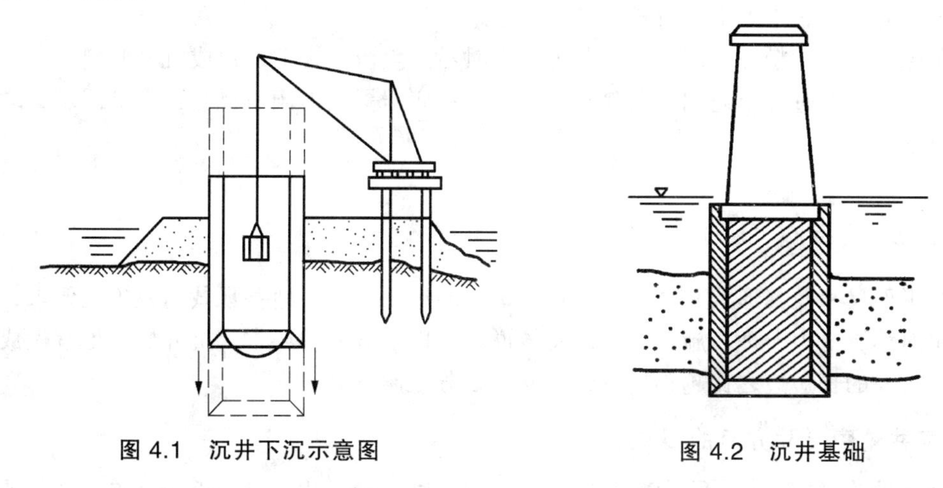

图 4.1　沉井下沉示意图　　图 4.2　沉井基础

一、沉井基础在工程中的应用

1. 基础类

沉井基础在基础类中的应用主要是用于桥梁工程中的桥墩，如特大桥梁的桥墩、缆索桥的锚固墩。比如，国内规模最大的桥梁沉井基础，江阴长江公路大桥锚锭的钢筋混凝土沉井，平面尺寸为 69 m×51 m，下沉 58 m；世界上规模最大的桥梁沉井基础，日本明石海峡大桥，主塔的钢壳沉井，平面尺寸为 80 m×70 m 和 78 m×67 m，下沉 60 m。此外，沉井基础也可以用作高层建筑物的地下室及烟囱、水塔的基础。

2. 基坑支护类

基坑支护类主要应用于软土地基中的深基础施工，顶管工程中的临时工作井、接收井，等等。

3. 构筑物类

构筑物类主要应用于给排水工程中的集水井、水泵房、废水池。矿山工程中的竖井，等等。

二、沉井结构和沉井施工的特点

1. 优点

（1）埋置深度可以很大，整体性强、稳定性好，沉井结构截面尺寸和刚度大，承载力高，有较大的承载面积，能承受较大的垂直荷载和水平荷载。

（2）沉井既是基础，又是施工时的挡土和挡水结构物，下沉过程中无须设置坑壁支撑或板桩围壁，简化了施工；抗渗、耐久性好，内部空间可资利用。

（3）施工技术上比较稳妥可靠，比大开挖施工，可大大减少挖、运、回填土方量，可加快施工速度，降低施工费用，对邻近建筑物的影响比较小。

（4）施工不需复杂的机具设备，在排水和不排水情况下均能施工；可用于各种复杂地形、地质和场地狭窄条件下施工，当沉井尺寸较大，在制作和下沉时，均能使用机械化施工。

2. 缺点

（1）沉井基础施工工期比较长。

（2）施工中对于粉、细砂类土在井内抽水时易发生流砂现象，造成沉井倾斜。

（3）沉井下沉过程中遇到大的孤石、树干或井底岩层表面倾斜过大，下沉困难，均会增加施工难度。

三、沉井设计原则

沉井平面尺寸及其形状与高度，应根据墩台的地面尺寸、地基承载力及施工要求，力求结构简单对称、受力合理、施工方便。总体说来有以下方面的要求：沉井棱角处宜做成圆角或钝角，沉井的长短边之比越小越好，沉井应该分节制作。

1. 沉井轮廓尺寸方面的要求

作为基础的沉井，其平面形状常取决于结构物底部的形状。对于矩形沉井，为保证下沉的稳定性，纵、横向刚度相差不宜太大，沉井的长短边之比不宜大于 3。若结构物的长宽比较接近，可采用方形或圆形沉井。沉井顶面尺寸为结构物底部尺寸加襟边宽度。襟边宽度不宜小于 0.2 m，且大于沉井全高的 1/50，浮运沉井则不应小于 0.4 m；如沉井顶面需设置围堰，其襟边宽度根据围堰构造还需加大。结构物边缘应尽可能支承于井壁上或顶板支承面上，对井孔内未采取混凝土填实的空心沉井，不允许结构物边缘全部置于井孔位置上。

2. 沉井的入土深度要求

沉井的入土深度须根据上部结构、水文地质条件及各土层的承载力等确定。若沉井入土深度较大，应分节制造和下沉，每节高度不宜大于 5 m；当底节沉井在松软土层中下沉时，还不应大于沉井宽度的 0.8 倍；若底节沉井高度过高，沉井过重，将给制模、筑岛时岛面处理、下沉前抽除垫木等施工带来困难。

四、沉井基础的适用条件

（1）上部荷载较大，而表层地基土的容许承载力不足，扩大基础开挖工作量大，以及支撑困难，但在一定深度下有好的持力层，采用沉井基础与其他深基础相比较，经济上较为合理时。

（2）在山区河流中，土质虽好，但冲刷大或河中有较大卵石不便桩基础施工时。

（3）岩层表面较平坦且覆盖层薄，但河水较深，采用扩大基础施工围堰制作有困难时。

第二节　沉井的类型和构造

一、沉井基础的分类

（一）按沉井外观形状分类

1. 按平面形状划分

沉井按外观形状分类，在平面上可分为单孔沉井，单排孔沉井或多排孔沉井的圆形、矩形、圆端沉井及网格形沉井。单孔沉井的孔形有圆形、正方形及矩形之分。单排孔沉井有两个或者两个以上的沉井，按使用要求，单排孔沉井也可以做成矩形、圆端形及组合形等形状。多排孔沉井有多个井孔，并在沉井内部设置数道纵横交叉的内隔墙，如图 4.3 所示。

（1）圆形沉井：圆形沉井形状对称、挖土容易、受力好，适用于河水主流方向易变的河流，但与墩、台截面形状适应性差，下沉不宜倾斜。

（2）矩形沉井：矩形沉井制作方便，但四角处的土不易挖除，河流水流也不顺，与墩、台截面形状适应性好，模板制作简单，下沉易产生倾斜。

（3）圆端形沉井：适用于圆端形的墩身，立模不便，但控制下沉与受力状态较矩形好。圆端形沉井兼有两者的优点也在一定程度上兼有两者的缺点，是土木工程中常用的基础类型。

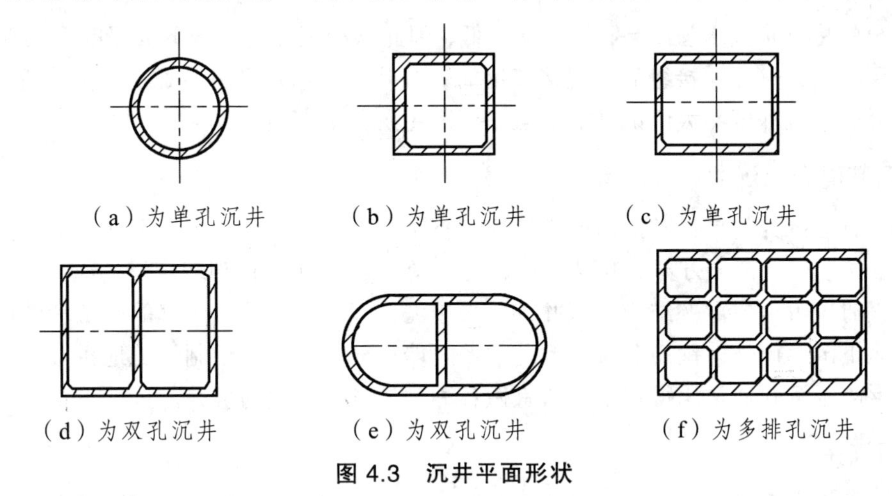

图 4.3　沉井平面形状

2．按立面形状划分

按沉井立面形状可以分为柱形（竖直式）、阶梯形（台阶式）、锥形（倾斜式）等，如图4.4所示。

（1）柱形沉井：柱形沉井井壁按横截面形状做成各种柱形且平面尺寸不随深度变化。特点是构造简单，挖土较均匀，井壁接长较简单，模板可重复使用。适用于土质较松软且沉井下沉深度不大时。

（2）阶梯形沉井：阶梯形沉井井壁平面尺寸随深度是台阶形加大，阶梯形井壁的台阶宽度约为10～20 cm，最底下一层的台阶高度 h_1 =（1/3～1/4）。特点是除底节外，其他各节井壁与土的摩擦力较小，但施工较复杂，消耗模板多。适合用于土质较密，沉井下沉深度大，要求在不增加沉井本身重量的情况下沉至设计标高时。

（3）锥形沉井：锥形沉井的外壁带有斜坡，可以减少土与井壁的摩阻力，井壁抗侧压力性能较为合理，但施工较复杂，消耗模板多，下沉易发生倾斜。通常锥形沉井井壁坡度为1/20～1/50。

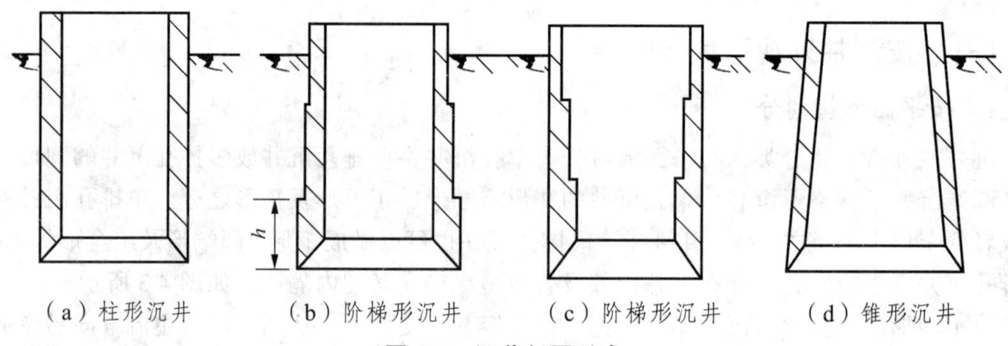

图4.4 沉井剖面形式

（二）按沉井的建筑材料分类

制作沉井的材料，可按下沉的深度、受荷载的大小，结合就地取材的原则选定。

1. 混凝土沉井

混凝土的特点是抗压强度高，抗拉能力低，因此这种沉井适用于下沉深度不大于4～7 m的松软土层，其井壁竖向接缝应设置接缝钢筋。沉井刃脚不宜采用混凝土结构。适宜用于圆形、小直径、下沉深度不大的沉井。缺点是混凝土沉井下沉时易开裂。

2. 钢筋混凝土沉井

钢筋混凝土沉井的抗拉及抗压能力较好，下沉深度可以很大；当下沉深度不很大时，井壁上部用混凝土，下部（刃脚）用钢筋混凝土，在桥梁工程中得到较广泛的应用。当沉井平面尺寸较大时，可做成薄壁结构，沉井外壁采用泥浆润滑套、壁后压气等施工辅助措施就地下沉或浮运下沉。此外，钢筋混凝土沉井井壁隔墙可分段（块）预制，工地拼接，做成装配式。钢筋混凝土沉井通常用得较多，适宜做各种类型各种用途的沉井。

3. 钢沉井

钢沉井是指用钢材制造沉井，强度高、重较轻、易于拼装，钢沉井多用于水中施工，宜于做浮运沉井，但用钢量大，国内较少采用。钢沉井分为钢板沉井和钢壳沉井。钢板沉井宜做成圆形、小型、临时沉井，自重轻，压重和水冲沉至设计标高。钢壳沉井适用做浮运沉井。

（三）沉井按下沉方式分类

沉井按下沉方式分有就地制造下沉的沉井与浮运沉井。

1. 就地制造下沉的沉井

这种沉井是在基础设计的位置上制造，然后挖土靠沉井自重下沉。如基础位置在水中，需先在水中筑岛，再在岛上筑井下沉。如沉井在浅水（水深小于 5 m）地段下沉，可填筑人工岛制作沉井，岛面应高出施工期的最高水位 0.5 m 以上，四周留出护道。当有一围堰时，其宽度不得小于 1.5 m；无围堰时，其宽度不得小于 2.0 m，如图 4.5 所示。筑岛材料应采用低压缩性的中砂、粗砂、砾石，不得用黏性土、细砂、撇泥、泥炭等，也不宜采用大块砾石。当水流速度超过一定规范数值时，需在边坡用草袋堆筑或用其他方法防护。当水深在 1.5 m，流速在 0.5 m/s 以内时，亦可直接用土填筑，而不用设围堰。

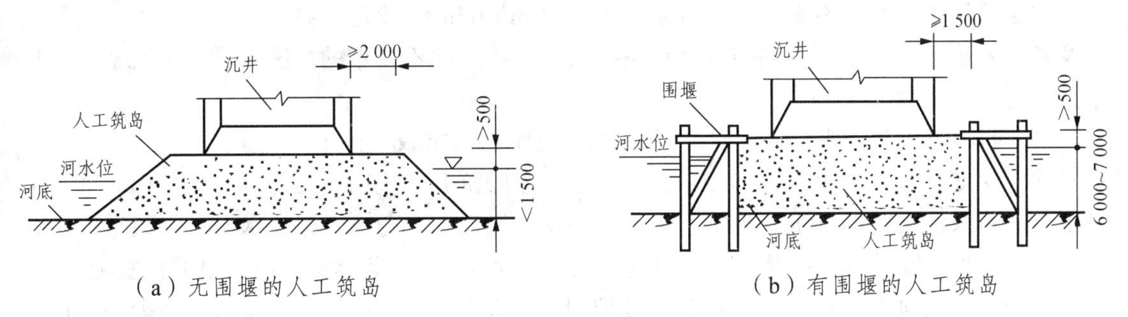

（a）无围堰的人工筑岛　　（b）有围堰的人工筑岛

图 4.5　水上筑岛沉井

2. 浮运沉井

在深水地区，筑岛有困难或不经济，或有碍通航，或河流流速大，可在岸边制筑沉井拖运到设计位置下沉，这类沉井叫浮运沉井。小型浮运沉井采用钢筋混凝土沉井，如图 4.6 所示。

图 4.6　海口世纪大桥沉井施工

（四）沉井按施工方法分类

沉井按施工方法分有不排水法下沉、排水法下沉、连续沉井法、不排水钻吸法下沉。

1. 不排水法下沉

此法适用于流砂严重的地层中和渗水量大的砂砾地层中，以及地下水无法排除或大量排水会影响附近建筑物的安全的情况。

不排水下沉方法有：

（1）用抓斗在水中取土下沉。

（2）用水力冲射器冲刷土，用空气吸泥机吸泥，或水力吸泥机抽吸水中泥土。

（3）用钻吸排土沉井工法下沉施工。其特点为，通过特制的钻吸机组，在水中对土体进行切削破碎。并同时完成排泥工作，使沉井下沉到达设计标高。钻吸排土沉井工法具有水中破土排泥效率高、劳动强度低、安全可靠等优点。

2. 排水法下沉

此法适用于渗水量不大（每平方米不大于 1 m^3/ min），稳定的黏性土（如黏土、亚黏土以及各种岩质土）或在砂砾层中渗水量虽很大，但排水并不困难的情况。排水下沉常用的排水方法有以下几种。

（1）明沟集水井排水。在沉井周围距离其刃脚 2 ~ 3 m 处挖一圈排水明沟，设置 3 ~ 4 个集水井，深度比地下水深 1 ~ 1.5 m，沟和井底深度随沉井挖土而不断加深，在井内或井壁上设水泵，将水抽出井外排走。为了不影响井内挖土操作和避免经常搬动水泵，一般采取在井壁上预埋铁件，焊接钢结构操作平台安设水泵，或设木吊架安设水泵，用草垫或橡胶板承垫，避免振动，如图 4.7 所示。水泵抽吸高度控制在不大于 5 m。如果井内渗水量很少，则可直接在井内设高扬程小潜水泵将地下水抽出井外。

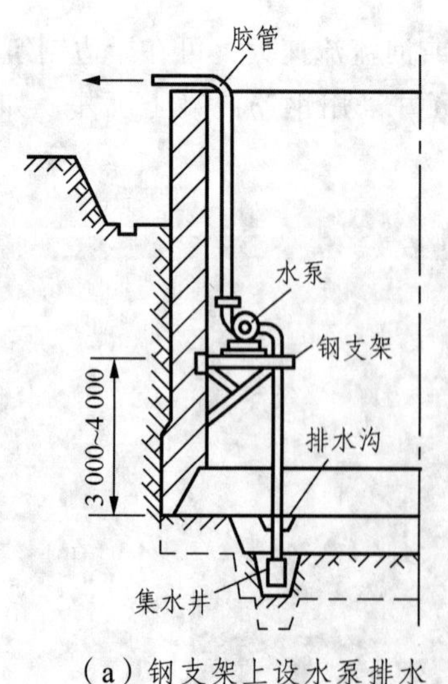

（a）钢支架上设水泵排水

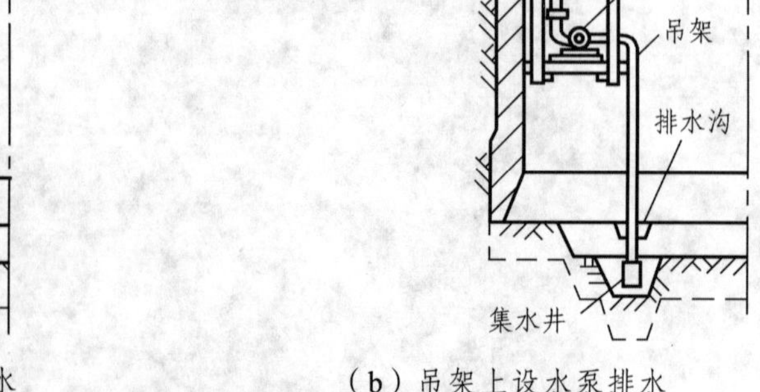

（b）吊架上设水泵排水

图 4.7 明沟直接排水法

（2）井点排水。在沉井周围设置轻型井点、电渗井点或喷射井点以降低地下水位。井点系统降水如图 4.8 所示，使井内保持干挖土。

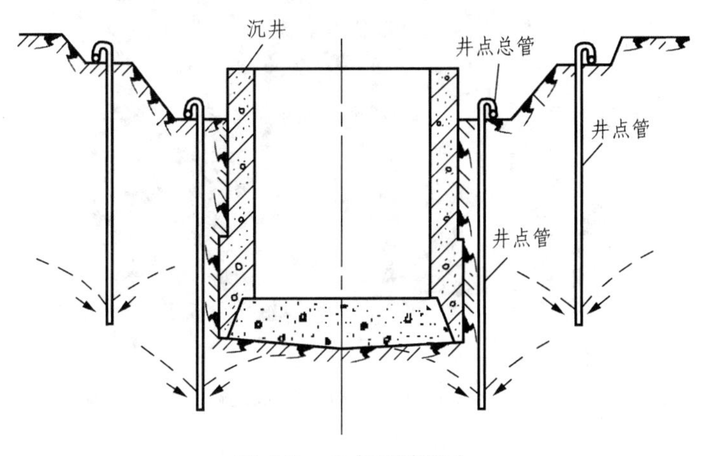

图 4.8　井点系统降水

（3）井点与明沟排水相结合的方法。在沉井上部周围设置井点降水，下部挖明沟集水并设泵排水，如井点与明沟排水相结合的方法，如图 4.9 所示。

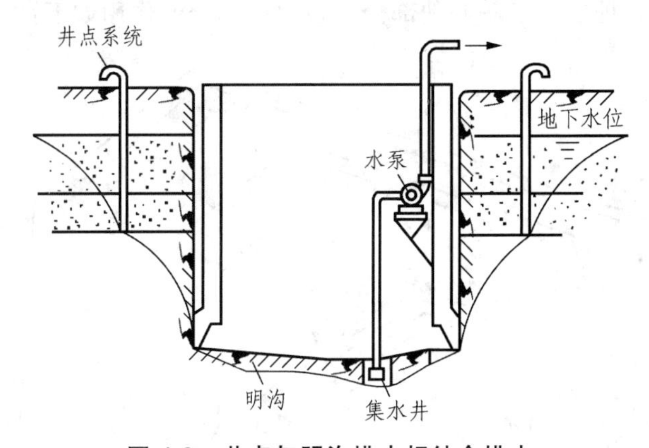

图 4.9　井点与明沟排水相结合排水

20 世纪 60 年代前，在市政工程中，凡用地与环境条件受到限制或埋深较大的地下构筑物，基本都采用排水下沉的沉井施工。井底开挖大都用人工挖土与卷扬机吊出的方法，由于缺少控制沉井平稳下沉的具体技术措施，致使时有突沉、偏沉、超沉和沉井周围地面坍陷的情况发生。针对这些问题，60 年代后，开始用触变泥浆填充井外周刃脚以上的空隙，并采取分层均匀开挖、严格控制沉井下沉速度和“锅底”开挖的深度及设框架底梁等措施，防止刃脚下土体出现大范围滑动区，使沉井平稳下沉，提高下沉的准确性和控制井周地面沉降的可靠性。

随着地基加固新技术的发展，在紧靠建筑物的沉井施工中，预先对井外周和井底土体进行加固，使沉井在下沉中不影响周围建筑物。比如，在设计要求排水下沉深 11.65 m 的宜川路泵站沉井时，泵站离苏州河驳岸墙较近，两侧又有厂房等建筑物，而且沉井又须穿过含水砂性土层；为确保安全，在沉井外周敷设井点，井点外围再设置旋喷桩防水帷幕，并在帷幕内降水，帷幕外灌水，有效地控制周围厂房和苏州河驳岸的沉降和开裂。如图 4.10 为沉井排水施工作业。

图 4.10 沉井排水法下沉施工

二、沉井基础的构造

沉井一般由井壁（侧壁）、刃脚、内隔墙、井孔、凹槽、封底和顶盖板等组成，如图 4.11 所示。有时井壁中还预埋射水管等其他部分。各组成部分的作用如下：

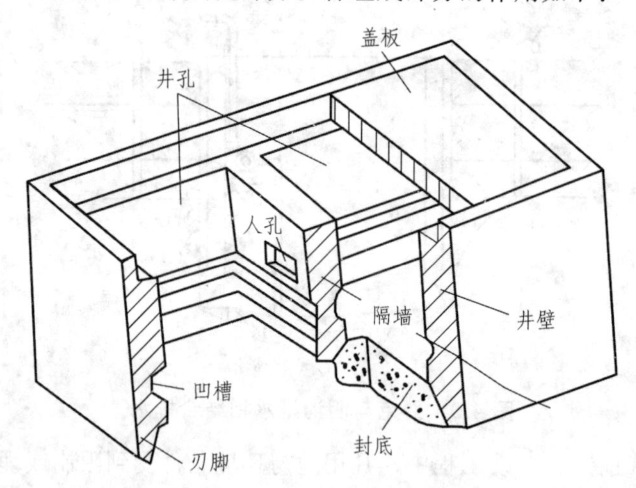

图 4.11 沉井的一般构造

1. 井壁

井壁是沉井的主要部分，下沉过程中起挡土、隔水及克服阻力的作用，为深基础的护壁和建筑物的基础。当沉井施工完毕后，它就成为基础或基础的一部分而将上部荷载传递给地基。因此，井壁应有足够的厚度与强度，以承受在下沉过程中各种最不利荷载组合（水土压力）所产生的内力，混凝土强度等级宜大于 C20。同时，要有足够厚度，提供充足重量，使沉井能在自重作用下顺利下沉到设计高程。

设计时通常先假定井壁厚度，再进行强度的验算。一般井壁厚度为 0.7 ~ 1.2 m，甚至达 1.5 ~ 2.0 m，最薄不宜小于 0.4 m（钢筋混凝土薄壁沉井及钢模薄壁浮运沉井可不受此限制）。对于薄壁沉井，应采用触变泥浆润滑套、壁外喷射高压空气等减阻助沉措施，以降低沉井下沉时的摩阻力，达到减薄井壁厚度的目的。但对于这种薄壁沉井的抗浮问题，应谨慎核算，并采取适当有效的措施。

2. 刃脚

井壁下端一般都做成刀刃状的“刃脚”，其作用是减少下沉阻力。刃脚应具有足够的强度（刃脚混凝土强度等级宜大于 C20），以免在下沉过程中损坏。刃脚底水平面称为踏面（宽度一般为 10 ~ 20 cm），如图 4.12 所示。刃脚斜面与水平面交角应大于 45°（一般为 45° ~ 60°）。为防止损坏，刃脚底面应以型钢（角钢或槽钢）加强，刃脚斜面高度视井壁厚度、便于抽除踏面下的垫木以及封底状况（是干封、还是湿封）综合确定，一般不小于 1.0 m，如图 4.13 所示。刃脚的式样应根据沉井下沉时所穿越土层的软硬程度和刃脚单位长度上的反力大小决定，沉井重、土质软时，踏面要宽些；相反，沉井轻，又要穿过硬土层时，踏面要窄些，有时甚至要用角钢加固的钢刃脚。

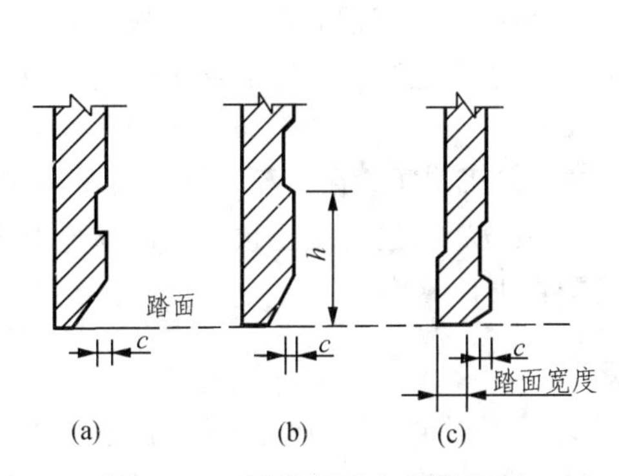

图 4.12　刃脚踏面宽度示意图

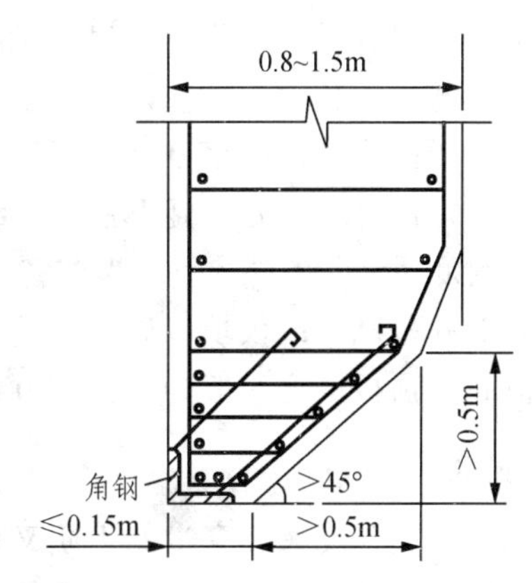

图 4.13　刃脚构造示意图

3. 内隔墙

根据使用和结构上的需要，在沉井井筒内设置内隔墙。内隔墙的主要作用是增加沉井在下沉过程中的刚度，减小井壁受力（弯拉）的计算跨度。同时，又把整个沉井分隔成多个施工井孔（取土井），使挖土和下沉可以较均衡地进行，也便于沉井偏斜时的纠偏。内隔墙因不承受水土压力，厚度相对沉井外壁要薄一些，为 0.5 ~ 1.0 m。隔墙底面应高出刃脚踏面 0.5 m 以上，避免被土搁住而妨碍下沉。如为人工挖土，还应在隔墙下端设置过人孔（小于 1.0 m × 1.0 m），以便工作人员在井孔间往来。

4. 凹槽

凹槽设置在刃脚上方井壁内侧，其作用是使封底混凝土和底板与井壁间有更好的联结，以传递基底反力。凹槽的高度应根据底板厚度决定，主要为传递底板反力而采取的构造措施。凹槽底面一般距刃脚踏面 2.5 m 左右，槽高约 1.0 m，凹入深度为 150 ~ 250 mm。

5. 井孔

沉井内设置的内隔墙或纵横隔墙或纵横框架间形成的格子空间称作井孔，为挖土、排土的工作场所和通道，平面尺寸应满足工艺要求，最小边长（或直径）一般不小于 3.0 m，且一般不超过 5 ~ 6 m，其布置应简单、对称，以便对称挖土，保证沉井下沉均匀，如图 4.14 所示。

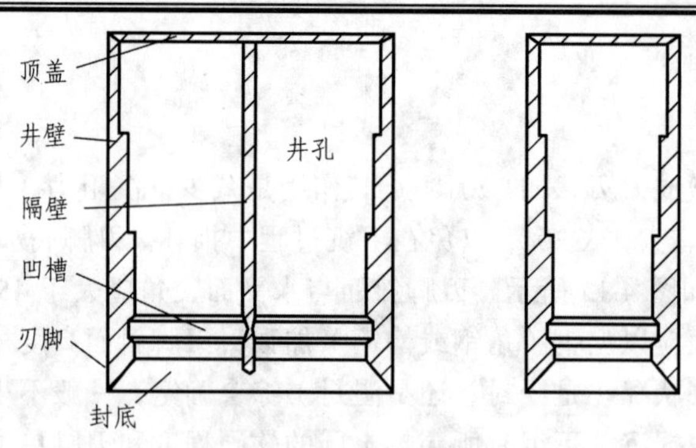

图 4.14　井孔造示意图

6. **及盖板**

当沉井下沉到设计高程，经过技术检验并对井底清理整平后，即可封底，以防止地下水渗入井内。常于刃脚上方井壁内侧预留凹槽，以便在该处浇筑钢筋混凝土底板和井内结构。封底混凝土顶面应高出凹槽 0. 5 m，以保证封底工作顺利进行。封底混凝土强度等级一般不低于 C15，井孔内填充的混凝土强度等级不低于 C10。

沉井封底后，若条件允许，为节省圬工量，减轻基础自重，在井孔内可不填充任何东西，做成空心沉井基础，或仅填以砂石。此时，须在井顶设置钢筋混凝土顶板，以承托上部结构的全部荷载。顶板厚度一般为 1.5 ~ 2.0 m，钢筋配置由计算确定。

7. **射水管**

当沉井下沉深度大，穿过的土质又较好，估计下沉困难时，可在井壁中预埋射水管组。射水管应均匀布置，以利于控制水压和水量来调整下沉方向，一般水压不小于 600 kPa。如使用触变泥浆润滑套施工方法时，应预先设置压射泥浆管路。

第三节　沉井的施工

一、沉井基础的施工

（一）旱地上沉井的施工

旱地上沉井的施工主要包括下面一些施工工艺：场地平整、制造第一节沉井、拆模及抽垫、挖土下沉、接高沉井、地基检验和处理、封底、充填井孔及浇筑顶盖，等等。

（二）水中沉井的施工

1. **筑岛法**

当水深小于 3 m，流速≤1.5 m/s 时，可采用砂或砾石在水中筑岛，周围用草袋围护；若水深或流速加大，可采用围堤防护筑岛；当水深较大（通常<15 m）时或流速较大时，宜采用钢板桩围堰筑岛。岛面应高出最高施工水位 0.5 m 以上，砂岛地基强度应符合要求。其余

施工方法与旱地沉井施工相同。

2. 浮运沉井施工

若水深（如大于 10 m），人工筑岛困难或不经济时，可采用浮运法施工。即将沉井在岸边做成空体结构，或采用其他措施（如带钢气筒等）使沉井浮于水上，利用在岸边铺成的滑道滑入水中，然后用绳索牵引至设计位置。在悬浮状态下，逐步将水或混凝土注入空体中，使沉井徐徐下沉至河底。若沉井较高，需分段制造，在悬浮状态下逐节接长下沉至河底，但整个过程应保证沉井本身稳定。当刃脚切入河床一定深度后，即可按一般沉井下沉方法施工。

二、旱地沉井基础的施工工艺流程

（一）平整场地

要求施工场地平整干净。若天然地面土质较硬，只需将地表杂物清净并整平，就可在其上制造沉井。否则应采取浅层置换加固或在基坑处铺填一层不小于 0.5 m 厚夯实的砂或砂砾垫层，用打夯机夯实使之密实，厚度根据计算确定，如图 4.15 所示。

图 4.15　砂垫层施工完成图

加固或者夯实地层主要是防止沉井在混凝土浇筑之初因地面沉降不均产生裂缝。为减小下沉深度，也可挖一浅坑，在坑底制作底节沉井，但坑底应高出地下水面 0.5 ~ 1.0 m。

（二）第一节（底节）沉井的制作

制造沉井前，应先在刃脚处对称铺满垫木，以支承第一节沉井的重量，并按垫木定位立模板以绑扎钢筋。垫木数量可按垫木底面压力不大于 100 kPa 计算，其布置应考虑抽垫方便。垫木一般为枕木或方木（200 mm × 200 mm），其下垫一层厚约 0.3 m 的砂找平，垫木之间间隙用砂填实（填到半高即可），然后在刃脚位置处放上刃脚角钢，竖立内模（见图 4.16），绑扎钢筋，再立外模浇筑第一节沉井。模板应有较大刚度，以免挠曲变形。

当地基土质较好，宜分节一次制作完成，然后下沉；对于较高（≥12 m）的沉井应先挖下 3 ~ 4 m 土方，在基坑中一次制作下沉，或分节制作，分节下沉，以减少沉井自由高度，增加稳定，防止倾斜。

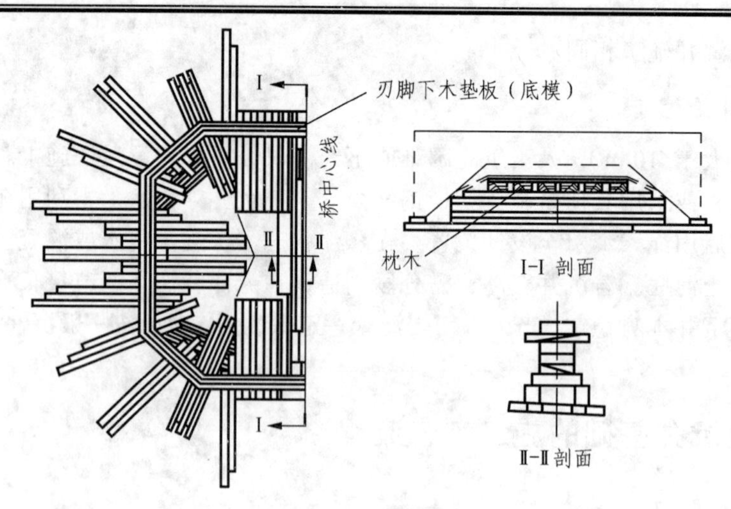

图 4.16 沉井垫木

（a）圆形沉井垫木；（b）矩形沉井垫木

沉井制作宜采取在刃脚下设置木垫架或砖垫座的方法，其大小和间距应根据荷重计算确定。安设钢刃脚时，要确保外侧与地面垂直，以使其起切土导向作用。沉井刃脚及筒身混凝土的浇筑应分段、对称均匀、连续进行，防止发生倾斜、裂缝。浇筑的筒身混凝土应密实，外表面平整、光滑。有防水要求时，支设模板穿墙螺栓应在其中间加焊止水环；筒身在水平施工缝处，应设凸缝或设钢板止水带，突出筒壁面部分，应在拆模后铲平，以利防水和下沉。图 4.17 所示为沉井立模施工，图 4.18 所示为钢筋绑扎施工。

图 4.17 沉井立模图

图 4.18 钢筋绑扎图

（三）拆模及抽垫

（1）拆模。混凝土达到设计强度的 25%时可以拆除内外侧模，达到设计强度的 75%时可拆除隔墙底面和刃脚面模板。

（2）抽垫。混凝土达设计强度后方可抽撤垫木。抽撤垫木应分区、依次、对称、同步地向沉井外抽出。其顺序为：先内壁下，再短边，再长边，最后定位垫木。长边下垫木隔一根抽一根，以固定垫木为中心，由远而近对称地抽，最后抽除固定垫木，并随抽随用砂土回填捣实，以免沉井开裂、移动或偏斜。

（四）沉井挖土下沉

沉井宜采用不排水挖土下沉，在稳定的土层中，也可采用排水挖土下沉。挖土方法可采用人工或机械挖土，排水下沉常用人工挖土。人工挖土可使沉井均匀下沉，且易于清除井内障碍物，但应有安全措施。不排水下沉时，可使用空气吸泥机、抓土斗、水力吸石筒、水力吸泥机等挖土。通过黏土或胶结层挖土困难时，可采用高压射水破坏土层。沉井正常下沉时，应自中心向刃脚处均匀对称除土，排水下沉时应严格控制设计支承点土的排除，并随时注意沉井正位姿态，保持竖直下沉，无特殊情况不宜采用爆破施工。

1. 排水下沉挖土

（1）普通土层。从沉井中间开始逐渐挖向四周，每层挖土厚 0.4 ~ 0.5 m，在刃脚处留 1 ~ 1.5 m 台阶，然后沿沉井壁每 2 ~ 3 m—段，向刃脚方向逐层全面、对称、均匀地开挖土层，每次挖去 5 ~ 10 cm，当土层经不住刃脚的挤压而破裂，沉井便在自重作用下均匀破土下沉，如图 4.18 所示。当沉井下沉很少或不不沉时，可再从中间向下挖 0.4 ~ 0.5 m，并继续向四周均匀掏挖，使沉井平稳下沉。当在数个井孔内挖土时，为使其下沉均匀，孔格内挖土高差不得超过 1.0 m。刃脚下部上方应边挖边清理。

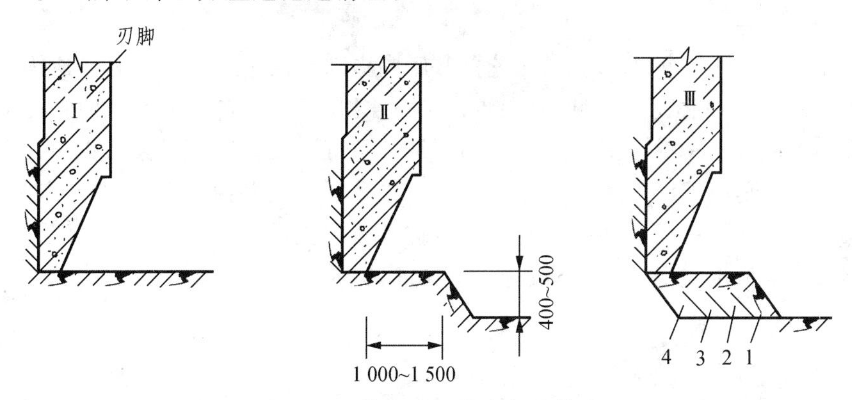

图 4.19　普通土层排水下沉挖土

（2）砂夹卵石层或硬土层。可按图 4.20 所示方法挖土，当土垅挖至刃脚，沉井仍不下沉或下沉不平稳，则须按平面布置分段的次序逐段对称地将刃脚下挖空，并挖出刃脚外壁约 10 cm，每段挖完用小卵石填塞夯实，待全部挖空回填后，再分层去掉回填的小卵石，可使沉井均匀减少承压面而平衡下沉，如图 4.20 所示。

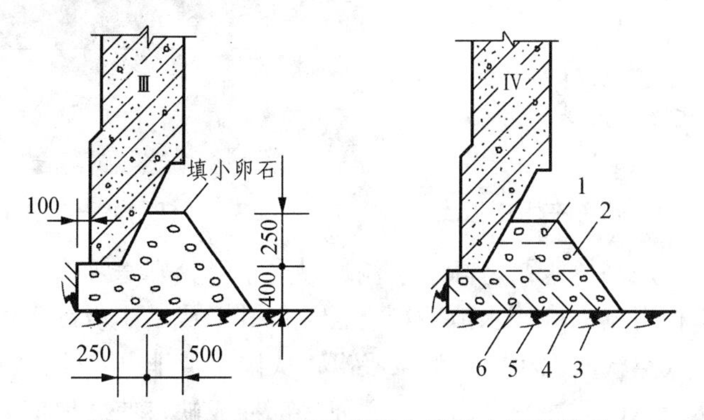

图 4.20　砂夹卵石层或硬土层排水下沉挖土

（3）岩层风化或软质岩层。可用风镐或风铲等按图 4.19 的次序开挖。较硬的岩层可按图 4.21 所示顺序进行，在刃脚口打炮孔，进行松动爆破，炮孔深 1.3 m，以 1 m×1 m 梅花形交错排列，使炮孔伸出刃脚口外 15 ~ 30 cm，以便开挖宽度可超出刃脚口 5 ~ 10 cm，下沉时，顺刃脚分段顺序，每次挖 1 m 宽即进行回填，如此逐段进行，至全部回填后，去除土堆，使沉井平稳下沉。

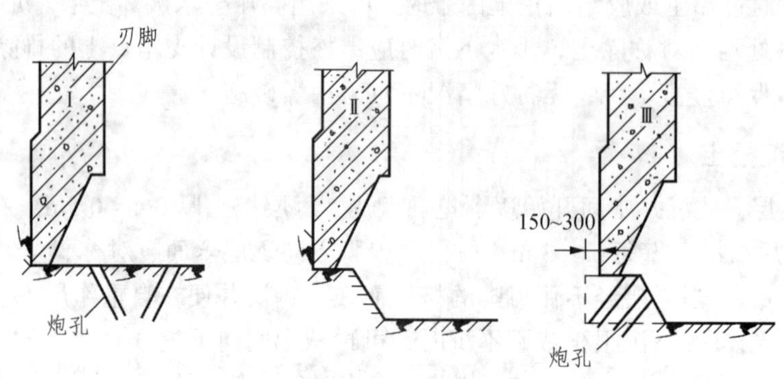

图 4.21　岩层风化或软质岩层排水下沉挖土

2. 不排水下沉挖土

（1）抓斗挖土。用起重机吊住抓斗挖掘井底中央部分的土，使沉井底形成锅底。在砂或砾石类土中。一般当锅底比刃脚低 1 ~ 1.5 m 时，沉井即可靠自重下沉，而将刃脚下的土挤向中央锅底。再从井孔中继续抓土，沉井即可继续下沉。在黏质土或紧密土中，刃脚下的土不易向中央塌落，则应配以射水管松土，如图 4.22 所示。沉井由多个井孔组成时，每个井孔宜配备一台抓斗。如用一台抓斗抓土时，应对称逐孔轮流进行，使其均匀下沉，各井孔内土面高差应不大于 0.5 m。沉井挖土下沉施工如图 4.23 所示。

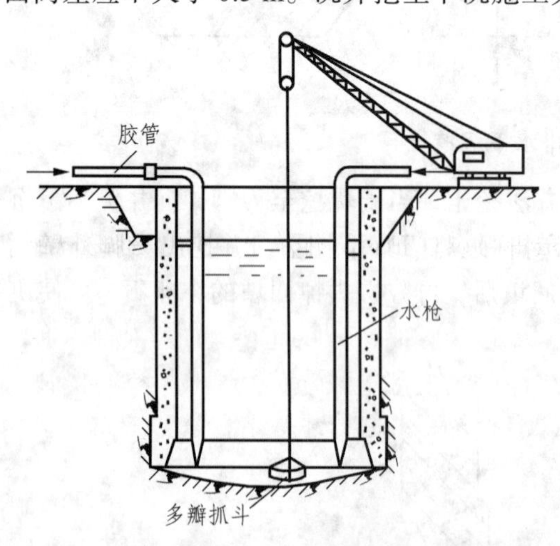

图 4.22　用水枪冲土、抓斗在水中抓土

图 4.23　长江引水一期工程沉井挖土下沉

水力机械冲土。使用高压水泵将高压水流通过进水管分别送进沉井内的高压水枪和水力吸泥机，利用高压水枪射出的高压水流冲刷土层，使其形成一定稠度的泥浆汇流至集泥坑，然后用水力吸泥机（或空气吸泥机）将泥浆吸出，从排泥管排出井外，如图 4.23 所示。冲黏性土时，宜使喷嘴接近 90°角冲刷立面，将立面底部冲成缺口使之塌落。取土顺序为先中央

后四周，并沿刃脚留出土台，最后对称分层冲挖，不得冲空刃脚踏面下的土层。施工时，应使高压水枪冲入井底的泥浆量和渗入的水量与水力吸泥机吸出的泥浆量保持平衡。

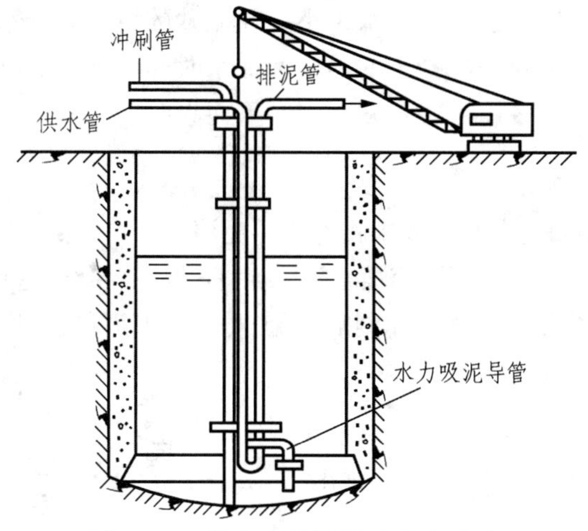

图 4.24　用水力吸泥器在水中冲土

（五）接高沉井

当第一节沉井下沉至一定深度（井顶露出地面不小于 0.5 m，或露出水面不小于 1.5 m）时，停止挖土，接筑下节沉井。接筑前刃脚不得掏空，并应尽量纠正上节沉井的倾斜，凿毛顶面、立模，然后对称均匀浇筑混凝土，待强度达设计要求后再拆模继续下沉。

（六）设置井顶防水围堰

若沉井顶面低于地面或水面，应在井顶接筑临时性防水围堰，围堰的平面尺寸略小于沉井，其下端与井顶上预埋锚杆相连。井顶防水围堰应因地制宜，合理选用，常见的有土围围堰和钢板桩围堰。若水深流急，围堰高度大于 5.0 m 时，宜采用钢板桩围堰。

（七）基底检验和处理

沉井沉至设计高程后，应检验基底地质情况是否与设计相符。排水下沉时可直接检验，不排水下沉则应进行水下检验，必要时可用钻机取样进行检验。当基底达设计要求后，应对地基进行必要的处理。砂性土或黏性土地基，一般可在井底铺一层砾石或碎石至刃脚底面以上 200 mm。未风化岩石地基，应凿除风化岩层，若岩层倾斜还应凿成阶梯形。要确保井底地基尽量平整，浮土、软土清除干净，以保证封底混凝土、沉井与地基结合紧密。

（八）沉井封底

沉井下沉至设计标高，再经 2 ~ 3 d 下沉稳定，或经观测在 8 h 内累计下沉量不大于 10 mm，即可进行封底。沉井封底分干封底（排水封底）和水下封底（不排水封底）两种。

1. 排水封底

排水封底是将新老混凝土接触面冲刷干净或打毛，对井底进行修整，使之成锅底形，由刃脚向中心挖成放射形排水沟，填以卵石作成滤水暗沟，在中部设 1 ~ 4 个集水井，深 1 ~ 2 m，井间用盲沟相互连通，插入 DN600 ~ DN800 四周带孔眼的短钢管或混凝土管，管周填以卵石，使井底的水流汇集在井中，用泵排出，如图 4.25 所示，并保持地下水位低于井内基底面 0.3 m。

排水封底适用于基底透水性低、涌水量小、无流砂的情况。排水封底的优势在于混凝土强度和密实性好，省去水下封底混凝土的养护和抽水时间。新浇混凝土底板未达强度不得承受地下水压力，排水封底法多用于集水井。沉井重而大时，可分格下沉，先角后中。

2. **不排水封底**

不排水封底即在水下进行封底。要求将井底浮泥清除干净，新老混凝土接触面用水冲刷干净，并铺碎石垫层。封底混凝土用导管法灌注。待水下封底混凝土达到所需要的强度后，即养护 7 ~ 10 d，方可从沉井中抽水，按排水封底法施工上部钢筋混凝土底板，如图 4.26 所示。

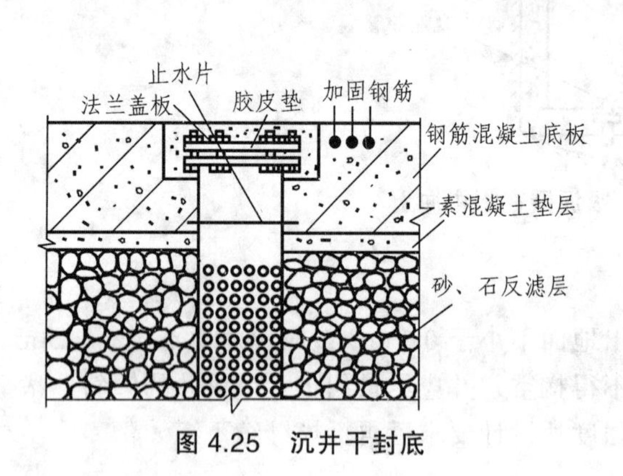

图 4.25　沉井干封底

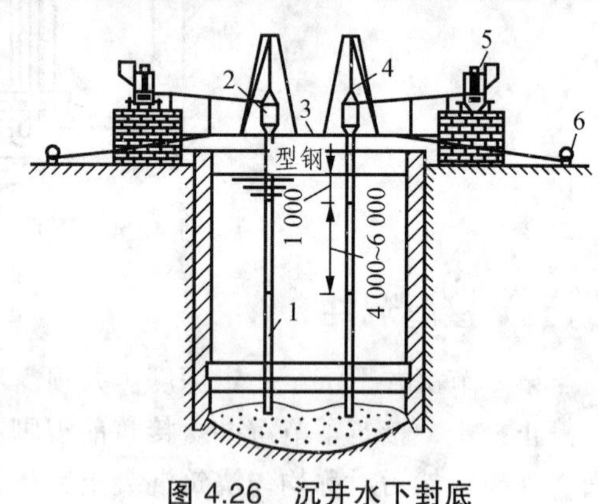

图 4.26　沉井水下封底

1—导管；2—漏斗；3—平台；4—滑轮组；5—搅拌机；6—卷扬机

（九）井孔填充和顶板浇筑

封底混凝土达设计强度后，再排干井孔中的水，填充井内圬工。如井孔中不填料或仅填砾石，则井顶应浇筑钢筋混凝土顶板，以支承上部结构，且应保持无水施工。然后砌筑井上构筑物，并随后拆除临时性的井顶围堰。

第四节　沉井施工的问题分析

沉井在制作、下沉施工和封底施工中都会遇到一系列问题，如何发现问题、分析问题、解决问题，提高沉井基础的施工质量，保证结构物的稳定性，下面简单介绍如下。

一、沉井制作中的问题分析

（一）外壁粗糙、鼓胀

1. **现　象**

沉井浇筑混凝土脱模后，外壁表面粗糙、不光滑，尺寸不准，出现鼓胀，增大了与土的摩阻力，影响顺利下沉。

2. 原因分析

（1）模板不平整，表面粗糙或粘有水泥砂浆等杂物未清理干净，脱模时，混凝土表层被粘脱。

（2）采用木模板，浇筑混凝土前未浇水湿润或湿润不够，混凝土水分被吸去，致使混凝土失水过多，疏松脱落形成粗糙面。

（3）采用钢模板支模，未刷或局部漏刷隔离剂，拆模时，表皮被钢模板粘脱。

（4）模板接缝、拼缝不严密，使混凝土中水泥浆流失，而使表面粗糙；或混凝土振捣不密实，部分气泡留在模板表面，混凝土形成粗糙面。

（5）筒壁模板局部支撑不牢，或支撑刚度差，或支撑在松软土地基上；浇筑混凝土时模板受振，或地基浸水下沉，造成局部模板松开，外壁鼓胀。

（6）混凝土未分层浇筑，振捣不实，漏振或下料过厚，振捣过度，造成模板变形，筒壁表面出现蜂窝、麻面或鼓胀。

3. 预防方法

（1）模板应经平整，板面应清理干净，不得粘有干硬水泥砂浆等杂物。

（2）木模板在浇筑混凝土前，应充分浇水湿润，清洗干净；钢模脱模剂要涂刷均匀，不少于两遍，不得漏刷。

（3）模板接缝、拼缝要严密，如有缝隙，应用油毡条、塑料条、纤维板或刮腻子堵严，防止漏浆。

（4）模板必须支撑牢固，支撑应有足够的刚度；如支撑在软土地基上应经加固，并有排水措施，防止浸泡。

（5）混凝土应分层均匀浇筑，严防下料过厚及漏振、过振，每层混凝土均应振捣至气泡排除为止。

4. 治理方法

井筒外壁粗糙、鼓胀主要是增大了下沉摩阻力，影响下沉，应加以修整。即将粗糙部位用清水刷洗，充分湿润后，用素水泥浆或 1∶3 水泥砂浆抹光。鼓胀部分应将凸出部分凿去、洗净，湿润后亦用素水泥浆或 1∶3 水泥砂浆抹光处理。

（二）井筒裂缝

1. 现　象

井筒制作完毕，在沉井壁上出现纵向或水平裂缝，有的出现在隔墙上或预留孔的四角。

2. 原因分析

（1）沉井支设在软硬不均的土层上，未进行加固处理，井筒浇筑混凝土后，地基出现不均匀沉降造成井筒裂缝。

（2）沉井支设垫木（垫架）位置不当，或间距过大，使沉井早期出现过大弯曲应力而造成裂缝。

（3）拆模时垫木（垫架）未按对称均匀拆除，或拆除过早，强度不够，使沉井局部产生过大拉应力，导致出现纵向裂缝。

（4）沉井筒壁与内隔墙荷载相差悬殊，沉陷不均，产生了较大的附加弯矩和剪应力造成裂缝；而洞口处截面削弱，强度较低，应力集中，常导致在洞口两侧产生裂缝。

（5）矩形沉井外壁较厚，刚度较大，而内隔墙相对较薄、较弱，因温差导致收缩，内隔墙被外壁约束而出现温度收缩裂缝。

3. 预防措施

（1）遇软硬不均的地基应作砂垫层或垫褥处理，使其受力均匀，荷载应在地基允许承载力范围以内。

（2）沉井刃脚处支设垫木（垫架）位置应适当，并使地基受力均匀。垫木（垫架）间距应通过计算确定，应使支点和跨中发生的拉应力彼此相等，并应验算沉井壁在垂直均布荷载作用下的弯矩、剪力、扭矩（对圆形沉井），使其不超过沉井壁的垂直抗拉强度。拆除垫架，大型沉井应达到设计强度的100%，小型沉井达到70%。

（3）拆除刃脚垫木（垫架）应分区、分组、依次、对称、同步地进行，先抽除一般垫木（垫架），后拆除定位垫架。

（4）沉井筒壁与内隔墙支模应使作用于地基的荷载基本均匀；对沉井孔洞薄弱部位，应在四角增设斜向附加钢筋加强。

（5）矩形沉井在外壁与内隔墙交接处应适当配置温度构造钢筋。

4. 治理方法

（1）对表面裂缝，可采用涂两遍环氧胶泥或再加贴环氧玻璃布，以及抹、喷水泥砂浆等方法进行处理。

（2）对缝宽大于 0.1 mm 的深进或贯穿性裂缝，应根据裂缝可灌程度采用灌水泥浆或化学浆液（环氧或甲凝浆液）的方法进行裂缝修补，或者采用灌浆与表面封闭相结合的方法。

（3）对缝宽小于 0.1 mm 的裂缝，可不处理或只作表面处理即可。

（三）井筒歪斜

1. 现　象

井筒浇筑混凝土后，筒体出现歪斜现象，影响沉井下沉的垂直度控制。

2. 原因分析

（1）沉井制作场地土质软硬不均匀，事前未进行地基处理，筒体混凝土浇筑后产生不均匀下沉。

（2）沉井一次制作高度过大，重心过高，易产生歪斜。

（3）沉井制作质量差，刃脚不平，井壁不垂直，刃脚和井壁中心线不垂直，使刃脚失去导向功能。

（4）拆除刃脚垫架时，没有采取分区、依次、对称、同步地抽除承垫木。抽除后又未及时回填夯实，或井外四周的回填土夯实不均，致使沉井在拆垫架后出现偏斜。

3. 预防措施

（1）沉井制作场地应先经清理平整夯（压）实，如土质不良或软硬不均，应全部或局部进行地基加固处理（如设砂垫层、灰土垫层等）。

（2）沉井制作应控制一次最大浇筑高度在 12 m 以内，以保持重心稳定。

（3）严格控制模板、钢筋、混凝土质量，使井壁外表面光滑，井壁垂直。各部尺寸在规范允许偏差范围以内。

（4）抽除沉井刃脚下的承垫木，应分区、分组、依次、对称、同步地进行。每次抽出垫木后，刃脚下应立即回填砂砾或碎石，并夯打密实，井外回填土应夯实均匀；定位支点处的垫木，应最后同时抽除。

4. 治理方法

井筒已歪斜，可在开始下沉时，采取在歪斜相反方向，刃脚较高部位的一侧加强挖土，在歪斜的方向较低的一侧少挖土来纠正。

二、沉井下沉施工中的问题分析

（一）沉井下沉过快

1. 现　象

沉井下沉速度超过挖土速度，出现异常情况，施工难以控制。

2. 原因分析

（1）遇软弱土层，土的承载力很低，使下沉速度超过挖土速度。

（2）长期抽水或因砂的流动，使井壁与土的摩阻力下降。

（3）沉井外部土体出现液化。

3. 预防措施

（1）发现下沉过快，可重新调整挖土，在刃脚下不挖或部分不挖土。

（2）将排水法改为不排水法下沉，增加浮力。

（3）在沉井外壁间填粗糙材料，或将井筒外的土夯实，增大摩阻力。

4. 治理方法

可用木垛在定位垫架处给以支承，以减缓下沉速度。如沉井外部土液化出现虚坑时，可填碎石处理。

（二）沉井下沉过慢

1. 现　象

沉井下沉速度很慢，甚至出现不下沉的现象。

2. 原因分析

（1）沉井自重不够，不能克服四周井壁与土的摩阻力和刃脚下土的正面阻力。

（2）井壁制作表面粗糙，高低不平，与土的摩阻力加大。

（3）向刃脚方向削土深度不够，正面阻力过大。

（4）遇孤石或大块石等障碍物，沉井局部被搁住，或刃脚被砂砾挤实。

（5）遇摩阻力大的土层，未采取减阻措施，或减阻措施遭到破坏，侧面摩阻力增大。

（6）在软黏性土层中下沉，因故中途停沉过久，侧压力增大而使下沉过慢或停沉。

3. 预防措施

（1）沉井制作应严格按设计要求和工艺标准施工，保持尺寸准确，表面平整光滑。使沉井有足够的下沉自重，下沉前进行分阶段下沉系数 x 的计算（x 值应控制不小于 1.10 ~ 1.25），或加大刃脚上部空隙。

（2）在软黏性土层中，对下沉系数不大的沉井，采取连续挖土，连续下沉，中间停歇时间不要过长。

（3）在井壁上预埋射水管，遇下沉缓慢或停沉时，进行射水以减少井壁与土层之间的摩阻力。在井壁周围空隙中充填触变泥浆（膨润土 20%、火碱 5%、水 75%）或黄泥浆，以降低摩阻力，并加强管理，防止泥浆流失。

4. 治理方法

（1）如因沉井侧面摩阻力过大造成，一般可在沉井外侧用 0.2 ~ 0.4 MPa 压力水流动水针（或胶皮水管）沿沉井外壁空隙射水冲刷助沉。下沉后，射水孔用砂子填满。

（2）在沉井上部加荷载，或继续浇筑上一节井壁混凝土，增加沉井自重使之下沉。

（3）将刃脚下的土分段均匀挖除，减少正面阻力；或继续进行第二层（深 40 ~ 50 cm）碗形破土，促使刃脚下土失稳下沉。

（4）对于不排水下沉，则可以进行部分抽水，以减少浮力，借以加重沉井。

（5）遇小孤石或块石搁住，可将四周土挖空后取出；对较大孤石或块石，可用炸药或静态破碎剂进行破碎，然后清除。如果采用不排水下沉，则应由潜水员进行水下清理。

（6）遇硬质胶结土层时，可用重型抓斗或加大水枪的射水压力和水中爆破联合作业；也可用钢轨冲击破坏后，再用抓斗抓出。

（7）如因沉井四壁减阻措施被破坏，应设法恢复。

（8）采用振动装置（振动锤或振动器）振动井壁，以减低摩阻力，但仅限于小型沉井使用。

（三）瞬间突沉

1. 现　象

沉井在瞬时间内失去控制，下沉量很大，或很快，出现突沉或急剧下沉，严重时往往使沉井产生较大的倾斜或使周围地面塌陷。

2. 原因分析

（1）在软黏土层中，沉井侧面摩阻力很小，当沉井内挖土较深，或刃脚下土层掏空过多，使沉井失去支撑，常导致突然大量下沉，或急剧下沉。

（2）当黏土层中挖土超过刃脚太深，形成较深锅底，或黏土层只局部挖除，其下部存在的砂层被水力吸泥机吸空时，刃脚下的黏土一旦被水浸泡而造成失稳，会引起突然塌陷，使沉井突沉。当采用不排水下沉，施工中途采取排水迫沉时，突沉情况尤为严重。

（3）沉井下遇有粉砂层，由于动水压力的作用，向井筒内大量涌砂，产生流砂现象，而造成急剧下沉。

3. 预防措施

（1）在软土地层下沉的沉井可增大刃脚踏面宽度，或增设底梁以提高正面支承力；挖土时，在刃脚部位宜保留约 50 cm 宽的土堤，控制均匀削土，使沉井挤土缓慢下沉。

（2）在黏土层中严格控制挖土深度（一般为 40 cm）不能太多，不使挖土超过刃脚，可避免出现深的锅底将刃脚掏空。黏土层下有砂层时，防止把砂层吸空。

（3）控制排水高差和深度，减小动水压力，使其不能产生流砂或隆起现象；或采取不排水下沉的方法施工。

4. 治理方法

（1）加强操作控制，严格按次序均匀挖土，避免在刃脚部位过多掏空，或挖土过深，或排水时沉水头差过大。

（2）在沉井外壁空隙填粗糙材料增加摩阻力；或用枕木在定位垫架处给以支撑，重新调整挖土。

（3）发现沉井有涌砂或软黏土因土压不平衡产生流塑情况时，为防止突然急剧下沉和意外事故发生，可向井内灌水，把排水下沉改为不排水下沉。

（四）筒体倾斜

1. 现　象

沉井下沉过程中或下沉后，筒体发生倾斜，使筒体中心线与刃脚中心线不重合，沉井垂直度出现歪斜，超过允许限度。

2. 原因分析

（1）沉井制作时，就出现歪斜，详见“井筒歪斜”的原因分析（1）~（4）。

（2）土层软硬不均，或挖土不均匀，使井内土面高低悬殊；或局部超挖过深，使下沉不均；或刃脚下掏空过多，使沉井不均匀突然下沉，易导致沉井倾斜。

（3）不排水下沉沉井，未保持井内水位高于井外，造成向井内涌砂，引起沉井歪斜。

（4）刃脚局部被石块或埋设物搁住，未及时处理；或排水下沉，井内一侧出现流砂。

（5）沉井壁上留有较大孔洞，使重心偏移，未填配重使井壁各部达到平衡就下沉。

（6）井外临时弃土或堆重对沉井产生偏心土压；或在井壁上施加施工荷载，对沉井一侧产生偏压。

（7）在下沉过程中，未及时采取防偏、纠偏措施。

（8）在软土中下沉封底时，未分格、逐段对称进行，造成沉井不均匀下沉而引起倾斜。

3. 治理方法

（1）在初沉阶段，一般可采取在刃脚较高部位的一侧加强挖土，在较低的一侧少挖土或回填砂石来纠正。如系不排水下沉，一般可靠近刃脚较高的一侧加强抓土。

（2）在终沉阶段，可利用设在井外侧的射水管冲刷土体或采取井外射水来纠正倾斜。

（3）在刃脚底的一侧加垫木楔，刃脚高的一侧多挖土。

（4）在井口上端加偏心压载纠正，务使在沉井封底以前纠正达到合格。

（五）偏移或扭位

1. 现 象

沉井下沉过程中或下沉后，筒体轴线位置发生一个方向偏移（称为位移），或两个方向的偏移（称为扭位）。

2. 原因分析

（1）位移大多由于倾斜引起，当沉井倾斜一侧土质较松软，在纠正倾斜时，井身往往向倾斜一侧下部产生一个较大的压力，因而伴随向倾斜方向产生一定位移。位移大小随土质情况及向一边倾斜的次数而定。当倾斜方向不平行轴线时，纠正后则产生扭位，多次不同方向的倾斜，纠正倾斜后伴随产生位移的综合复合作用，也常导致产生偏离轴线方向的扭位。

（2）沉井倾斜未纠正就继续下沉，常会使沉井向倾斜相反方向产生一定位移。

（3）测量偏差未及时纠正。

3. 预防措施

（1）加强测量控制和检测，在沉井外和井壁上设控制线，内壁上设垂度观测标志，以控制平面位置和垂直度，每班观测不少于2次，发现位移或扭位应及时纠正。

（2）及时纠正倾斜，避免在倾斜情况下继续下沉，造成位移或扭位。

（3）控制沉井不再向偏移方向倾斜。

（4）加强测量的检查和复核工作。

4. 治理方法

（1）位移纠正方法一般是控制沉并不再向位移方向倾斜，同时有意识地使沉井向位移相反方向倾斜，纠正倾斜后，使其伴随向位移相反方向产生一定位移纠正。

（2）如位移较大，也可有意使沉井偏位的一方倾斜，然后沿倾斜方向下沉，直到刃脚处中心线与设计中心线位置吻合或接近时，再纠正倾斜，位移相应得到纠正。

（3）扭位可按纠正位移方法纠正，使倾斜方向对准沉井中心，然后纠正倾斜，扭位随之得到纠正。亦可先纠正一个方向的倾斜、位移，然后纠正另一个方向的倾斜、位移，几次倾斜方向纠正后，轴线即恢复到原位置。

（六）下沉遇坚硬土层

1. 现 象

沉井挖土遇坚硬土层，出现难以开挖下沉的现象。

2. 原因分析

遇厚薄不一的黄砂胶结层（姜结石），质地坚硬，用一般镐、锹开挖非常困难，使下沉十分缓慢。

3. **防治措施**

（1）排水下沉时，以人力用铁钎打入土中向上撬动、取出，或用铁镐、锄开挖，必要时打炮孔爆破成碎块。

（2）不排水下沉时，用重型抓斗、射水管和水中爆破联合作业。先在井内用抓斗挖 2 m 深锅底坑，由潜水工用射水管在坑底向四角方向距刃脚边 2 m 冲 4 个 400 mm 深的炮孔，各放 200 g 炸药进行爆破，余留部分用射水管冲掉，再用抓斗抓出。

（七）下沉遇流砂

1. **现　象**

沉井采取井内排水时，井外的土、粉砂产生流动状态，随地下水一起涌入井内，边挖、边冒，无法挖深；常造成沉井出现突沉、偏斜、下沉过慢或不下沉等情况。

2. **原因分析**

（1）井内锅底开挖过深；井外松散土涌入井内。
（2）井内表面排水后，井外地下水动水压力把土压入井内。
（3）爆破处理障碍物时，井外土受振进入井内。
（4）挖土深超过地下水位 0.5 m 以上。

3. **预防措施**

采用排水法下沉，水头宜控制在 1.5 ~ 2.0 m。挖土避免在刃脚下掏挖，以防流砂大量涌入，中间挖土也不宜挖成锅底形。穿过流砂层应快速，最好加荷，使沉井刃脚切入土层。

4. **处理方法**

当出现流砂现象，可在刃脚堆石子压住水头，削弱水压力，或周围堆砂袋围住土体，或抛大块石，增加土的压重。改用深井或喷射点井降低地下水位，防止井内流淤。深井宜安设在沉井外，点井则可设置在井外或井内。改用不排水法下沉沉井，保持井内水位高于井外水位，以避免流砂涌入。

（八）邻近建筑物下沉

1. **现　象**

沉井周围地面塌陷，邻近建筑物局部下沉，出现裂缝或倾斜。

2. **原因分析**

（1）建筑物离沉井过近，基础未采取加固隔离措施。
（2）沉井下沉降低地下水位，使邻近建（构）筑物地基土层局部压密产生下沉。
（3）沉井下沉遇粉砂层或下沉挖土刃脚外掏空过多，向沉井内涌砂，造成地面下陷。

3. **预防措施**

（1）在建筑物基础靠沉井一侧用板桩或喷粉桩加固。

（2）在沉井与建筑物之间设置回灌井，减少邻近建筑物地下水的流失。

（3）遇粉砂层采用点井降水，使水头差不过大，避免引起流砂。

（4）沉井挖土，避免在刃脚处向外掏空，尽量采取切土下沉方法。

（5）在井壁外侧不断回填中砂，使靠近建筑物一侧土不被扰动。

4. 治理方法

遇流砂或向井内涌泥引起建筑物下沉时，应改排水下沉为不排水下沉，或在井外部加设点井降水下沉

（九）下沉裂缝

1. 现　象

沉井下沉过程中，在沉井竖壁上出现纵向或水平方向裂缝，有的集中在隔墙上，或预留孔洞口两侧。

2. 原因分析

（1）沉井下沉时被大孤石、漂石等障碍物搁住，使井壁产生过大拉应力而造成裂缝。

（2）圆形沉井下沉过程中，由于过大的倾斜受侧向不均匀土压力作用或一侧突然下沉，常导致在井壁内侧或外侧产生竖向裂缝。

（3）沉井下沉时，当刃脚踏面脱空，沉井被上部土体挤紧而悬挂在土层中，在井墙内可能出现较大的竖向拉力，而将井筒水平拉裂。

3. 预防措施

（1）做好地质勘察工作，深 3 m 以内障碍物应在沉井制作、下沉前挖除，下沉时采取先钎探，挖除障碍物再挖土下沉。

（2）考虑沉井受侧向不均匀土压力作用，按实测内摩擦角，提高受不均匀荷载强度的能力。下沉过程中注意避免过大的倾斜和突然下沉。

（3）考虑沉井脱空情况，验算竖向钢筋，一般按自重的 25%～65%计算其最大拉断力，或按最不利情况（在墙高度分节接头处即施工缝位置）计算最大拉断力。

三、沉井封底施工中的问题分析

（一）超沉或欠沉

1. 现　象

沉井下沉完毕后，刃脚平均标高大大超过或低于设计要求深度、相应沉井壁上的预埋件及预留孔洞位置的标高，也大大超过规范允许的偏差范围。

2. 原因分析

（1）沉井下沉至最后阶段，未进行标高控制和测量观测。

（2）下沉接近设计深度，未放慢挖土和下沉速度。

（3）遇软土层或流砂，下沉失去控制。

（4）在软弱土层预留自沉深度太小，或未及时封底；或沉井下沉尚未稳定就封底，造成超沉；在砂土层或坚硬土层预留自沉深度太大，或沉井下沉尚未稳定就封底，常发生欠沉。

（5）沉井测量基准点碰动，标高测量错误。

3. 须防措施

（1）沉至接近设计标高，应加强测量观测和校核分析工作。

（2）在井壁底梁交接处，设砖砌承台，在其上面铺方木，使梁底压在方木上，以防过大下沉。

（3）沉井下沉至距设计标高 0.1 m 时，停止挖土和井内抽水，使其完全靠自重下沉至设计或接近设计标高。

（4）采取减小或平衡动水压力和使动水压力向下的措施，以避免流砂现象发生。

（5）沉井下沉趋于稳定（8 h 的累计下沉量不大于 10 mm 时），方可进行封底。

（6）采取措施保护测量基准点，加强复测，防止出现测量错误。

4. 治理方法

如超沉过多，可将沉井上部接高处理；欠沉一般作抬高设计标高处理。

（二）遇倾斜岩层

1. 现　象

沉井下沉到设计深度后遇倾斜岩石，造成封底困难。

2. 原因分析

地质构造不均，使沉井刃脚部分落在基岩上，部分落在较软的土层上，封底后易造成沉井不均匀下沉，产生倾斜。

3. 预防措施

井底岩层的倾斜面，适当作成台阶。

当沉井部分落在岩层上，部分落在较软的土层上时，在沉井落在软土层上的两角及中间挖井浇筑混凝土或砌块石支墩直至硬土层，以支承沉井，使封底后下沉均匀；亦可将沉井支承在岩层的部分凿去 50 cm 深，再回填土砂混合物作软性褥垫处理。

4. 治理方法

遇倾斜岩层应使沉井大部分落在岩层上，其余未到岩层部分，如土层稳定不向内崩坍，可进行封底工作；若井外土易向内崩坍，则可不排水，由潜水工一面挖土，一面以装有水泥砂浆或混凝土的麻袋包堵塞缺口，堵完后再清除浮渣，进行封底。

（三）沉井失稳

1. 现　象

沉井封底后，沉井继续下沉或不均匀下沉，造成上部标高出现水平差，沉井出现偏差。

2. **原因分析**

（1）井底土质松软，封底前未进行处理。

（2）井底土质软硬不均，未经处理就封底，造成各部分下沉不均。

（3）封底混凝土未分格、对称、均匀浇筑，使各部分沉陷不均。

3. **预防措施**

（1）封底前，对井底松软土层和软硬不均土层进行换填加固处理；井底积水淤泥要清除干净，使其有足够的承载力，以支承沉井上部荷载，防止不均匀沉陷。

（2）封底混凝土采取均匀、对称分格，按照一定顺序进行浇筑，并宜先沿刃脚填筑一宽约 70 cm 的同心圆带，厚度根据刃脚斜面高度确定，而后再逐步向锅底中心推进。混凝土应分层浇捣，每层厚 50 cm，在软土中采取分格逐段对称封底。

4. **治理方法**

沉井均匀下沉，可将沉井接高处理；不均匀下沉，可采取在井口上端偏心压载等措施纠正。

（四）沉井上浮

1. **现　象**

封底后，沉井上浮一定高度，沉井底脱空或被稀泥填塞，或造成沉井倾斜。

2. **原因分析**

（1）在含水地层沉井封底，井底未做滤水层，封底时未设集水井继续抽水，封底后停止抽水，地下水对沉井的上浮力大于沉井及上部附加重量而将沉井浮起。

（2）施工次序安排不当，沉井内部结构和上部结构未施工，沉井四周未回填就封底，在地下、地面水作用下，沉井重量不能克服水对沉井的上浮力而导致沉井上浮。

3. **预防措施**

（1）在含水地层上的沉井封底，井底应先按设计铺设垫层，一般设置厚 40～50 cm 的碎石或砂砾石倒滤层，其中碎石和砂砾石部分应分层夯实，并在沉井底部设 2～3 个集水井不断抽水，待封底混凝土达到设计强度后，方可停止抽水，将集水井一个一个封堵，方法是将集水井中水抽干，在套管内迅速用干硬性混凝土堵塞，然后用带胶圈法兰盖严，用螺栓拧紧或用钢盖板封焊，最后在盖板上浇筑混凝土抹平。

（2）沉井封底后，整个沉井受到地下水的向上浮力作用，应对沉井进行封底后的抗浮稳定性验算。

（3）合理安排施工次序，需要沉井四周回填土和上部结构施工完，才能满足抗浮要求时，应先回填土和施工上部结构，才封底。

4. **治理方法**

（1）沉井不均匀下沉，可采取在井口上端偏心压载等措施纠正。

（2）在含水地层井筒内涌水量很大无法抽干时，或井底严重涌水、冒砂时，可采取向井内灌水，用不排水方法封底。如沉并已上浮，可在井内灌水或继续施工上部结构加载，同时在外部采取降水措施使沉井恢复下沉。

（五）封底出现泥浆夹层

1. 现　象

封底混凝土中，出现大量的泥浆夹层，破坏了整体性，降低了强度，造成渗漏水。

2. 原因分析

（1）在软土地基，沉井施工采用不排水封底，井底浮泥未清理干净，混入混凝土内。

（2）导管下口距基底面高度过大，首批混凝土量不够，使导管未埋入混凝土堆内。

（3）浇筑时，导管埋入混凝土深度不够，提升速度太快，泥浆水进入导管内，混凝土与泥浆水未完全隔离。

（4）导管接缝不严或断裂，严重漏水，使泥浆水与混凝土混在一起。

（5）导管布置间距大于导管扩散影响半径，使混凝土堆间搭接不良，出现泥夹层。

（6）混凝土和易性差，流动度过小，不能顺利摊开使之密实，而使泥浆水混入。

3. 预防措施

（1）基底为软土地基时，应将井底浮泥清除干净并铺碎石垫层。

（2）导管下口距基底保持 40 cm 为宜；首批灌注导管混凝土应通过计算确定，使混凝土能顺利从导管内排出扩散并与水隔离。

（3）浇筑前导管中应设置球、塞等隔水，灌注导管应埋入混凝土堆中不小于 1.5 m。多根导管同时灌注时，混凝土面应平均升高，上升速度不应小于 0.25 m/h，坡度不应大于 1∶5。

（4）导管间距应控制在有效影响半径范围以内，一般取 3 ~ 4 m，使各导管的浇筑面积相互覆盖，导管直径宜为 250 ~ 300 mm。

（5）混凝土配合比要适当，保持良好的和易性和流动度，坍落度宜为 18 ~ 20 cm，搅拌要均匀，浇筑应从最低处开始，由下而上分层浇筑，搭接严密，不使泥浆水混入。

4. 治理方法

封底混凝土存在泥浆夹层时，可采取压浆处理，或在上部加设适当厚度配筋面层加固。

第五节　沉井的质量检验与控制

一、沉井基础施工安全控制要点

（1）沉井下沉四周影响区域内，不宜有高压线杆、地下管道、固定式机具设备和永久性建筑。必须设置时，应采取安全措施；沉井施工，应尽量避开汛期，特别是在初沉阶段不得在汛期内。如需度过汛期时，应采取稳定可靠的安全防护措施；在水中设围堰筑岛而导致水流被压缩或改变河道等，应检查对附近的堤坝、农田和其他建筑物的安全以及岛体本身的稳定是否受到影响，严防因冲刷而塌坝。

（2）沉井下沉，采用人工挖掘时，劳动组织要合理，井内人员不宜过多。在刃脚处挖掘，应对称均匀掘进，并保持沉井均匀下沉。下井操作人员，必须佩戴齐全安全防护用品，井内要有充足的照明。沉井各室均应备有悬挂钢梯及安全绳，以应急需。涌水、涌砂量大时，不宜采用人工开挖下沉。

（3）沉井施工前，应检查机具设备是否完好，并搭好脚手架、作业平台，并保证其牢靠，平台四周设置栏杆，高处作业和险要的空隙处，均应设安全网；沉井的内外脚手架，如不能随同沉井下沉时，应和沉井的模板、钢筋分开。井字架、扶梯等设施均不得固定在井壁上，防止沉井突然下沉时被拉倒。

（4）沉井顶面应设安全防护围栏。井内、井上搭设的抽水机台座、水力机械管道等施工设施，均应架设牢固。井顶上的机具应设防护挡板，小型工具宜装箱存放。在沉井刃脚和井内横隔墙附近不得有人停留、休息，以防止坠物伤人。

（5）空压机的贮气罐应设有安全阀，输气管应编号，供气控制应由专人负责。在有潜水员工作时，应有滤清器，进气口应设置在能取得洁净空气处。沉井的制作高度不宜使重心离地太高，以不超过沉井短边或直径的长度为宜。

（6）在围堰筑岛上就地浇筑的沉井，在沉井的外侧周围应留有护道，护道宽度应按设计规定修筑。筑岛岛面和开挖基坑的坑底标高，应比沉井施工期最高水位高出至少 0.5 m。

（7）在筑岛上，沉井下沉中，如刃脚尚未达到原河床以前，而需接高沉井时，应在沉井内回填砂土，并分层灌注混凝土，防止沉井接高加重，产生不均衡下沉，造成沉井倾斜；拆除沉井垫板应在沉井混凝土达到设计强度后进行。抽拔垫板时，应有专人统一指挥，分区、分层、同步、对称进行。抽拔垫板及下沉时，严禁人员从刃脚、底梁和隔墙下通过。抽掉垫板后，应及时回填、夯实，并注意检查是否有倾斜及险情。

（8）沉井面积较大，不排水下沉时，井内隔墙上应设有潜水员通过的预留孔；浮运沉井的防水围壁露出水面高度，在任何时候均不得小于 1 m；不排水沉井下沉中，应均匀出土，不得超挖、超吸，并应加强观测，必要时进行沉井底的潜水检查，防止沉井突然下沉和大量翻砂而导致沉井歪斜，造成人员和机械损伤。

（9）采用抓斗进行不排水下沉时，如钢丝绳缠绕在一起而需要转动抓斗进行排除时，作业人员应站在有护栏的部位；采用机吊人挖时，土斗装满后，需待井下人员躲开，并发出信号后，方可起吊；采用水力机械时，井内作业面与水泵站应建立通信联系；水力机械的水枪和吸泥机，应进行试运转，各连接处应严密不漏水；沉井在淤泥质黏土或亚黏土中下沉时，井内的工作平台应用活动平台，禁止固定在井壁、隔墙或底梁上。

（10）不排水沉井，井内应搭设专供潜水员使用的浮动操作平台，潜水员要注意按照规定进行增压或减压；灌注水下混凝土，应搭设作业平台、溜槽、导管及提升设备，经全面检查，确认安全后，方可施工。

（11）沉井施工中，灌注混凝土如使用减速漏斗时，漏斗应悬挂牢固，并应附有保险绳索。漏斗应封钩，孔口四周的空隙应堵严；漏斗升降时，井上与井下作业人员，应设通信联络，协调配合，统一指挥；在深水处，采用浮式沉井施工时，有关沉井下水、浮运及悬浮状态下接高、下沉等，必须加以严密控制。

（12）各类浮式沉井在下水前，应对各节浮式沉井进行水密性试验，合格后方可下水；浮式沉井下水前，应制订下水方案。采用起吊下水时，应对起重设备进行检查。在河岸有适合坡度，采用滑入式、牵引等方法下水时，必须严防倾覆；浮式沉井，必须对浮运、就位和落河床时的稳定性，进行检查；浮式沉井，定位落河床前， 应考虑潮水涨落的影响，对所有锚碇设备进行检查和调整，使沉井安全准确落位。

（13）沉井如由不排水转换为排水下沉时，抽水后应经过观测，确认沉井已稳定，方可井下作业；采用套井与触变泥浆法施工时，套井四周应设置防护设施；沉井下沉采用加载助沉时，加载平台应经过计算，加载或卸载范围内，应停止其他作业；浮式沉井，在船上或支架平台上制作时，对船舶或支架平台的承载力应进行验算。

（14）在严重流冰的河流上，进行沉井施工必须避开流冰期。确实不能避开时，应将沉井井顶下沉至冰底面的安全水位；沉井施工中，严防船舶及漂流物等的撞击。通航的河道，应与港监部门联系，办理有关水上施工的手续，设置导航标志，在水流斜交处，应备有导航船引导过往船只，缓慢安全驶过施工区。

二、沉井基础施工质量的检验

沉井基础工程质量控制及检验方法，着重从以下几个方面的内容进行。

（1）沉井是下沉结构，必须掌握确凿的地质资料，钻孔可按下述要求进行：面积在200 m^{2}以下（包括200 m^2）的沉井（箱），应有一个钻孔（可布置在中心位置）；面积在200 m^{2}以上的沉井（箱），在四角（圆形为相互垂直的两直径端点）应各布置一个钻孔；特大沉井（箱）可根据具体情况增加钻孔。钻孔底标高应深于沉井的终沉标高。每座沉井（箱），应有一个钻孔提供土的各项物理力学指标、地下水位和地下水含量资料。

（2）沉井（箱）的施工应由具有专业施工经验的单位承担。沉井制作时，承垫木或砂垫层的采用，与沉井的结构情况、地质条件、制作高度等有关。无论采用何种形式，均应有沉井制作时的稳定计算及措施。多次制作和下沉的沉井（箱），在每次制作接高时，应对下卧层作稳定复核计算，并确定、确保沉井接高的稳定措施。

（3）沉井（箱）在施工前应对钢筋、电焊条及焊接成形的钢筋半成品进行检验。如不用商品混凝土，则应对现场的水泥、骨料做检验。混凝土浇筑前，应对模板尺寸、预埋件位置、模板的密封性进行检验。拆模后应检查浇注质量（外观及强度），符合要求后方可下沉。

（4）浮运沉井尚需做起浮可能性检查，下沉过程中，应对下沉偏差做过程控制检查。下沉后的接高应对地基强度、沉井的稳定做检查。封底结束后，应对底板的结构（有无裂缝）及渗漏做检查。沉井（箱）竣工后的验收，应包括对沉井（箱）的平面位置、终端标高、结构完整性、渗水等进行综合检查。

（5）沉井下沉第一节混凝土应达到设计强度的 100%，其上各节达到 70%以后，方可开始下沉。深井垫架拆除，下沉系数、封底厚度和封底后的抗浮稳定性，均应通过施工计算，满足设计要求，避免使沉井出现裂缝，不能下沉或上浮。

（6）沉井在检验时需要有相关的质量记录。包括钢筋、水泥等原材料合格证及试验报告、混凝土配比报告、钢筋制作与安装检验记录、混凝土施工记录、混凝土试压报告、混凝土抗压强度和抗渗等级、下沉前混凝土的强度等级，等等，这些资料必须符合设计要求和施工规范的规定。

（7）沉井下沉至设计高程时，应检查基底，确认符合设计要求后方可封底。沉井下沉中出现开裂，必须查明原因，进行处理后方可继续下沉。沉井采用排水封底，应确保终沉时，井内不发生管涌、涌土及沉井止沉稳定。如不能保证时，应采用水下封底。沉井施工除应符合《建筑地基基础工程施工质量验收规范》（GB 50202-2002）规定外，尚应符合现行国家标准《混凝土结构工程施工质量验收规范》（GB 50204）及《地下防水工程施工质量验收规范》（GB 50208）的规定。

（8）沉井封底必须符合设计要求和施工规范的规定。基底检验合格后，宜及时封底。对于排水下沉的沉井，在清基时，如渗水量上升速度小于或等于 6 mm/min，可按普通混凝土浇筑方法进行封底；如渗水量大于上述规定时，宜采用水下混凝土进行封底。

（9）基底平面位置和高程允许偏差规定如下。平面周线位置：不小于设计要求；基底高程：土质 ± 50 mm，石质+50 mm，－200 mm，沉井下沉至设计高程时，应进行沉降观测，满足设计要求后方可封底。

（10）沉井外壁应平滑，砖石砌筑的沉井，外表应抹一层水泥砂浆。顶板浇筑、井孔填充应按设计规定处理，不排水封底的沉井，应在封底混凝土强度满足设计要求时方可抽水，当沉井顶部需要浇筑钢筋混凝土顶板时，应保持无水施工。

（11）沉井制作和下沉后的允许偏差及检验方法应符合表 4.1 的规定。沉井的最大倾斜度为 1/50。矩形、圆端形沉井的平面扭矩转角偏差，就地制作的沉井不得大于 1°，浮式沉井不得大于 2°。

表 4.1　沉井制作和下沉后的允许偏差和检验方法

<table>
<tr><th colspan="3">项目</th><th>允许偏差</th><th>检验方法</th></tr>
<tr><td colspan="3">长度、宽度 a</td><td>±0.5%，当长、宽大于 24 m 时，±120 mm</td><td>尺量检查</td></tr>
<tr><td rowspan="4">制作质量</td><td rowspan="2">沉井平面尺寸</td><td>曲线部分的半径</td><td>±0.5%，当半径大于 12 m 时，±60 mm</td><td>拉线和尺量检查</td></tr>
<tr><td>两对角线的差异</td><td>对角线长度的±1%，最大±180 mm</td><td>尺量检查</td></tr>
<tr><td rowspan="2">沉井井壁厚度</td><td>混凝土、片石混凝土</td><td>+ 40 mm，－30 mm</td><td>尺量检查</td></tr>
<tr><td>钢筋混凝土</td><td>± 15 mm</td><td>尺量检查</td></tr>
<tr><td rowspan="5">下沉量</td><td colspan="2">刃脚平均高程</td><td>± 100 mm</td><td>用水准仪检查</td></tr>
<tr><td rowspan="2">底面中心位置偏移</td><td>H>10 m</td><td>≤H/100 mm</td><td rowspan="2">吊线、尺量或用经纬仪检查</td></tr>
<tr><td>H≤10 m</td><td>100 mm</td></tr>
<tr><td rowspan="2">刃脚底面高差</td><td>L > 10 m</td><td>小于 L/100 且大于 300 mm</td><td rowspan="2">用水准仪检查</td></tr>
<tr><td>L≤10 m</td><td>100 mm</td></tr>
</table>

思 考 题

1. 什么是沉井基础？它的适用条件是什么？
2. 沉井有哪些分类？
3. 沉井基础和桩基础荷载传递有什么不同？
4. 沉井的基本构造包括哪些？各组成部分的作用是什么？
5. 沉井基础在施工中产生偏斜的原因有哪些？常用的纠偏措施有哪些？
6. 旱地沉井施工的工艺流程是什么？
7. 沉井的质量如何控制和检验？
8. 沉井下沉施工中可能会遇到哪些问题？如何预防？

第五章　地基的处理

第一节　软土地基

软土是指沿海的滨海相、三角洲相、内陆平原或山区的河流相、湖泊相、沼泽相等主要由细粒土组成的土，具有孔隙比大（一般大于 1）、天然含水量高（接近或大于液限）、压缩性高（$a_{1\text{-}2}$>0.5 MPa^{-1}）和强度低的特点，多数还具有高灵敏度的结构性。主要包括淤泥、淤泥质黏性土、淤泥质粉土、泥炭、泥炭质土等。

一、软土的成因及划分

软土按沉积环境分类主要有下列几种类型：

1. 滨海沉积

（1）滨海相。常与海浪岸流及潮汐的水动力作用形成较粗的颗粒（粗、中、细砂）相掺杂，使其不均匀和极松软，增强了淤泥的透水性能，易于压缩固结。

（2）泻湖相。颗粒微细、孔隙比大、强度低、分布范围较宽阔，常形成海滨平原。在泻湖边缘，表层常有厚 0.3 ~ 2.0 m 的泥炭堆积。底部含有贝壳和生物残骸碎屑。

（3）溺谷相。孔隙比大、结构松软、含水量高，有时甚于泻湖相。分布范围略窄，在其边表层常有泥炭沉积。

（4）三角洲相。由于河流及海潮的复杂交替作用，而使淤泥与薄层砂交错沉积，受海流与波浪的破坏，分选程度差，结构不稳定，多交错成不规则的尖灭层或透镜体夹层，结构疏松软，颗粒细小。如上海地区深厚的软土层中央有无数的极薄的粉砂层，为水平渗流提供良好条件。

2. 湖泊沉积

湖泊沉积是近代淡水盆地和咸水盆地的沉积。沉积物中夹有粉砂颗粒，呈现明显的层理。淤泥结构松软，呈暗灰、灰绿或暗黑色，厚度一般为 10 m 左右，最厚者可达 25 m。

3. 河滩沉积

沙滩沉积主要包括河漫滩相和牛轭湖相，成层情况较为复杂，成分不均一，走向和厚度变化大，平面分布不规则。一般呈带状或透镜状，间与砂或泥炭互层，其厚度不大，一般小于 10 m。

4. 沼泽沉积

沼泽沉积分布在地下水、地表水排泄不畅的低洼地带，多以泥炭为主，且常出露于地表。下部分布有淤泥层或底部与泥炭互层。软土由于沉积年代、环境的差异，成因的不同，它们的成层情况，粒度组成，矿物成分有所差别，使工程性质有所不同。不同沉积类型的软土，有时其物理性质指标虽较相似，但工程性质并不很接近，不应借用。软土的力学性质参数宜尽可能通过现场原位测试取得。

二、软土的工程特性

软土的主要特征是含水量高（$w=35\%\sim80\%$）、孔隙比大（$e\geqslant1$）、压缩性高、强度低、渗透性差，并含有机质，一般具有如下工程特性：

1. 触变性

尤其是滨海相软土一旦受到扰动（振动、搅拌、挤压或搓揉等），原有结构破坏，土的强度明显降低或很快变成稀释状态。触变性的大小，常用灵敏度 St 来表示，一般 St 在 3～4，个别可达 8～9。故软土地基在振动荷载下，易产生侧向滑动、沉降及基底向两侧挤出等现象。

2. 流变性

软土除排水固结引起变形外，在剪应力作用下，土体还会发生缓慢而长期的剪切变形，对地基沉降有较大影响，对斜坡、堤岸、码头及地基稳定性不利。

3. 高压缩性

软土的压缩系数大，一般 $a_{1-2}=0.5\sim1.5\ \text{MPa}^{-1}$，最大可达 $4.5\ \text{MPa}^{-1}$；压缩指数 C_c 为 0.35～0.75，软土地基的变形特性与其天然固结状态相关，欠固结软土在荷载作用下沉降较大，天然状态下的软土层大多属于正常固结状态。

4. 低强度

软土的天然不排水抗剪强度一般小于 20 kPa，其变化范围为 5～25 kPa，有效内摩擦角 j' 为 $12^\circ\sim35^\circ$，固结不排水剪内摩擦角 $j_{cu}=12^\circ\sim17^\circ$，软土地基的承载力常为 50～80 kPa。

5. 低透水性

软土的渗透系数一般为 $i\times10^{-6}\sim i\times10^{-8}$ cm/s，在自重或荷载作用下固结速率很慢。同时，在加载初期地基中常出现较高的孔隙水压力，影响地基的强度，延长建筑物沉降时间。

6. 不均匀性

由于沉降环境的变化，黏性土层中常局部夹有厚薄不等的粉土使水平和垂直分布上有所差异，使建筑物地基易产生差异沉降。

第二节 特殊土地基

在我国不少地区，分布着一些与一般土性质有显著不同的特殊土。由于生成时不同的地理环境、气候条件、地质成因以及次生变化等原因，使它们具有一些特殊的成分、结构和性质。当用以作为建筑物的地基时，如果不注意这些特点就会造成事故。通常把那些具有特殊工程性质的土类称为特殊土。特殊土种类很多，大部分都具有地区特点，故又有区域性特殊土之称。

我国主要的区域性特殊土包括湿陷性黄土、膨胀土、软土和冻土等。下面将主要介绍湿陷性黄土、膨胀土和冻土的一些主要特征，对建筑物可能造成的危害以及用作地基时所应采取的工程措施，以及地震区的基础工程抗震设计及应采取的抗震措施。

一、湿陷性黄土地基

（一）黄土的特征和分布

湿陷性黄土是黄土的一种，凡天然黄土在一定压力作用下，受水浸湿后，土的结构迅速破坏，发生显著的湿陷变形，强度也随之降低的，称为湿陷性黄土。湿陷性黄土分为自重湿陷性和非自重湿陷性两种。黄土受水浸湿后，在上覆土层自重应力作用下发生湿陷的称自重湿陷性黄土；若在自重应力作用下不发生湿陷，而需在自重和外荷共同作用下才发生湿陷的称为非自重湿陷性黄土。湿陷性黄土地基的湿陷特性，对建筑物存在不同程度的危害，使建筑物大幅度沉降、开裂、倾斜甚至严重影响其安全和正常使用。在美国和前苏联湿陷性黄土分布面积较大，在我国，它占黄土地区总面积的60%以上，约为40万km^2，而且又多出现在地表浅层，如晚更新世（Q3）及全新世（Q4）新黄土或新堆积黄土是湿陷性黄土主要土层，主要分布在黄河中游山西、陕西、甘肃大部分地区以及河南西部，其次是宁夏、青海、河北的一部分地区，新疆、山东、辽宁等地局部也有发现。因此，在黄土地区修筑桥涵等建筑物，对湿陷性黄土地基应有可靠的判定方法和全面的认识，并采取正确的工程措施，防止或消除它的湿陷性。

（二）黄土湿陷发生的原因和影响因素

黄土湿陷的原因是管道（或水池）漏水、地面积水、生产和生活用水等渗入地下，或降水量较大，灌溉渠和水库的渗漏或回水使地下水位上升等。但受水浸湿是湿陷发生所必需的外界条件，而黄土的结构特征及其物质成分才是产生湿陷性的内在原因。

黄土的结构是在形成黄土的整个历史过程中造成的。干旱或半干旱的气候是黄土形成的必要条件。季节性的短期雨水把松散干燥的粉粒黏聚起来，而长期的干旱使土中水分不断蒸发，于是，少量的水分连同溶于其中的盐类都集中在粗粉粒的接触点处。可溶盐逐渐浓缩沉淀而成为胶结物。随着含水量的减少土粒彼此靠近，颗粒间的分子引力以及结合水和毛细水的联结力也逐渐加大。这些因素都增强了土粒之间抵抗滑移的能力，阻止了土体的自重压密，于是形成了以粗粉粒为主体骨架的多孔隙结构（见图5.1）。黄土结构中零星散布着较大的砂

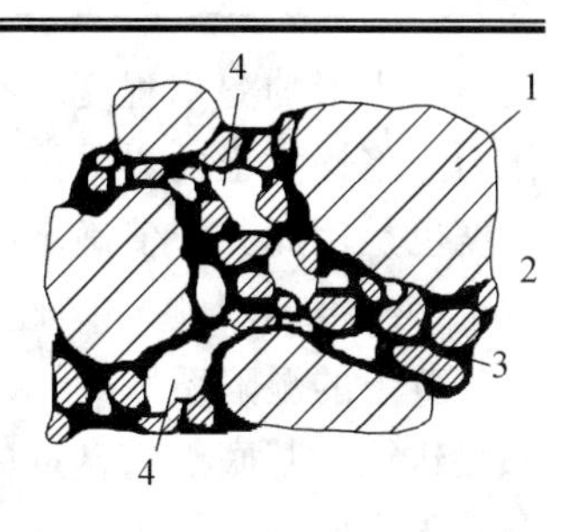

图 5.1　黄土结构示意图

1—砂粒；2—粗粉粒；3—胶结物；4—大孔隙

粒，附于砂粒和粗粉粒表面的细粉粒、黏粒、腐殖质胶体以及大量集合于大颗粒接触点处的各种可溶盐和水分子形成了胶结性联结，从而构成了矿物颗粒集合体。周边有几个颗粒包围着的孔隙就是肉眼可见的大孔隙。它可能是植物的根须造成的管状孔隙。

黄土受水浸湿时，结合水膜增厚楔入颗粒之间。于是，结合水联结消失，盐类溶于水中，骨架强度随着降低，土体在上覆土层的自重应力或在附加应力与自重应力综合作用下，其结构迅速破坏，土粒滑向大孔，粒间孔隙减少。这就是黄土湿陷现象的内在过程。

黄土中胶结物的多寡和成分，以及颗粒的组成和分布，对于黄土的结构特点和湿陷性的强弱有着重要的影响。胶结物含量大，可把骨架颗粒包围起来，则结构致密。黏粒含量多，并且均匀分布在骨架之间也起了胶结物的作用。这些情况都会使湿陷性降低并使力学性质得到改善。反之，粒径大于 0.05 mm 的颗粒增多，胶结物多呈薄膜状分布，骨架颗粒多数彼此直接接触，则结构疏松，强度降低而湿陷性增强。此外，黄土中的盐类，如以较难溶解的碳酸钙为主而具有胶结作用时，湿陷性减弱，但石膏及易溶盐的含量越大时，湿陷性增强。

黄土的湿陷性还与孔隙比、含水量以及所受压力的大小有关。天然孔隙比越大，或天然含水量越小则湿陷性越强。在天然孔隙比和含水量不变的情况下，随着压力的增大，黄土的湿陷量增加，但当压力超过某一数值后，再增加压力，湿陷量反而减少。

（三）黄土湿陷性的判定和地基的评价

黄土由于生成年代、环境以及成岩作用的原因和程度的不同，颗粒矿物成分、结构的差异，有湿陷性和非湿陷性之分。湿陷性黄土地基中，自重湿陷性黄土地基与非自重湿陷性黄土地基在湿陷量大小、承载能力等方面也有较大差别。不同地区的自重或非自重湿陷性黄土也因上述原因，湿陷性、湿陷敏感程度等都有明显不同。因此，对黄土是否属湿陷性应有统一的判定方法和标准，地基湿陷类型、湿陷程度也应评定正确、恰当。

1. 黄土湿陷性的判定

黄土湿陷性在国内外都采用湿陷系数δ_s值来判定，δ_s可通过室内浸水压缩试验测定。把保持天然含水量和结构的黄土土样装入侧限压缩仪内，逐级加压，达到规定试验压力，土样压缩稳定后，进行浸水，使含水量接近饱和，土样又迅速下沉，再次达到稳定，得到浸水后土样高度，由式（5.1）求得土的湿陷系数δ_s。

$$\delta_s=\frac{h_p-h_p'}{h_0} \tag{5.1}$$

式中　h_0——土样的原始高度（m）；

h_p——土样在无侧向膨胀条件下，在规定试验压力 p 的作用下，压缩稳定后的高度（m）；

h_p'——对在压力 p 作用下的土样进行浸水，到达湿陷稳定后的土样高度（m）。

湿陷系数δ_s为单位厚度的土层，由于浸水在规定压力下产生的湿陷量，它表示了土样所代表黄土层的湿陷程度。我国《湿陷性黄土地区建筑规范》按照国内各地经验采用$\delta_s = 0.015$作为湿陷性黄土的界限值，$\delta_s \geqslant 0.015$定为湿陷性黄土，否则为非湿陷性黄土。湿陷性土层的厚度也是用此界限值确定的。一般认为$\delta_s<0.03$为弱湿陷性黄土，$0.03<\delta_s \leqslant 0.07$为中等湿陷性黄土，$\delta_s>0.07$为强湿陷性黄土。

黄土的湿陷系数δ_s与试验时所受压力的大小有关，《湿陷性黄土地区建筑规范》根据我国一般建筑物基底土的自重应力和附加应力发生的范围规定，在用上述室内压缩试验确定δ_s时，浸水压力取值：在基础底面下 10 m 以内土层用 200 kPa；10 m 以下到非湿陷性黄土层顶面用上覆土层的饱和自重压力（当大于 300 kPa 时仍用 300 kPa）。但当基底压力大于 300 kPa 时，宜按实际压力测定。

2. 湿陷性黄土地基湿陷类型的划分

自重湿陷性黄土浸水后，在其上覆土自重压力作用下，迅速发生比较强烈的湿陷，要求采取较非自重湿陷性黄土地基更有效的措施，保证桥涵等建筑物的安全和正常使用。《湿陷性黄土地区建筑规范》用计算自重湿陷量Δ_{zs}来划分这两种湿陷类型的地基，Δ_{zs}（cm）按下式5.2计算

$$\Delta_{zs} = \beta_0 \sum_{i=1}^{n} \delta_{zsi} h_i \tag{5.2}$$

式中 β_0——根据我国建筑经验，因各地区土质而异的修正系数。对陇西地区可取 1.5，陇东、陕北地区可取 1.2，关中地区取 0.7，其他地区（如山西、河北、河南等）取 0.5；

δ_{zsi}——第i层地基土样在压力值等于上覆土的饱和（$S_\gamma>85\%$）自重应力时，试验测定的自重湿陷系数（当饱和自重应力大于 300 kPa 时，仍用 300 kPa）；

h_i——地基中第i层土的厚度（m）；

n——计算总厚度内土层数。

当$\Delta_{zs}>7$ cm 时为自重湿陷性黄土地基，$\Delta_{zs} \leqslant 7$ cm 时为非自重湿陷性黄土地基。

用上式计算时，土层总厚度从基底算起，到全部湿陷性黄土层底面为止，其中$\delta_{zs}<0.015$的土层（属于非自重湿陷性黄土层）不累计在内。

3. 湿陷性黄土地基湿陷等级的判定

湿陷性黄土地基的湿陷等级，即地基土受水浸湿，发生湿陷的程度，可以用地基内各土层湿陷下沉稳定后所发生湿陷量的总和（总湿陷量）来衡量，总湿陷量越大，对桥涵等建筑物的危害性越大，其设计、施工和处理措施要求也应越高。

《湿陷性黄土地区建筑规范》对地基总湿陷量Δ_s（cm）用式（5.3）计算

$$\Delta_s = \sum_{i=1}^{n} \beta \delta_{si} h_i \tag{5.3}$$

式中 δ_{si}——第i层土的湿陷系数；

h_i——第i层土的厚度（cm）；

β——考虑地基土浸水概率、侧向挤出条件等因素的修正系数，基底下 5 m（或压缩层）

深度内取 1.5；5 m（或压缩层）以下，非自重湿陷性黄土地基$\beta=0$，自重湿陷性黄土地基可按式（5.2）β_0取值。

由于我国黄土的湿陷性上部土层比下部土层大，而且地基上部土层受水浸湿的可能性也较大。因此采用上式时，对非自重湿陷性黄土，计算土层深度从基础底面到以下 5 m（或压缩层）深度为止；对自重湿陷性黄土地基，为安全计，计算到非湿陷性土层顶面为止；其中δ_s或δ_{zs}<0.015 的土层不计在内；地下水浸泡部分黄土层一般不具有湿陷性，如计算土层深度内已见地下水，则算到年平均地下水位为止。

湿陷性黄土地基的湿陷等级，可根据地基总湿陷量Δ_s和计算自重湿陷量Δ_{zs}综合，按表 5.1 判定。

表 5.1　湿陷性黄土地基的湿陷等级

湿陷类型 / Δ_{zs}/cm / Δ_s/cm	非自重湿陷性地基	自重湿陷性地基	
	≤7	7<Δ_{zs}≤35	>35
≤30	Ⅰ（轻微）	Ⅱ（中等）	—
30<Δ_s≤60	Ⅱ（中等）	Ⅱ或Ⅲ	Ⅲ（严重）
>60	—	Ⅲ（严重）	Ⅳ（很严重）

当Δ_s小于 5 cm 时，可按非湿陷性黄土地基进行设计和施工。

也可以采用野外浸水荷载试验确定黄土地基的湿陷系数、湿陷类型和等级，但工作量较大，较少采用，仅对自重湿陷性黄土地基的鉴别，有较大参考价值。

二、膨胀土地基

膨胀土也是一种很重要的地区性特殊土类，按照我国《膨胀土地区建筑技术规范》（GB 50112-2013）（以下简称《膨胀土规范》）中的定义，膨胀土应是土中黏粒成分主要由亲水性矿物组成，同时具有显著的吸水膨胀和失水收缩两种变形特性的黏性土。众所周知，一般黏性土也都有膨胀、收缩特性，但其量不大，对工程没有太大的实际意义；而膨胀土的膨胀—收缩—再膨胀的周期性变形特性非常显著，并常给工程带来危害，因而工程上将其从一般黏性土中区别出来，作为特殊土对待。

膨胀土在我国分布范围很广，据现有的资料，广西、云南、湖北、安徽、四川、河南、山东等 20 多个省、自治区均有膨胀土。国外也一样，如美国，50 个州中有膨胀土的占 40 个州，此外在印度、澳大利亚、南美洲、非洲和中东广大地区，也都有不同程度的分布。目前膨胀土的工程问题，已成为世界性的研究课题。1965 年在美国召开首届国际膨胀土学术会议，以后每 4 年一届。我国对膨胀土的工程问题给予了高度的重视。自 1973 年开始有组织地在全国范围内开展了大规模的研究工作，总结出在勘察、设计、施工和维护等方面的成套经验，并已编制出《膨胀土规范》。

膨胀土这种显著的吸水膨胀、失水收缩特性，给工程建设带来极大危害，使大量的轻型房屋发生开裂、倾斜，公路路基发生破坏，堤岸、路堑产生滑坡。美国土木工程学会在 1973 年曾进行过统计报导，在美国由于膨胀土问题造成的损失，至少达 23 亿美元，而据 1993 年第七届国际膨胀土会议中的报导，目前这种损失每年已超过100亿美元，比洪水、飓风和地震所造成的损失总和的两倍还多。在我国，据不完全统计，在膨胀土地区修建的各类工业与民用建筑物，因地基土胀缩变形而导致损坏或破坏的有1 000万 m^2。全国通过膨胀土地区的铁路线占铁路总长度的15%～25%，因膨胀土而带来的各种病害非常严重，每年直接的整修费就在亿元以上。我国过去修建的公路一般等级较低，膨胀土引起的工程问题不太突出，所以尚未引起广泛关注。然而，近年来由于高等级公路的兴建，在膨胀土地区新建的高等级公路，也出现了严重的病害，已引起了公路交通部门的重视。由于上述情况，膨胀土的工程问题已引起包括我国在内的各国学术界和工程界的高度重视。

（一）膨胀土的判别和膨胀土地基的胀缩等级

1. 影响膨胀土胀缩特性的主要因素

膨胀土具有胀、缩特性的机理很复杂，属于当前国内外岩土界正在研究中的非饱和土的理论与实践问题。定性分析认为，膨胀土之所以具有显著的胀、缩特性，可归因于膨胀土的内在机制与外界因素两个方面。

影响膨胀土胀缩性质的内在机制，主要是指矿物成分及微观结构两方面。实验证明，膨胀土含大量的活性黏土矿物，如蒙脱石和伊利石，尤其是蒙脱石，比表面积大，在低含水量时对水有巨大的吸力，土中蒙脱石含量的多寡直接决定着土的胀缩性质的大小。除了矿物成分因素外，这些矿物成分在空间上的联结状态也影响其胀缩性质。经对大量不同地点的膨胀土扫描电镜分析得知，面-面连接的叠聚体是膨胀土的一种普遍的结构形式，这种结构比团粒结构具有更大的吸水膨胀和失水吸缩的能力。

影响膨胀土胀、缩性质的最大外界因素是水对膨胀土的作用，或者更确切地说，水分的迁移是控制土胀、缩特性的关键外在因素。因为只有土中存在着可能产生水分迁移的梯度和进行水分迁移的途径，才有可能引起土的膨胀或收缩。尽管某一种黏土具有潜在的较高的膨胀势，但如果它的含水量保持不变，则不会有体积变化发生；相反，含水量的轻微变化，哪怕只是1%～2%的量值，实践证明就足以引起有害的膨胀。因此，判断膨胀土的胀缩性指标都是反映含水量变化时膨胀土的胀缩量及膨胀力大小的。

2. 膨胀土的胀缩性指标

（1）自由膨胀率 δ_{ef}。

将人工制备的磨细烘干土样，经无颈漏斗注入量杯，量其体积，然后倒入盛水的量筒中，经充分吸水膨胀稳定后，再测其体积。增加的体积与原体积的比值 δ_{ef} 称为自由膨胀率。

$$\delta_{ef}=\frac{V_w-V_o}{V_o} \tag{5.4}$$

式中 V_o ——干土样原有体积，即量土杯体积（mL）；

V_w ——土样在水中膨胀稳定后的体积，由量筒刻度量出（mL）。

自由膨胀率 δ_{ef} 表示膨胀土在无结构力影响下和无压力作用下的膨胀特性，可反映土的矿物成分及含量。该指标一般用作膨胀土的判别指标。

（2）膨胀率 δ_{ep} 与膨胀力 p_e。

膨胀率表示原状土在侧限压缩仪中，在一定压力下，浸水膨胀稳定后，土样增加的高度与原高度之比，表示为

$$\delta_{ep}=\frac{h_w-h_o}{h_r} \tag{5.5}$$

式中　h_w——土样浸水膨胀稳定后的高度（mm）；

h_o——土样的原始高度（mm）。

膨胀率可分为不同压力下的膨胀率，以及在 50 kPa 压力下的膨胀率，前者用于计算地基的实际膨胀变形量或胀缩变形量，后者用于计算地基的分级变形量，划分地基的胀、缩等级。

以各级压力下的膨胀率δ_{ep}为纵坐标，压力 p 为横坐标，将试验结果绘制成 p-δ_{ep}关系曲线，该曲线与横坐标的交点 p_e称为试样的膨胀力，如图 5.2 所示。膨胀力表示原状土样在体积不变时，由于浸水膨胀产生的最大内应力。膨胀力在选择基础形式及基底压力时，是个很有用的指标。在设计上如果希望减少膨胀变形，应使基底压力接近于膨胀力。

（3）线缩率δ_{sr}与收缩系数λ_s。

膨胀土失水收缩，其收缩性可用线缩率与收缩系数表示。

线缩率δ_{sr}是指土的竖向收缩变形与原状土样高度之比，表示为

$$\delta_{sri}=\frac{h_o-h_i}{h_o}\times100\% \tag{5.6}$$

式中　h_o——土样的原始高度（mm）；

h_i——某含水量 w_i时的土样高度（mm）。

根据不同时刻的线缩率及相应含水量，可绘成收缩曲线（见图 5.3）。可以看出，随着含水量的蒸发，土样高度逐渐减小，δ_{sr}增大，图中 ab 段为直线收缩段，bc 段为曲线收缩过渡段，至 c 点后，含水量虽然继续减少，但体积收缩已基本停止。

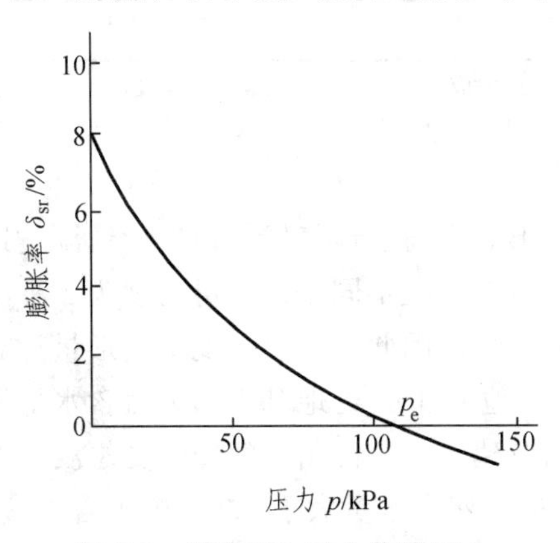

图 5.2　膨胀率-压力曲线图

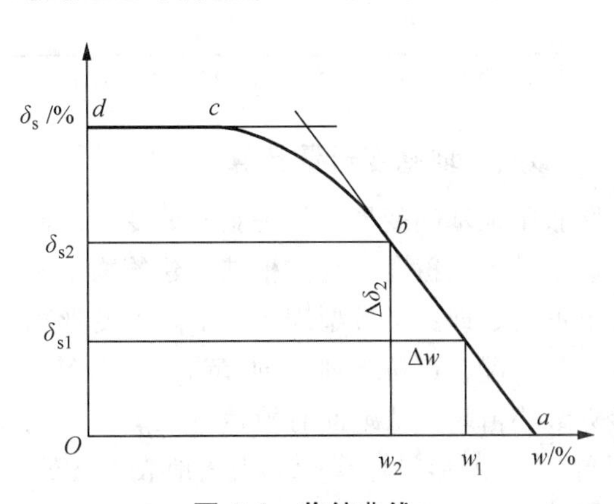

图 5.3　收缩曲线

利用直线收缩段可求得收缩系数λ_s，其定义为：原状土样在直线收缩阶段内，含水量每减少 1%时所对应的线缩率的改变值，即

$$\lambda_s=\frac{\Delta\delta_{sr}}{\Delta w} \tag{5.7}$$

式中 Δw——收缩过程中，直线变化阶段内，两点含水量之差（%）；

$\Delta\delta_{sr}$——两点含水量之差对应的竖向线缩率之差（%）。

收缩系数与膨胀率是地基变形计算中的两项主要指标。

3. 膨胀土的判别

判别膨胀土的主要依据是工程地质特征与自由膨胀率，因此，《膨胀土规范》中规定，凡具有下列工程地质特征的场地，且自由膨胀率$\delta_{ef}\geqslant 40\%$的土应判定为膨胀土。

（1）裂隙发育，常有光滑面和擦痕，有的裂隙中充填着灰白、灰绿色黏土，在自然条件下呈坚硬或硬塑状态。

（2）多出露于二级或二级以上阶地、山前和盆地边缘丘陵地带，地形平缓，无明显自然陡坎。

（3）常见浅层塑性滑坡、地裂，新开挖坑（槽）壁易发生坍塌等。

（4）建筑物裂缝随气候变化而张开和闭合。

4. 膨胀土地基评价

对于平坦场地的膨胀土地基，在评价其胀缩等级时，应根据地基的膨胀、收缩变形量对低层砖混房屋的影响程度进行划分，这是因为轻型结构的基底压力小，胀缩变形量大，易于引起结构破坏的缘故，所以我国《膨胀土规范》规定以 50 kPa 压力下测定的土的膨胀率，计算地基分级变形量，作为划分胀缩等级的标准，表 5.2 给出了膨胀土地基的胀、缩等级。

表 5.2 膨胀土地基的胀缩等级

地基分级变形量 s_e/ mm	级 别	破坏程度
$15\leqslant s_e<35$	Ⅰ	轻 微
$35\leqslant s_e<70$	Ⅱ	中 等
$s_e\geqslant 70$	Ⅲ	严 重

注：地基分级变形量 s_e 应按公式（5.8）计算，式中膨胀率采用的压力应为 50 kPa。

5. 膨胀土地基变形量计算

膨胀土地基的变形指的是胀、缩变形，而其变形形态则与当地气候、地形、地湿、地下水运动以及地面覆盖、树木植被、建筑物重量等因素有关，在不同条件下可表现为 3 种不同的变形形态，即：上升型变形、下降型变形和升降型变形。因此，膨胀土地基变形量计算应根据实际情况，可按下列 3 种情况分别计算：① 当离地表 1 m 处地基土的天然含水量等于或接近最小值时，或地面有覆盖且无蒸发可能时，以及建筑物在使用期间经常受水浸湿的地基，可按膨胀变形量计算；② 当离地表 1 m 处地基土的天然含水量大于 1.2 倍塑限含水量时，或直接受高温作用的地基，可按收缩变形量计算；③ 其他情况下可按胀、缩变形量计算。

地基变形量的计算方法仍采用分层总和法。分别将上述 3 种变形量计算方法介绍如下：

（1）地基土的膨胀变形量 s_e

$$s_e=\psi_e\sum_{i=1}^{n}\delta_{epi}h_i \tag{5.8}$$

式中　ψ_e——计算膨胀变形量的经验系数，宜根据当地经验确定，若无可依据经验时，3 层及 3 层以下建筑物，可采用 0.6；

δ_{epi}——基础底面下第 i 层土在该层土的平均自重应力与平均附加应力之和作用下的膨胀率，由室内试验确定（%）；

h_i——第 i 层土的计算厚度（mm）；

n——自基础底面至计算深度 z_n 内所划分的土层数，计算深度应根据大气影响深度确定；有浸水可能时，可按浸水影响深度确定。

（2）地基土的收缩变形量 s_s

$$s_s = \psi_s \sum_{i=1}^{n} \lambda_{si} \Delta w_i h_i \tag{5.9}$$

式中　ψ_s——计算收缩变形量的经验系数，宜根据当地经验确定。若无可依据经验时，3 层及 3 层以下建筑物，可采用 0.8；

λ_{si}——第 i 层土的收缩系数，应由室内试验确定；

Δw_i——地基土收缩过程中，第 i 层土可能发生的含水量变化的平均值（以小数表示）；

n——自基础底面至计算深度内所划分的土层数。

（3）地基土的胀缩变形量 s

$$s = \psi \sum_{i=1}^{n} (\delta_{epi} + \lambda_{si} \Delta w_i) h_i \tag{5.10}$$

式中　ψ——计算胀缩变形量的经验系数，可取 0.7。

（二）膨胀土地基承载力

膨胀土地基的承载力同一般地基土的承载力有明显区别，一是膨胀土在自然环境或人为因素等影响下，将产生显著的胀缩变形，二是膨胀土的强度具有显著的衰减性，地基承载力实际上是随若干因素变动的。其中，尤其是地基膨胀土的湿度状态的变化，将明显地影响土的压缩性和承载力的改变。

就膨胀土地基而言，由于膨胀土的成因类型的不同，物质组成与土体结构的差别，其承载力也不一样。此外，膨胀土的强度特性与土的风化程度也有密切关系。不同的气候环境，不仅直接影响膨胀土的风化程度，而且还影响膨胀土的胀缩变形的变化，进而影响膨胀土的强度特性的变化及土的工程特性。

研究表明，我国膨胀土无论从成因类型，或物质组成，或地区气候，都具有明显的区域性规律。因此，膨胀土地基承载力同样显示出明显的区域性特征。北方膨胀土地基承载力与南方膨胀土不一样，北方各个地区或南方各个地区膨胀土的基本承载力也不相同。根据建设部门为编制《膨胀土规范》，选择全国典型膨胀土地区进行大面积荷载试验的结果，提出了河北邯郸（与冰川有关的湖积膨胀土）、安徽合肥（冲积洪积膨胀土）、湖北荆门（残积坡积膨胀土）、云南鸡街（冲积湖积膨胀土）、云南蒙自（湖积膨胀土）和云南大石坝（坡残积膨胀土）等 6 个地区膨胀土的基本承载力与地基土含水量的相关关系，见表 5.3。

表 5.3 各地区膨胀土基本承载力σ_0（kPa）与含水量 w（%）的关系

邯郸	w	20.0	20.0	19.7	20.6	18.3	20.3	19.4	22.7	22.6	24.9	22.9	26.9	26.0
	σ_0	280	300	400	370	410	350	350	150	150	150	150	110	120
合肥	w	24.3	25.0	25.1	25.2	27.2	27.1	27.3	25.8	26.0	24.5			
	σ_0	190	170	170	170	130	130	130	150	150	200			
荆门	w	18.3	21.0	21.2	17.3	25.6	22.0	24.5						
	σ_0	350	300	300	350	200	300	220						
鸡街	w σ_0	16.7 650 25.0 210	17.5 550 25.0 230	19.5 510 26.0 190	20.6 450 27.0 200	23.4 220 28.0 160	19.4 600 314.0 110	22.0 240 32.0 110	21.7 350	20.8 550	23.0 260	24.0 270	24.0 280	25.0 200
蒙自	w	33.5	31.5	41.7	39.6	40.7	41.0	33.5	33.0	31.0				
	σ_0	290	290	50	180	70	140	290	200	240				
大石坝	w	25.0	29.0	34.0	40.0	25.0								
	σ_0	380	320	240	200	450								

从表中各指标数据的相关性可以看出，膨胀土基本承载力有以下特点：

（1）各个地区及不同成因类型膨胀土的基本承载力是不同的，而且差异性比较显著。

（2）与膨胀土强度衰减关系最密切的含水量因素，同样明显地影响着地基承载力的变化。其规律是：对同一地区的同类膨胀土而言，膨胀土的含水量越低，地基承载力越大；相反，膨胀土的含水量越高，则地基承载力越小。

（3）不同地区膨胀土的基本承载力与含水量的变化关系，在不同地区无论是变化数值或变化范围都不一样。

综上所述，在确定膨胀土地基承载力时，应综合考虑以上诸多规律及其影响因素，通过现场膨胀土的原位测试资料，结合桥、涵地基的工作环境综合确定，在一般条件不具备的情况下，也可参考现有研究成果，初步选择合适的基本承载力，再进行必要的修正。

三、冻土地区基础工程

温度为 0 °C 或负温，含有冰且与土颗粒呈胶结状态的土称为冻土。

根据冻土冻结延续时间可分为季节性冻土和多年冻土两大类。

土层冬季冻结，夏季全部融化，冻结延续时间一般不超过一个季节，称为季节性冻土层。其下边界线称为冻深线或冻结线。

土层冻结延续时间在 3 年或 3 年以上称为多年冻土。其表层受季节影响而发生周期冻融变化的土层称为季节融化层。最大融化深度的界面线称为多年冻土的上限。当修筑建筑物后所形成的新上限称为人为上限。

季节性冻土在我国分布很广，东北、华北、西北是季节性冻结层厚 0.5 m 以上的主要分布地区；多年冻土主要分布在黑龙江的大小兴安岭一带，内蒙古纬度较大地区，青藏高原部分地区与甘肃、新疆的高山区，其厚度从不足一米到几十米。

冻土是由土的颗粒、水、冰、气体等组成的多相成分的复杂体系。冻土与未冻土的物理力学性质有着共同性，但由于冻结时水相变化及其对结构和物理力学性质的影响，使冻土含有若干不同于未冻土的特点，如冻结过程水的迁移，冰的析出、冻胀和融沉等。这些特点会使季节性冻土和多年冻土对建筑物带来不同的危害，因而对冻土地区基础工程除按一般地区的要求进行设计施工外，还要考虑季节性冻土或多年冻土的特殊要求，现分别介绍如下。

（一）季节性冻土基础工程

1. 季节性冻土按冻胀性的分类

季节性冻土地区建筑物的破坏很多是由于地基土冻胀造成的。含黏土和粉土颗粒较多的土，在冻结过程中，由于负温梯度使土中水分向冻结峰面迁移积聚；由于水冻结成冰后体积约增大 9%，造成冻土的体积膨胀。

土的冻胀由于侧向和下面有土体的约束，主要反映在体积向上的增量上（隆胀）。

对季节性冻土按冻胀变形量大小结合对建筑物的危害程度分为 5 类，以野外冻胀观测得出的冻胀系数 K_d 为分类标准

$$K_d = \frac{\Delta h}{Z_0} \times 100\% \tag{5.11}$$

式中 Δh ——地面最大冻胀量（m）；

Z_0 ——最大冻结深度（m）。

Ⅰ类不冻胀土：$K_d < 1\%$，冻结时基本无水分迁移，冻胀变形很小，对各种浅埋基础无任何危害。

Ⅱ类弱冻胀土：$1\% < K_d \leqslant 3.5\%$，冻结时水分迁移很少，地表无明显冻胀隆起，对一般浅埋基础也无危害。

Ⅲ类冻胀土：$3.5\% < K_d \leqslant 6\%$，冻结时水分有较多迁移，形成冰夹层，如建筑物自重轻、基础埋置过浅，会产生较大的冻胀变形，冻深大时会由于切向冻胀力而使基础上拔。

Ⅳ类强冻胀土，$6\% < K_d \leqslant 13\%$，冻结时水分大量迁移，形成较厚冰夹层，冻胀严重，即使基础埋深超过冻结线，也可能由于切向冻胀力而上拔。

Ⅴ类特强冻胀土 $K_d > 13\%$，冻胀量很大，是使桥梁基础冻胀上拔破坏的主要原因。

地基土的冻胀变形，除与负温条件有关外，与土的粒度成分，冻前含水量及地下水补给条件密切相关。《公桥基规》根据这些因素的统计分析资料，对季节性冻土进行划分（Ⅰ～Ⅴ类冻胀性土），具体分类方法可查阅该规范。

2. 考虑地基土冻胀影响桥涵基础最小埋置深度的确定

地表实测冻胀量并不随冻深的增加按比例增大，当冻深到一定深度后冻胀量将增加很少甚至不再随冻深而增大，因为结合水的冻结，土中水的迁移需要一定的负温，而接近最大冻结深度处负温较小所以冻胀量也小。因此，对有些冻胀土可将建筑物的基础底面埋在冻结线以上某一深度，使基底下保留的季节性冻土层产生的冻胀量小于建筑物的容许变形值。基底最小埋置深度 h（m）可用下式表达

$$h = m_t z_0 - h_d \tag{5.12}$$

式中 z_0——桥位处标准冻深（m），采用地表无积雪和植被等覆盖条件下，多年实测最大冻深的平均值，无实测资料时可参照全国标准冻深线图结合调查确定（该图见《公桥基规》）；

m_t——标准冻结修正系数，表示上面建筑物对冻深的影响，墩台圬工的导冷性较河床天然覆盖层大，可能使基础下冻深线下降，$m_t = 1.15$；

h_d——基底下容许残留冻土层厚（m），根据我国东北地区实测资料，结合静定结构桥涵特点，当为弱冻胀土时 $h_d = 0.24z_0+0.031$（m）；当为Ⅲ类冻胀土时 $h_d = 0.22z_0$；当为强冻胀土时 $h_d = 0$。

上部结构为超静定结构时，除Ⅰ类不冻胀土外，基底埋深应在冻结线以下不小于 0.25 m。当建筑物基底设置在不冻胀土层中时，基底埋深可不考虑冻结问题。

3. 刚性扩大基础及桩基础抗冻拔稳定性的验算

按上述原则确定基础埋置深度后，基底法向冻胀力由于允许冻胀变形而基本消失。考虑基础侧面切向（垂直与冻结锋面且平行于基础侧面）冻胀力的抗冻拔稳定性按下式计算

$$N + W + Q_T \geqslant kT \tag{5.13}$$

式中 N——作用在基础（基桩顶）上的建筑物重力或施工中冬季最小竖向力（kN）；

W——基础自重力及襟边上土重力（kN），高桩承台为河床到承台底桩的重力，低桩承台基桩 W 不计。

Q_T——基础置于冻结线下暖土（不冻土）层内的摩阻力（kN）；

k——安全系数，砌筑或架设上部结构前 $k = 1.1$，砌筑或架设上部结构后，对静定结构 $k = 1.2$；对超静定结构 $k = 1.3$；

T——对扩大基础或基桩的切向冻胀力（kN）；

$$T = n_T A\tau_T + A_1\tau_1 \tag{5.14}$$

其中 A——在季节性冻结层中基础（或基础及其承担的部分承台）和墩身侧面面积（m^2）；

n_T——标准冻深 z_0 修正系数，如有实测冻深值，不必修正，$n_T = 1.0$；否则当基础不穿透季节性冻结层时取 $n_T = 1.1$，当基础（或基桩）穿透季节性冻结层时 n_T 按表 5.4 取用；

表 5.4 标准冻深修正系数 n_T

冻胀类别	不冻胀	弱冻胀	冻 胀	强冻胀	特强冻胀
n_T	1.0	0.95	0.9	0.85	0.75

τ_T——在季节性冻结层中基础（或基桩等）和墩身的侧向单位面积切向冻胀力（kPa）；

A_1——河底以上冻层中墩身侧面积（m^2），高桩承台时还应包括该冰层中基桩（及部分承台）侧面面积，当冬季无结冰时 $A_1 = 0$；

τ_1——水结成冰后与混凝土单位面积切向冻胀力 $\tau_1 = 190$ kPa。

表 5.5　季节性冻土单位切向冻胀力值

冻胀类别	不冻胀	弱冻胀	冻　胀	强冻胀	特强冻胀
冻胀力 G/kPa	0 ~ 15	15 ~ 50	50 ~ 80	80 ~ 160	160 ~ 240

注：对表面光滑的预制桩，τ_T 值可乘以 0.8。

在冻结深度较大地区，小桥涵扩大基础或桩基础的地基土为Ⅲ ~ Ⅴ类冻胀性土时，因上部恒重较小，当基础较浅时常会因周围土冻胀而被上拔，使桥涵遭到破坏。基桩的入土长度往往由在冻结线以下抗冻拔需要的锚固长度控制。为了保证安全，以上计算中基础重力在冻土和暖土部分均不再考虑。基桩间如设横系梁，设置的高程应注意避免系梁承受法向冻胀力。一般中小桥梁采用桩径不宜过大。

4. 基础薄弱截面的强度验算

当切向冻胀力较大时，应验算基桩在未（少）配筋处抗拉断的能力。

$$P = kT - (N + W_1 + F_1) \tag{5.15}$$

式中　P ——验算截面拉力（kN）；

W_1 ——验算截面以上基桩重力（kN）；

F_1 ——验算截面以上基桩在暖土部分阻力（kN）。其余符号意义同前。

5. 防冻胀措施

目前多从减少冻胀力和改善周围冻土的冻胀性来防治冻胀。

（1）基础四侧换土，采用较纯净的砂、砂砾石等粗颗粒土换填基础四周冻土，填土夯实。

（2）改善基础侧表面平滑度，基础必须浇筑密实，具有平滑表面。基础侧面在冻土范围内还可用工业凡士林、渣油等涂刷以减少切向冻胀力。对桩基础也可用混凝土套管来减除切向冻胀力。

（3）选用抗冻胀性基础改变基础断面形状，利用冻胀反力的自锚作用增加基础抗冻拔的能力。

（二）多年冻土地区基础工程

1. 多年冻土按其融沉性的等级划分

多年冻土的融沉性是评价其工程性质的重要指标，可用融化下沉系数 A 作为分级的直接控制指标。

$$A = \frac{h_m - h_T}{h_m} \times 100\% \tag{5.16}$$

式中　h_m ——季节融化层冻土试样冻结时的高度（m）（季冻层土质与其下多年冻土相同）；

h_T ——季节融化层冻土试样融化后（侧限条件下）的高度（m）。

Ⅰ级（不融沉）：A 小于 1%，是仅次于岩石的地基土，在其上修筑建筑物时可不考虑冻融问题。

Ⅱ级（弱融沉）：$1\% \leqslant A < 5\%$，是多年冻土中较好的地基土，可直接作为建筑物的地基，

当控制基底最大融化深度在 3 m 以内时，建筑物不会遭受明显融沉破坏。

Ⅲ级（融沉）：5%≤A＜10%，具有较大的融化下沉量而且冬季回冻时有较大冻胀量。作为地基的一般基底融深不得大于 1 m，并采取专门措施，如深基、保温防止基底融化等。

Ⅳ级（强融沉）：10%≤A＜25%，融化下沉量很大，因此施工、运营时不允许地基发生融化，设计时应保持冻土不融或采用桩基础。

Ⅴ级（融陷）：A≥25%，为含土冰层，融化后呈流动、饱和状态，不能直接作地基，应进行专门处理。

影响多年冻土融沉变形的主要因素为土的粒度成分、含水（冰）量等，《公桥基规》根据这些因素的调查统计资料，对多年冻土进行Ⅰ～Ⅴ级融沉性分类，分类方法可查阅该规范。

2. 多年冻土地基设计原则

多年冻土地区的地基，应根据冻土的稳定状态和修筑建筑物后地基地温、冻深等可能发生的变化，分别采取两种原则设计：

（1）保持冻结原则。

保持基底多年冻土在施工和运营过程中处于冻结状态，适用于多年冻土较厚、地温较低和冻土比较稳定的地基或地基土为融沉、强融沉时。采用本设计原则应考虑技术的可能性和经济的合理性。

采取这一原则时，地基土应按多年冻土物理力学指标进行基础工程设计和施工。基础埋入人为上限以下的最小深度：对刚性扩大基础弱融沉土为 0.5 m；融沉和强融沉土为 1.0 m；桩基础为 4.0 m。

（2）容许融化原则。

容许基底下的多年冻土在施工和运营过程中融化。融化方式有自然融化和人工融化。对厚度不大、地温较高的不稳定状态冻土及地基土为不融沉或弱融沉冻土时宜采用自然融化原则。对较薄的、不稳定状态的融沉和强融沉冻土地基，在砌筑基础前宜采用人工融化冻土，然后挖除换填。

基础类型的选择应与冻土地基设计原则相协调。如采用保持冻结原则时，应首先考虑桩基，因桩基施工时冻土暴露面小，有利保持冻结。施工方法宜以钻孔灌注（或插入、打入）桩、挖孔灌注桩等为主，小桥涵基础埋置深度不大时也可采用扩大基础。采用容许融化原则时，地基土取用融化土的物理力学指标进行强度和沉降验算，上部结构形式以静定结构为宜，小桥涵可采用整体性较好的基础形式或采用箱形涵等。

根据我国多年冻土特点，凡常年流水的较大河流沿岸，由于洪水的渗透和冲刷，多年冻土多退化呈不稳定状态，甚至没有，在这些地带地基基础设计一般不宜采用保持冻结原则。

3. 多年冻土地基容许承载力的确定

决定多年冻土承载力的主要因素有粒度成分、含水（冰）量和地温。在相同地温和含水（冰）量状况下，碎石类土承载力最大，砂类土次之，黏性土最小。随冻土含水（冰）量增大，其流变性迅速增大，使其长期强度降低。具体的确定方法可用如下几种：

（1）根据规范推荐值确定。

《公桥基规》根据多年冻土的粒度成分（块石、碎石、砂性土、黏性土，等等）及多种档次的冻土地温，提供了多年冻土长期容许承载力值表。对中小桥涵当采用冻结原则设计时可直接查用；对大型桥梁和含土的冰层的承载力则建议须由实测确定。

（2）理论公式计算。

理论上可通过临塑荷载 p_{cr}（kPa）和极限荷载 p_u（kPa）确定冻土容许承载力，计算公式形式较多，可参考下式计算

$$\begin{aligned} p_{cr} &= 2c_s + \gamma_2 h \\ p_u &= 5.71c_s + \gamma_2 h \end{aligned} \tag{5.17}$$

式中　c_s——冻土的长期黏聚力（kPa），应由试验求得；

$\gamma_2 h$——基底埋置深度以上土的自重压力（kPa）。

p_{cr} 可以直接作为冻土的容许承载力，而 p_u 应除以安全系数 1.5～2.0。

此外也可通过现场荷载试验（考虑地基强度随荷载作用时间而降低的规律），调查观测地质、水文、植被条件等基本相同的邻近建筑物等方法来确定。

4. 多年冻土融沉计算

采用容许融化原则（自然融化）设计时，除满足融土地基容许承载力要求外，尚应满足建筑物对沉降的要求。冻土地基总融沉量由两部分组成，一是冻土解冻后冰融化体积缩小和部分水在融化过程中被挤出，土粒重新排列所产生的下沉量；一是融化完成后，在土自重和恒载作用下产生的压缩下沉。最终沉降量 S（m）计算如下

$$S = \sum_{i=1}^{n} A_i h_i + \sum_{i=1}^{n} \alpha_i \sigma_{ci} h_i + \sum_{i=1}^{n} \alpha_i \sigma_{pi} h_i \tag{5.18}$$

式中　A_i——第 i 层冻土融化系数，见式（5.16）；

h_i——第 i 层冻土厚度（m）；

α_i——第 i 层冻土压缩系数（1/kPa）由试验确定；

σ_{ci}——第 i 层冻土中点处自重应力（kPa）；

σ_{pi}——第 i 层冻土中点处建筑物恒载附加应力（kPa）。

基底融化压缩层计算厚度可参照基底持力层深度及融化层厚度确定。

5. 多年冻土地基基桩承载力的确定

采取保持冻结原则时，多年冻土地基基桩轴向容许承载力由季节融土层的摩阻力 F_1（冬季则变成切向冻胀力），多年冻土层内桩侧冻结力 F_2 和桩尖反力 R 3 部分组成。其中桩与桩侧土的冻结力是承载力的主要部分。除通过试桩的静载试验外，单桩轴向容许承载力 $[P]$（kN）可由下式计算

$$[P] = \sum_{i=1}^{n} f_i A_{1i} + \sum_{i=1}^{n} \tau_{ji} A_{2i} + m_0 [\sigma_0] A \tag{5.19}$$

式中　f_i——各季节融土层单位面积容许摩阻力（kPa），黏性土为 20 kPa，砂性土 30 kPa；

A_{1i}——地面到人为上限间各融土层桩侧面积（m^2）；

τ_{ji}——各多年冻土层在长期荷载和该土层月平均最高地温时单位面积容许冻结力（kPa），可以从各地基础设计规范或有关手册查用；

A_{zi}——各多年冻土层与桩侧的冻结面积（m^2）；

m_0——桩尖支承力折减系数，根据不同施工方法按 $m_0 = 0.5 \sim 0.9$ 取值，钻孔插入桩由于桩底有不密实残留土取低值；

A——桩底支承面积（m^2）。

6. 多年冻土地区基础抗拔验算

多年冻土地区，当季节融化层为冻胀土或强冻胀土时，扩大基础（或基桩）冻拔稳定验算：

$$N + W + Q_T + Q_m \geqslant kT \tag{5.20}$$

式中 Q_m——基础与多年冻土的长期冻结力（kN），对基桩 $Q_m = \sum \tau_{ji} A_{zi}$，对扩大基础 $Q_m = \tau_{ji} \times A_m$，$A_m$ 为多年冻土内基础侧面积；

Q_T——基础侧面与不冻（暖）土间的摩阻力，冬季冻结后季节融化层与多年冻土衔接时 $Q_T = 0$，不衔接（其间夹有暖土层）时，扩大基础 $Q_T = f_i' A_m'$，基桩 $Q_T = 0.4u\sum_{i=1}^{n} \tau_i l_i$

其中 A_m', f_i'——分别为暖土层中基础侧面积（m^2）、单位面积容许摩阻力，f_i' 与式（5.19）中 f' 同值；

k、T、N、W、u、τ_i、l_i 同式（5.13），τ_{ji}、A_{zi} 同式（5.19）。

7. 防融沉措施

（1）换填基底土。对采用融化原则的基底土可换填碎、卵、砾石或粗砂等，换填深度可到季节融化深度或到受压层深度。

（2）选择好施工季节。采用保持冻结原则时基础宜在冬季施工，采用融化原则时，最好在夏季施工。

（3）选择好基础形式。对融沉、强融沉土宜用轻型墩台，适当增大基底面积，减少压应力，或结合具体情况，加深基础埋置深度。

（4）注意隔热措施。采取保持冻结原则时施工中注意保护地表上覆盖植被，或以保温性能较好的材料铺盖地表，减少热渗入量。施工和养护中，保证建筑物周围排水通畅，防止地表水灌入基坑内。

如抗冻胀稳定性不够，可在季节融化层范围内，按前面介绍的防冻胀措施第（1）、（2）条处理。

四、地震区的基础工程

我国地处环太平洋地震带和地中海南亚地震带之间，是个地震频发的国家，从历史看，全国曾有 1 600 个县（市）先后发生过地震。这些地震对我国人民的生命财产和社会主义建设造成巨大的损失。桥梁、道路建筑物遭到地震破坏的相当多，由此还造成交通中断，影响对灾区的救援工作发生困难。综合分析已发生的地震对桥梁、道路建筑物发生的危害，其中很多是由于其地基与基础遭到震坏而使整个建筑物严重损坏的。如1976年唐山地震，在8度烈区三座修筑在易液化地基上的桥梁，由于地基液化，墩、台下沉，斜倾，上部结构也因之损坏，整个桥梁遭到严重破坏，而同一烈度区其他修筑在一般稳定地基上的桥梁，由于地基基本未遭损坏，整座桥梁也仅受轻微损坏（桥台轻微斜倾，主梁在桥墩上横向移动数厘米）。各地震害，都有类似情况。因此对地基与基础的震害，应有足够的重视。

（一）地基与基础的震害

地基与基础的震害主要有地基土振动液化、地裂、震陷和边坡滑坍，因此而发生基础沉陷、位移、倾斜、开裂等。基础的震坏虽然大多数是由于地基的失效、失稳而引起，但也会由于基础本身结构构造上处理不当而促成。

1. 地基土的液化

地震时地基土的液化是指地面以下，一定深度范围内（一般指20 m）的饱和粉细砂土、亚砂土层，在地震过程中出现软化、稀释、失去承载力而形成类似液体性状的现象。地震时地基土的液化造成地面下沉，土坡滑坍，地基失效、失稳，天然地基和摩擦桩上的建筑物大量下沉、倾斜、水平位移等损害。国内外大地震中，砂土液化情况相当普遍，是造成震害的主要原因之一，由此引起了科学研究人员和工程技术人员的重视，已成为工程抗震设计的重要内容。

（1）砂土液化机理及影响因素。

砂土液化的机理和影响砂土液化的主要因素，在《土质学与土力学》教材中已有较详细的介绍。饱和砂土地基在地震作用下，结构破坏，颗粒发生相对位移，有增密趋势，而细砂、粉砂的透水性较小，导致孔隙水压力暂时显著地增大，当孔隙水压力上升到等于土总法向压应力时，有效应力下降为零，抗剪强度完全丧失，处于没有抵抗外荷能力的悬浮状态，发生砂土液化。

地震时土层液化较多发生在饱和松散的粉砂、细砂和亚砂土中（塑性指数小于7，黏土颗粒含量小于10%）。相对密度小于0.65的松散砂土，7度烈度的地震即会液化；相对密度大于0.75的砂土，即使8度地震也不液化。根据砂土液化机理和液化现象分析，影响砂土震动液化的主要因素为：地震烈度，振动持续时间，土层的埋深，土的粒度成分，密实度，饱和度及黏土颗粒含量等。

（2）砂土液化可能性的判别。

判别砂土液化可能性的方法较多，但尚不完善，因为影响砂土振动液化的因素较多而且较复杂。现有方法大致可归纳为经验对比、现场试验和室内试验3类，一般都采用现场试验方法判定，因为它能综合反映各种有关的影响因素。我国《公路工程抗震设计规范》（JTJ004-89）（以下简称《公路抗震规》）根据国内调查资料和国内外现场试验资料，对地基土液化可能性先按现场条件，运用经验对比方法，初步判定，再通过现场标准贯入试验进一步判定，具体方法如下：

① 初步判定。当在地面以下 20 m 范围内有饱和砂土或饱和亚砂土层时，可根据下列情况，初步判定其是否有可能液化；当土层地质年代为第四纪晚更新世（Q_3）及其以前时，可判为不液化。烈度为 7 度、8 度、9 度区，亚砂土的黏粒含量百分率 P_c（按重量计，测定时应采用六偏磷酸纳作分散剂）分别不小于 10、13、16 时，可判为不液化。基础埋置深度不超过 2 m 的天然地基，按照上覆非液化土层厚度 d_u 和地下水位深度 d_w，判定土层是否考虑液化影响。

② 用标准贯入试验进一步判定。经初步判定有可能液化的土层，可用标准贯入试验进一步判定土层是否液化。当经式（5.21）修正后的实测土层标准贯入锤击数 N_1 小于按式（5.22）计算的修正液化临界标准贯入锤击数 N_c 时，可判定为液化，否则为不液化。

$$N_1 = C_n N_{63.5} \tag{5.21}$$

$$N_c = \left[11.8\left(1+13.06\frac{\sigma_0}{\sigma_e}K_h C_v\right)^{\frac{1}{2}} - 8.09\right]\xi \tag{5.22}$$

式中 C_n——标准贯入锤击数的修正系数，按表 5.6 采用；

$N_{63.5}$——实测的标准贯入锤击数；

K_h——水平地震系数，按表 5.8 采用；

σ_0——标准贯入点处土的总上覆压力（kPa），地下水位以上的砂土重度为 18.0（kN/m^3），亚砂土为 18.5（kN/m^3）；地下水位以下的砂土为 20.0（kN/m^3），亚砂土为 20.5（kN/m^3）；

σ_e——标准贯入点处土的有效覆盖压力（kPa），地下水位以上的砂土、亚砂土重度与上述相同，地下水位以下（扣除浮力后）砂土重度为 10.0（kN/m^3），亚砂土为 10.5（kN/m^3）；

C_v——地震剪应力随深度的折减系数，按表 5.7 采用；

ξ——黏粒含量修正系数，$\xi = 1-0.17(p_c)^{\frac{1}{2}}$，$p_c$ 意义同前。

表 5.6 标准贯入锤击数的修正系数 C_n

σ_0/kPa	0	20	40	60	80	100	120	140	160	180
C_u	2	1.70	1.46	1.29	1.16	1.05	0.97	0.89	0.83	0.78
σ_0/kPa	200	220	240	260	280	300	350	400	450	500
C_u	0.72	0.69	0.65	0.60	0.58	0.55	0.49	0.44	0.42	0.40

表 5.7 地震剪应力随深度的折减系数 C_v

标准贯入点深度/m	1	2	3	4	5	6	7	8	9	10
C_v	0.994	0.991	0.986	0.976	0.965	0.958	0.945	0.935	0.920	0.902
标准贯入点深度/m	11	12	13	14	15	16	17	18	19	20
C_v	0.884	0.866	0.844	0.822	0.794	0.741	0.691	0.647	0.631	0.612

表 5.8　水平地震系数 K_h

地震基本烈度/度	7	8	9
水平地震系数 K_h	0.1	0.2	0.4

（3）砂土液化的危害。

砂土液化使地基失效、失稳，丧失强度和承载能力，发生大的沉降和不均匀沉降，使基础连同整个建筑物沉陷、倾斜、开裂甚至倒塌。在我国沿海及平原地区，地基的震害主要是由于地基土液化造成的。砂土液化常伴随岸坡、边坡的滑塌，地基的喷砂冒水，使道路、桥梁墩台、道路挡土建筑物等遭到损坏。

地层内可液化土在地震作用下，由非液化转化为液化是一个渐变的过程（虽然历时较短暂），而地震的持续时间一般很短，当地震力最大时，可液化土的抗震强度往往并未降到其最低值。因此，在许多情况下，可液化土并不发生完全液化，并未完全丧失（而是部分丧失）其强度，《公路抗震规》规定，液化土层的承载力（包括桩侧摩阻力）、土抗力（地基系数）、内摩擦角和内聚力等，可根据以式（5.23）算得的液化抵抗系数 C_e 按表 5.9 内折减系数 α 进行折减后采用，就是考虑这一因素而定的。

$$C_e = \frac{N_1}{N_c} \tag{5.23}$$

式中，N_1，N_c 意义同前。

表 5.9　折减系数 α

<table>
<tr><th>C_e</th><th>标准贯入点深度 d_s/m</th><th>α</th><th>C_e</th><th>标准贯入点深度 d_s/m</th><th>α</th></tr>
<tr><td rowspan="2">$C_e \leqslant 0.6$</td><td>$d_s \leqslant 10$</td><td>0</td><td rowspan="4">$0.8 < C_e \leqslant 1.0$</td><td rowspan="2">$d_s \leqslant 10$</td><td rowspan="2">$\frac{2}{3}$</td></tr>
<tr><td>$10 < d_s \leqslant 20$</td><td>$\frac{1}{3}$</td></tr>
<tr><td rowspan="2">$0.6 < C_e \leqslant 0.8$</td><td>$d_s \leqslant 10$</td><td>$\frac{1}{3}$</td><td rowspan="2">$10 < d_s \leqslant 20$</td><td rowspan="2">1</td></tr>
<tr><td>$10 < d_s \leqslant 20$</td><td>$\frac{2}{3}$</td></tr>
</table>

2. 地基与基础的震沉、边坡的滑坍以及地裂

软弱黏性土和松散砂土地基，在地震作用下，结构被扰动，强度降低，产生附加的沉陷（土层的液化也会引起地基的沉陷），且往往是不均匀的沉陷，使建筑物遭到破坏。我国沿海地区及较大河流下游的软土地区，震沉往往也是主要的地基震害。地基土级配情况差、含水量高、孔隙比大震沉也大；在一般情况下，震沉随基础埋置深度加大而减少；地震烈度越高，震沉也越大；荷载大的，震沉也大。同一座桥梁各墩、台的地基条件不同，会因震沉的不均匀而遭损坏，如我国通海地区某拱桥，东台置于岩层上，西台为桩基础未达岩层，1970 年地

震后西台下沉 0.3 m，拱圈开裂。同一墩台的地基如土质不均匀，也会产生不良后果，应力求避免。

陡峻山区土坡，层理倾斜或有软弱夹层等不稳定的边坡、岸坡等，在地震时由于附加水平力的作用或土层强度的降低而发生滑动（有时规模较大），会导致修筑在其上或邻近的建筑物遭到损坏。

构造地震发生时地面常出现与地下断裂带走向基本一致的呈带状的地裂带。地裂带一般在土质松软区、故河道、河堤岸边、陡坡、半填半挖处较易出现，它大小不一，有时长达几十千米，对建筑物常造成破坏和患害。

（二）基础的其他震害

除了因地基失效、失稳、沉陷、滑动、开裂而使基础遭受损坏外，在较大的地震作用下，基础也常因其本身强度、稳定性不足抗衡附加的地震作用力而发生断裂、折损、倾斜等损坏。

刚性扩大基础如埋置深度较浅时，会在地震水平力作用下发生移动或倾覆。

桩基础的震害，在高桩承台表现较多，由于承台的反复震动，在桩和承台联结处或桩顶附近，往往因剪应力的作用而发生混凝土开裂，甚至断桩现象。基桩由于水平地震力的作用，地面以下部分产生环状裂纹也曾发生，有人认为这除与桩身结构强度有关外，还可能与地基中存在软硬交替土层有关。

基础、承台与墩、台身联结处也是抗震的薄弱处，由于断面改变、应力集中使混凝土发生断裂。

第三节　软弱地基的处理方法

当天然地基很软弱，不能满足地基强度和变形等的要求时，要对地基进行人工处理后再建造基础，这种地基加固称为地基处理。

根据历史记载，我国劳动人民早在 2000 年前就已采用了在软土中夯入碎石等压密土层的夯实法，灰土和三合土的垫层法也是传统的建筑技术之一。由此可见地基处理技术的历史悠久，许多现代的地基处理方法都可在古代找到它的雏形。

地基处理方法的分类有很多种，可以从地基处理的原理、地基处理的目的、地基处理的性质、地基处理的时效和动机等不同角度进行分类。其中最本质的是根据地基处理的作用机理进行分类，如图 5.4 所示。

应该指出，对地基处理方法进行严格分类是十分困难的，不少方法具有几种不同的作用。如碎石桩具有置换、挤密、排水和加筋的多重作用；石灰桩具有既挤密土体又吸水的作用，吸水后又进一步挤密土体等。此外，还有一些地基处理方法的加固机理和计算方法目前尚不十分明确，有待进一步探讨。由于地基处理方法不断地发展，其功能不断地扩大，也使分类变得更加困难。

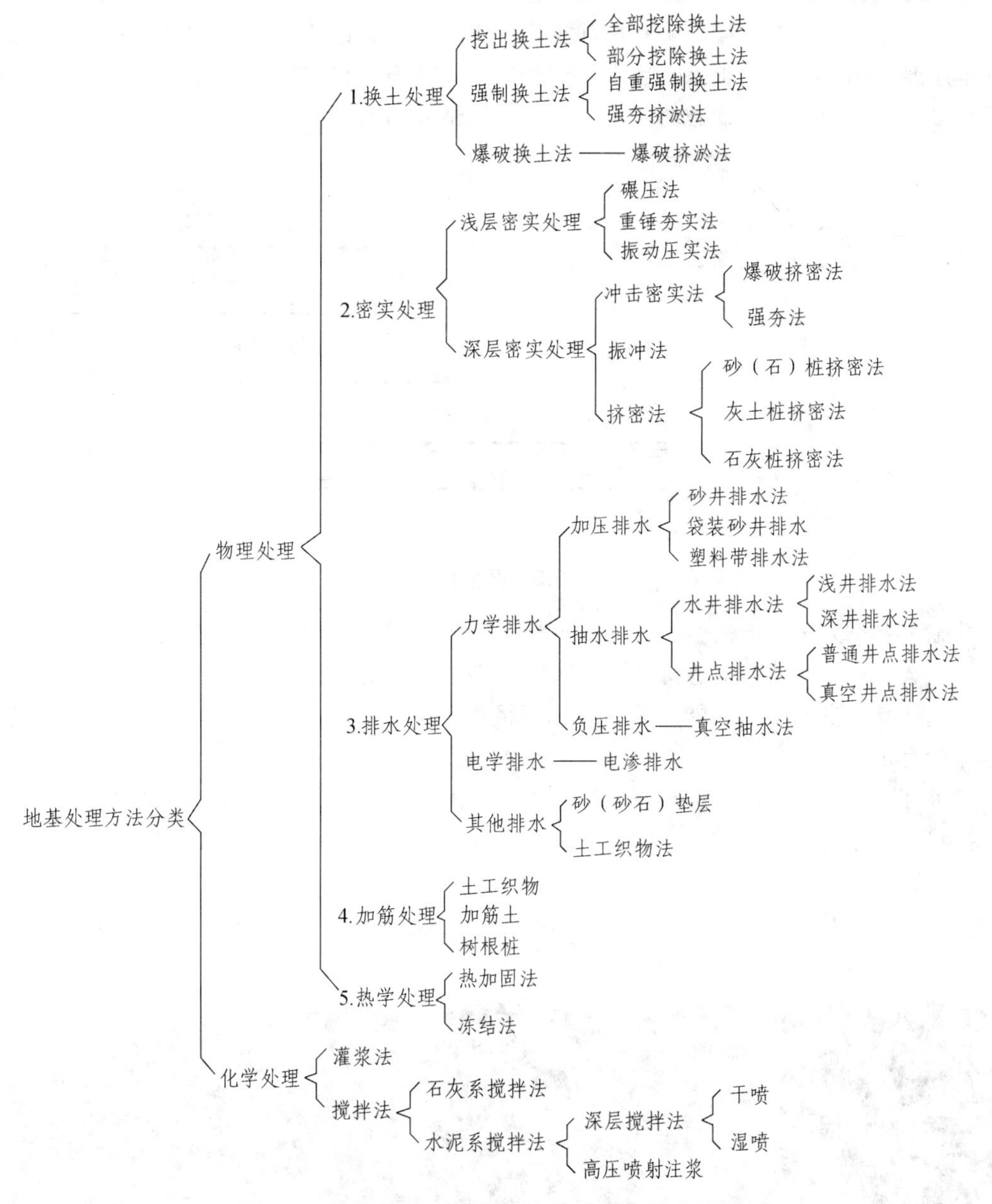

图 5.4　按作用机理分类的地基处理方法分类图

一、换填土层法

换填土层法，即采用相应的处理方法，将基底下一定深度范围内的软土层挖去或挤去，换以强度较大的砂、碎（砾）石、灰土或素土，以及其他性能稳定、无侵蚀性的土类，并予以压实。

（一）开挖换土法

当采用挖掘机械，铲除软土层后换填好土、分层压实的方法称为开挖换土法。根据换土范围大小可分为全部挖除换土法和局部挖除换土法。前者把软土层全部铲除换以好土，适用于软土层厚度小于 2 m 的地基；后者适用于软弱层较厚，特别是上部软土层较下部软土层强度低得多，有可能发生滑动破坏或沉降量过大等情况的地基，如图 5.5 所示。

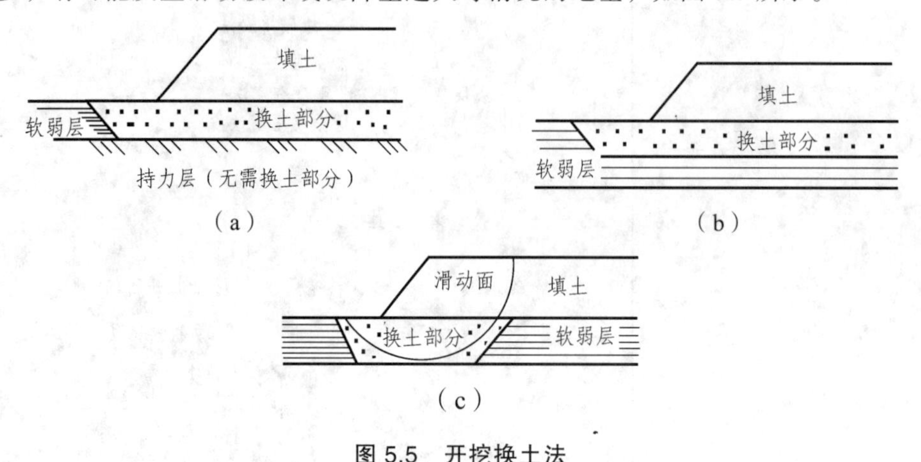

图 5.5　开挖换土法

其施工要点为：

（1）选择良好的填料。应选择强度较大、性能稳定的填料。当软土地基中地下水位较高时，应选择具有良好排水性能的砂、砂砾等粗粒料作为填料，以便处于地下水位以下的地基仍能保持有足够的承载力。

（2）开挖边坡的坡度。应根据开挖深度与土的抗剪强度确定合理的边坡坡度。开挖时用水泵排水，防止边坡坍塌破坏，增加不必要的挖方量。若有不需要压实的良好的填料时，以不排水为宜。

（3）填料应及时运进，随挖随填，防止挖方边坡坍塌。某通道基础碎石换填如图 5.6 所示。

图 5.6　某通道基础碎石换填

（二）挤淤置换法

挤淤置换法是借助换填材料的自重或利用其他外力，如压载、振动、爆炸、强夯等，使软弱层遭受破坏后被强制挤出而进行的换填处理。采用这种施工方法，不用抽水、挖淤，施工简单，一般用于厚度小于 3.0 m，其软层位于水下，表层无硬壳，软土液性指数大，呈流动状态的泥沼及软土。一般来说，抛石挤淤比较经济，但技术上缺少把握，当淤泥较厚时须慎重使用。

抛石挤淤应采用不易风化的石料，片石大小随软土稠度而定。对于容易流动的泥炭或淤泥，片石宜稍小些，但不宜小于 30 cm，且小于 30 cm 的粒料含量不得超过 20%。

抛石时应自路堤中部开始，逐次向两旁展开，使淤泥向两旁挤出。在片石露出水面后，应用较小石块填塞垫平，用重型机械碾压紧密，然后在其上铺设反滤层再进行填土，如图 5.7 所示。

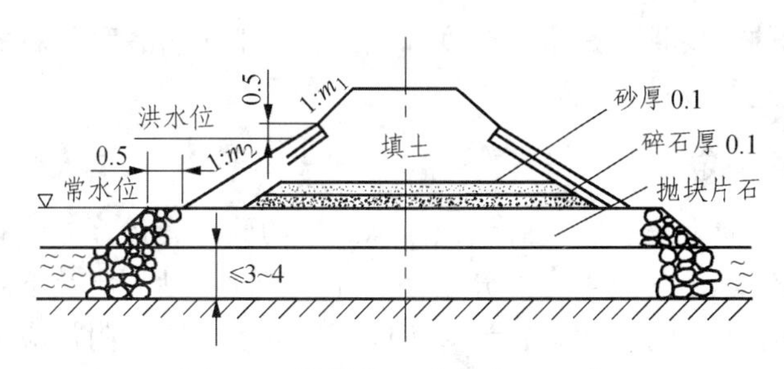

图 5.7 换填片石（单位：m）

下卧岩层面横坡陡于 1∶10 时，抛石时应从下卧层高的一侧向低的一侧扩展，并使低侧适当高度范围内多抛一些，使低侧边堆筑约有 2 m 宽的平台顶面，以增加其稳定性，如图 5.8 所示。

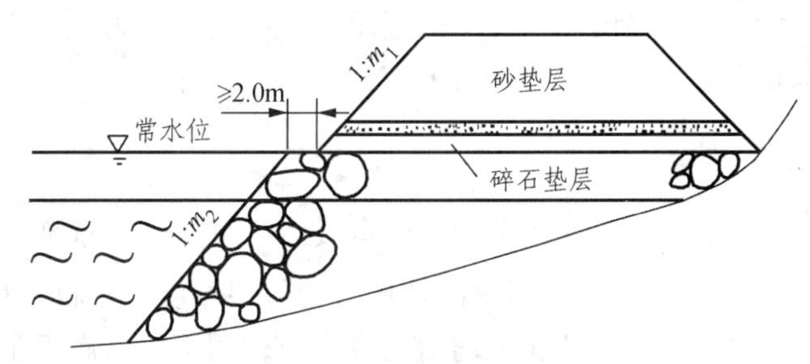

图 5.8 抛片石挤淤

爆破换土是利用爆炸力，更容易将软土层挤出，如图 5.9 所示。

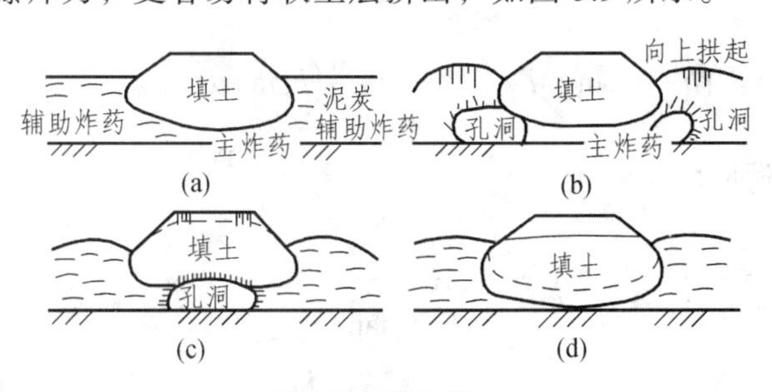

图 5.9 爆破换土

（三）砂垫层的设计计算

在冲刷较小的软土地基上，地基的承载力和变形达不到基础设计要求，且当软土层不太厚（如不超过 3 m）时，可采用较经济、简便的换土垫层法进行浅层处理。即将软土部分或全部挖除，然后换填工程特性良好的材料，并予以分层压实，这种地基处理方法称为换填垫层法。垫层处治应达到增加地基持力层承载力，防止地基浅层剪切变形的目的。

换填的材料主要有砂、碎石、高炉干渣和粉煤灰等，应具有强度高、压缩性低、稳定性好和无侵蚀性等良好的工程特性。当软土层部分换填时，地基便由垫层及（软弱）下卧层组成，足够厚度的垫层置换可能被剪切破坏的软土层，以使垫层底部的软弱下卧层满足承载力的要求，而达到加固地基的目的。按垫层回填材料的不同，可分别称为砂垫层、碎石垫层等。

换填垫层法设计的主要指标是垫层厚度和宽度，一般可将各种材料的垫层设计都近似地按砂垫层的计算方法进行设计。

1. 砂垫层厚度的确定

砂垫层厚度计算实质上是软弱下卧层顶面承载力的验算，计算方法有多种。

一种方法是按弹性理论的土中应力分布公式计算，即将砂垫层及下卧土层视为一均质半无限弹性体，在基底附加应力作用下，计算不同深度的各点土中附加应力并加上土的自重应力，同时以第二章所介绍的“规范”方法计算地基土层随深度变化的容许承载力，并以此确定砂垫层的设计厚度，如图 5.10 所示。也可将加固后地基视为上层坚硬、下层软弱的双层地基，用弹性力学公式计算。

另一种是我国目前常用的近似按应力扩散角进行计算的方法，即认为砂垫层以“θ”角向下扩散基底附加压力，到砂垫层底面（下卧层顶面）处的土中附加压应力与土中自重应力之和不超过该处下卧层顶面地基深度修正后的容许承载力，即

$$\sigma_H \leqslant [\sigma]_H \tag{5.24}$$

式中 $[\sigma]_H$（kPa）为下卧层顶面处地基的容许承载力，可按第三章确定，通常只进行下卧层顶面深度修正，压应力 σ_H 的大小与基底附加压力、垫层厚度、材料重量等有关。

若考虑平面为矩形的基础，在基底平均附加应力 σ 作用下，基底下土中附加压应力按扩散角 θ 通过砂垫层向下扩散到软弱下卧层顶面，并假定此处产生的压应力平面呈梯形分布（见图 5.11）（在空间呈六面体形状分布），根据力的平衡条件可得到

$$lb\sigma = [(b + h_s \tan\theta)l + bh_s \tan\theta + \frac{4}{3}(h_s \tan\theta)^2]\sigma_h \tag{5.25}$$

则该处下卧层顶面的附加压应力 σ_h 为

$$\sigma_h = \frac{lb\sigma}{lb + \left(l + b + \frac{4}{3}h_s \tan\theta\right)h_s \tan\theta} \tag{5.26}$$

式中 l——基础的长度（m）；

b——基础的宽度（m）；

h_s——砂垫层的厚度（m）；

σ——基底处的附加应力（kPa）；

θ——砂垫层的压应力扩散角，一般取 35°～45°，根据垫层材料选用。

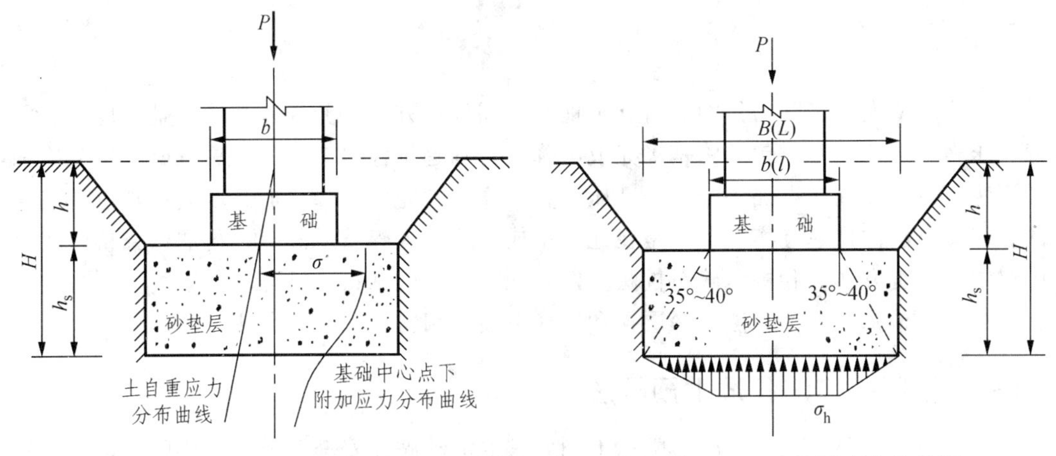

图 5.10　砂垫层及应力分布　　　　**图 5.11　砂垫层应力扩散图**

砂垫层底面下的下卧层同时还受到垫层及基坑回填土的重力作用，所以

$$\sigma_H = \sigma_h + \gamma_s h_s + \gamma h \tag{5.27}$$

式中　γ_s、γ——砂垫层、回填土的重度（kN/m^3），水下时按浮重度计算；

h——基坑回填土厚度（m）。

由上述公式可得到砂垫层所需厚 h_s。h_s 一般不宜小于 1 m 或超过 3 m，垫层过薄，作用不明显，过厚需挖深坑，费工耗料，经济、技术上往往不合理。当地基土软且厚或基底压力较大时，应考虑其他加固方案。

2. 砂垫层平面尺寸的确定

砂垫层底平面尺寸应为

$$\begin{aligned} L &= l + 2h_s \tan\theta \\ B &= b + 2h_s \tan\theta \end{aligned} \tag{5.28}$$

其中，L、B 分别为砂垫层底平面的长及宽，一般情况砂垫层顶面尺寸按此确定，以防止承受荷载后垫层向两侧软土挤动。

3. 基础最终沉降量的计算

砂垫层上基础的最终沉降量是由垫层本身的压缩量 S_s 与软弱下卧层的沉降量 S_l 所组成，$S = S_s + S_l$ 由于砂垫层压缩模量比较弱下卧层大得多，其压缩量小且在施工阶段基本完成，实际可以忽略不计。需要时 S_s 也可按下式求得

$$S_s = \frac{\sigma + \sigma_H}{2} \times \frac{h_s}{E_s} \tag{5.29}$$

式中　E_s——砂垫层的压缩模量，可由实测确定，一般为 12 000 ~ 24 000 kPa；

$\frac{\sigma + \sigma_H}{2}$——砂垫层内的平均压应力。

S 的计算值应符合建筑物容许沉降量的要求，否则应加厚垫层或考虑其他加固方案。

二、挤密法

挤密法以增大密实度为目的。对软土地基加固处理方法可分为 4 类：一是在地基表面预施静载压力，加速地基（包括路基）完成沉降，达到趋于稳定，这类方法有反压护道法和堆土预压法。二是在地基表面预施冲击动压力，同样达到完成沉降变形、增大地基土密实度的目的，这类方法称重锤夯实法。三是在地基中成孔后掺入碎石或砂等，再加以夯挤密实形成土中桩体，这类方法称砂桩、碎石桩法。四是深入地基内钻挤成桩孔，灌以固化剂与软土混合，组成复合地基，此类方法称深层拌和法。下面介绍常用的几种方法。

（一）反压护道法和堆土预压法

反压护道法主要指路堤在施工中达不到要求的滑动破坏安全系数时，反压主路堤两侧，以达到路堤稳定的一种处理方法。反压护道的施工，一般按图 5.12 所示的顺序进行，先填筑包括反压护道在内的砂垫层 I 和路堤 II，接着填路堤Ⅲ。在施工过程中必须注意：

（1）避免一次性高堆填，应分层填筑、分层碾压至规定的密实度。每层铺筑要有一定的向外倾斜坡度，以利排水。

（2）反压护道的填筑速度不得慢于主路堤。

（3）主路堤在施工中或完工后，如能确定反压护道下面的地基强度已增长到要求的值，则可将反压护道的超载部分挖除，并用这些材料填筑主路堤。

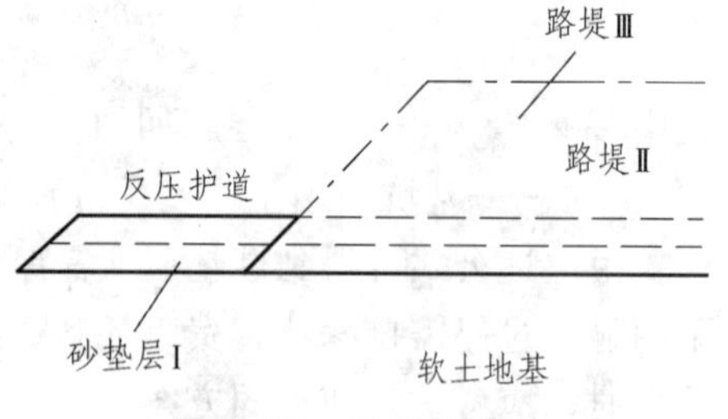

图 5.12　反压护道法

堆土顶压法是指在正式施工前或施工工期内允许的前提下，在软土地基表面预先堆土加压，加速地基的下沉和软土固结，通过挤密增大土体密实度，提高土的抗剪强度。利用路基本身的自重加压的方法经济有效，但要注意加荷速率与地基土强度的适应性，工程上严格控制加载速率，采取逐层填筑的方法以确保路基的稳定。在每级荷载作用下，待地基土强度提高后，才进行下一步填土压实，分阶段依次进行。

（二）夯（压）实法

夯（压）实法对砂土地基及含水量在一定范围内的软弱黏性土可提高其密实度和强度，减少沉降量。此法也适用于加固杂填土和黄土等。按采用夯实手段的不同可对浅层或深层土起加固作用，浅层处理的换土垫层法需要分层压实填土，常用的压实方法是碾压法、夯实法和振动压实法。还有浅层处理的重锤夯实法和深层处理的强夯法（也称动力固结法）。

1. 重锤夯实法

重锤夯实法，一般以钢筋混凝土制成截头圆锥体（底部垫钢板）的重锤，质量宜 1.5 t 或稍重，锤底直径为 1 ~ 1.5 m；起重设备的能力为 8 ~ 15 t，落距高一般为 2.5 ~ 4.5 m。重锤夯实法加固地基，可提高地基表层土的强度。对湿陷性黄土，可降低地表的湿陷性，对杂填土，可减少表层土的强度不均匀性。重锤夯实法适用于地下水位 0.8 m 以下稍湿的一般黏性土、砂土、湿陷性黄土、杂填土等。

重锤的夯击遍数，一般以最后两次的平均夯沉量不超过规定值来控制，即一般黏性土和湿陷性黄土为 1 ~ 2 cm，砂土为 0.5 ~ 1.0 cm。实践结果表明，重锤的夯击遍数一般是 8 ~ 12 遍，作用深度约为锤底直径的 1 倍左右。

在重锤夯实法的基础上，经过研究和实践，出现所谓强夯法，亦称动力固结法。它是以 8 ~ 12 t（甚至 20 t）的重锤，8 ~ 20 m 落距（最高达 40 m），对土基进行强力夯击，利用冲击波和动压力，达到土基加固的目的。此项新技术迅速在国际上得到广泛运用，效果十分显著，国外除使用现成的履带吊外，还制造了常用的三足架和轮胎式强夯机，用于起吊 40 t 夯锤，落距可达 40 m。

强夯法具有施工简单、加固效果好、使用经济、运用面较广等优点。国外资料表明，经强夯法处理的地基，其承载力可提高 2 ~ 5 倍，压缩性降低很多。广泛用于杂填土（各种垃圾），碎石土、砂土、黏性土、湿陷性黄土及泥炭和沼泽土，不但陆地上使用，亦可水下夯实。缺点是需要相应的机具设备，操作时噪声和振动较大，不宜在人口密集或附近防震要求高的地点使用。我国津、沪等地，不仅成功运用此法，而且在饱和软黏土地基加固处理方面，取得了新的成果与经验。

当采用强夯法施工时要注意以下几点：

（1）强夯施工应设专职质量检验人员，施工时应严格遵守施工步骤，并事先对夯锤的质量及尺寸、吊机的机械性能等进行严格的检验，并认真进行记录。

（2）对夯点定位进行严格的复核，其偏差应小于 5 cm。

（3）夯锤必须设直径 20 ~ 35 cm 的排气孔，避免产生“气垫效应”和“真空效应”。

（4）应严格按照施工设计图的次序进行强夯，不得漏夯；吊机就位应按次序，并有利于多台吊机同时施工。吊机就位后测量夯前锤顶高程，并做好记录。

（5）夯锤必须平稳自由落下，若倾斜下落或坑底面倾斜，能量损耗大，且夯击中心易改变，影响工程质量。

（6）认真做好现场记录。应对每一夯点的夯击能量、夯击次数、每次夯击的沉降量进行详细的记录。

（7）施工时应控制最后两锤的平均下沉量。第 1、2 遍不大于 8 cm。第 3、4、5 遍应不大于 5 cm，如最后两锤的平均下沉数超过上述规定值，应再增加夯击次数使其达到设计标准。

（8）满夯时，能量不宜过大，一般加固深度达 3 cm 即可。夯印彼此搭接，不留空当，否则局部地段得不到加固，出现死角。

（9）夯击时应注意安全。为防止夯击施工中飞石伤人，吊车驾驶室应加设防护罩，起锤后其他人员应在 10 m 以外并戴好安全帽，严禁在吊臂前站立。

2. 强夯法

强夯法，亦称为动力固结法，是一种将较大的重锤（一般为 80 ~ 400 kN，最重达 2 000 kN）从 6 ~ 20 m 高处（最高达 40 m）自由落下，对较厚的软土层进行强力夯实的地基处理方法。

它的显著特点是夯击能量大，因此影响深度也大，并具有工艺简单，施工速度快、费用低、适用范围广、效果好等优点。

强夯法适用于碎石类土、砂类土、杂填土、低饱和粉土和黏土、湿陷性黄土等地基的加固，效果较好。对于高饱和软黏土（淤泥及淤泥质土） 强夯处理效果较差，但若结合夯坑内回填块石、碎石或其他粗粒料，强行夯入形成复合地基（称为强夯置换或动力挤淤），处理效果较好。

图 5.13 强夯法示意图

强夯法虽然在实践中已被证实是一种较好的地基处理方法,但其加固机理研究尚待完善。目前，强夯加固机理根据土的类别和强夯施工工艺的不同分为 3 种：

（1）动力挤密：在冲击型荷载作用下，在多孔隙、粗颗粒、非饱和土中，土颗粒相对位移，孔隙中气体被挤出，从而使得土体的孔隙减小、密实度增加、强度提高以及变形减小。

（2）动力固结：在饱和的细粒土中，土体在夯击能量作用下产生孔隙水压力使土体结构被破坏，土颗粒间出现裂隙，形成排水通道，渗透性改变，随着孔隙水压力的消散土开始密实，抗剪强度、变形模量增大。在夯击过程中并伴随土中气体体积的压缩，触变的恢复，黏粒结合水向自由水转化等。

（3）动力置换：在饱和软黏土特别是淤泥及淤泥质土中，通过强夯将碎石填充于土体中，形成复合地基，从而提高地基的承载力。

强夯法的设计如下：

（1）有效加固深度。强夯的有效加固深度影响因素很多，有锤重、锤底面积和落距，还有地基土性质、土层分布、地下水位以及其他有关设计参数等。我国常采用的是根据国外经验方式进行修正后的估算公式

$$H = \alpha\sqrt{Mh} \tag{5.30}$$

式中 H——有效加固深度（m）；

M——锤重（以 10 kN 为单位）；

h——落距（m）；

α——对不同土质的修正系数，参见表 5.10。

表 5.10 修正系数α

土的名称	黄土	一般对黏性土、粉土	砂土	碎石土（不包括块石、漂石）	块石、矿渣	人工填土
α	0.45 ~ 0.60	0.55 ~ 0.65	0.65 ~ 0.70	0.60 ~ 0.75	0.49 ~ 0.50	0.55 ~ 0.75

式（5.30）未反映土的物理力学性质的差别，仅作参考，应根据现场试夯或当地经验确定，缺乏资料时也可按相关规范提供的数据预估。

（2）强夯的单位夯击能。单位夯击能指单位面积上所施加的总夯击能，它的大小应根据地基土的类别、结构类型、荷载大小和处理的深度等综合考虑，并通过现场试夯确定。对于粗粒土可取 1 000～4 000 kN·m/m^2；对细粒土可取 1 500～5 000 kN·m/m^2。夯锤底面积对砂类土一般为（3～4）m^2，对黏性土不宜小于 6 m^2。夯锤底面静压力值可取 24～40 kPa，强夯置换锤底静压力值可取 40～200 kPa。实践证明，圆形夯锤底并设置 250～300 mm 的纵向贯通孔的夯锤，地基处理的效果较好。

（3）夯击次数与遍数。夯击次数应根据现场试夯的夯击次数和夯沉量关系曲线以及最后两击夯沉量之差并结合现场具体情况来确定。施工的合理夯击次数，应取单击夯沉量开始趋于稳定时的累计夯击次数，且这一稳定的单击夯沉量即可用作施工时收锤的控制夯沉量。但必须同时满足：

① 最后两击的平均夯沉量不大于 50 mm，当单击夯击能量较大时，应不大于 100 mm；当单击夯击能大于 6 000 kN·m 时不大于 200 mm。

② 夯坑周围地基不应发生过大的隆起。

③ 不因夯坑过深而发生起锤困难。

各试夯点的夯击数，应使土体竖向压缩最大，而侧向位移最小为原则，一般为 5～15 击。

夯击遍数一般为 2～3 遍，最后再以低能量满夯一遍。

（4）间歇时间。对于多遍夯击，两遍夯击之间应有一定的时间间隔，主要取决于加固土层孔隙水压力的消散时间。对于渗透性较差的黏性土地基的间隔时间，应不小于 3～4 周，渗透性较好的地基可连续夯击。

（5）夯点布置及间距。夯点的布置一般为正方形、等边三角形或等腰三角形，处理范围应大于基础范围，宜超出 1/2～2/3 的处理深度，且不宜小于 3 m。夯间距应根据地基土的性质和要求处理的深度来确定。一般第一遍夯击点间距可取 5～9 m，第二遍夯击点位于第一遍夯击点之间，以后各遍夯击点间距可与第一遍相同，也可适当减小。

强夯法施工前，应先在现场进行原位试验（旁压试验、十字板试验、触探试验等），取原状土样测定含水量、塑限液限、粒度成分等，然后在试验室进行动力固结试验或现场进行试验性施工，以取得有关数据。为按设计要求（地基承载力、压缩性、加固影响深度等）确定施工时每一遍夯击的最佳夯击能、每一点的最佳夯击数、各夯击点间的间距以及前后两遍锤击之间的间歇时间（孔隙承压力消散时间）等提供依据。

强夯法施工过程中还应对现场地基土层进行一系列对比的观测工作，包括地面沉降测定，孔隙水压力测定，侧向压力、振动加速度测定等。对强夯加固后效果的检验可采用原位测试的方法，如现场十字板、动力触探、静力触探、荷载试验、波速试验等；也可采用室内常规试验、室内动力固结试验等。

近年来国内外有采用强夯法作为软土的置换手段，用强夯法将碎石挤入软土形成碎石垫层或间隔夯入形成碎石墩（桩），构成复合地基，且已列入相关的行业规范。

强夯法除了尚无完整的设计计算方法，施工前后及施工过程中需进行大量测试工作外，还有诸如噪声大、振动大等缺点，不宜在建筑物或人口密集处使用；加固范围较小（5 000 cm^2）

时不经济。

（三）振冲法

振冲法主要的施工机具是振冲器、吊机和水泵。振冲器是一个类似插入式混凝土振捣器的机具，其外壳直径为 0.2 ~ 0.45 m，长 2 ~ 5 m，重 20 ~ 50 kN，筒内主要由一组偏心块、潜水电机和通水管 3 部分组成。

振冲器有两个功能，一是产生水平向振动力（40 ~ 90kN）作用于周围土体；二是从端部和侧部进行射水和补给水。振动力是加固地基的主要因素，射水起协助振动力在土中使振冲器钻进成孔，并在成孔后清孔及实现护壁的作用。

施工时，振冲器由吊车或卷扬机就位后，打开下喷水口，启动振冲器，在振动力和水冲作用下，在土层中形成孔洞，直至设计标高。然后经过清孔，用循环水带出孔中稠泥浆后，向桩孔逐段添加填料（粗砂、砾砂、碎石、卵石等），填料粒径不宜大于 80 mm，碎石常用 20 ~ 50 mm，每段填料均在振冲器振动作用下振挤密实，达到要求密实度后就可以上提，重复上述操作直至地面，从而在地基中形成一根具有相当直径的密实桩体，同时孔周围一定范围的土也被挤密。孔内填料的密实度可以从振动所耗的电量来反映，通过观察电流变化来控制。不加填料的振冲法仅适用于处理黏粒含量不大于 10%的粗砂、中砂地基。

振冲法的显著优点是用一个较轻便的机具，将强大的水平振动（有的振冲器也附有垂直方向的振动）直接递送到深度可达 20 m 左右的软弱地基内，施工设备较简单，操作方便，施工速度快，造价较低。缺点是加固地基时要排出大量的泥浆，环境污染比较严重。

振冲法根据其加固机理不同，可分为振冲置换和振冲密实两类（见表 5.11）。

1. 对砂类土地基

振动力除直接将砂层挤压密实外，还向饱和砂土传播加速度，因此在振冲器周围一定范围内砂土产生振动液化。液化后的土颗粒在重力、上覆土压力及外添填料的挤压下重新排列变得密实，孔隙比大为减小，从而提高地基承载力及抗震能力；另外，依靠振冲器的重复水平振动力，在加回填料情况下，通过填料使砂层挤压加密。

2. 对黏性土地基

软黏性土透水性很低，振动力并不能使饱和土中孔隙水迅速排除而减小孔隙比，振动力主要是把添加料振密并挤压到周围黏土中去形成粗大密实的桩柱，桩柱与软黏土组成复合地基。复合地基承受荷载后，由于地基土和桩体材料的变形模量不同，故土中应力集中到桩柱上，从而使桩周软土负担的应力相应减少。与原地基相比，复合地基的承载力得到提高。

振冲法处理地基最有效的土层为砂类土和粉土，其次为黏粒含量较小的黏性土，对于黏粒含量大于 30%的黏性土，则挤密效果明显降低，主要产生置换作用。

振冲桩加固砂类土的设计计算，类似于挤密砂桩的计算，即根据地基土振冲挤密前后孔隙比进行；对黏性土地基应按后面介绍的复合地基理论进行，另外也可通过现场试验取得各项参数。当缺乏资料时，可参考表 5.11 进行设计。

表 5.11　冲法分类及要求

加固方法	振冲置换法	振冲密实法
孔位的布置	等边三角形和正方形	等边三角形和正方形
孔位的间距和桩长	间距应根据荷载大小，原地基土的抗剪强度确定，可用 1.5～2.5 m。荷载大或原土强度低时，宜取较小间距；反之，宜取较大间距。对桩端未达到相对硬层的短桩，应取小间距。桩长的确定，当相对硬层的埋深不大时，按其深度确定，当相对硬层的埋深较大时，按地基的变形允许值确定，不宜短于 4 m。在可液化的地基中，桩长应按要求的抗震处理深度确定。桩直径按所用的填料量计算，常为 0.8～1.2 m	孔位的间距视砂土的颗粒组成、密实要求、振冲器功率等而定，砂的粒径越细，密实要求越高，则间距应越小。使用 30 kW 振冲器，间距一般为 1.3～2.0 m；55 kW 振冲器间距可采用 1.4～2.5 m；使用 75 kW 大型振冲器，间距可加大到 1.6～3.0 m
填料	碎石、卵石、角砾、圆砾等硬质材料，最大直径不宜大于 80 mm，对碎石常用粒径为 20～50 mm	宜用碎石、卵石、角砾、圆砾、砾砂、粗砂、中砂等硬质材料，在施工不发生困难的前提下，粒径越粗，加密效果越好

振冲法加固砂性土地基，宜在加固半个月后进行效果检验，黏性土地基则至少要一个月才能进行。检验方法可采用静载试验，标准贯入试验，静力触探或土工试验等方法，对加固前后进行对比。

（四）砂桩、碎石桩法

碎石桩和砂桩又称粗颗粒土桩，是指用振动、冲击或水冲等方式在软弱地基中成孔后，再将碎石或砂挤压入桩孔中，形成大直径的碎（砂）石所构成的密实桩体。交通部发布的《公路软土路堤设计与施工技术规范》中称之为粒料桩。

1. 砂　桩

砂桩适用于松散砂土、人工填土、粉土或杂填土等地基，可以提高地基的强度，减少地基的压缩性，或提高地基的抗震能力，防止饱和软弱土地基液化。根据国内外的使用经验，砂桩适用于中小型工业与民用建筑物、散料堆场、码头、路堤、油罐等工程的地基加固。

目前，国内外砂桩常用的成桩方法有振动沉管法和锤击成桩法。振动沉管法是使用振动打桩机将桩管沉入土层中，并振动挤密砂填料。锤击成桩法是使用蒸汽或柴油打桩机将桩管引入土层中，并用内管夯击密实砂填料，实际上这也就是碎石桩的沉管法。

2. 碎石桩

碎石桩适用于挤密松散的砂土、粉土、素填土和杂填土地基。在复合地基的各类桩体中，碎石桩与砂桩同属散体材料桩，加固机理相似。随被加固土质不同机理有所差别：对砂土、粉土和碎石土具有置换和挤密作用；对黏性土和填土，以置换作用为主，兼有不同程度的挤密和促进排水固结的作用。碎石桩在工程中主要应用于以下几个方面：① 软弱地基加固；② 堤坝边坡加固；③ 消除可液化砂土的液化性；④消除湿陷性黄土的湿陷性。

三、化学加固法

化学加固法是在软土地基土中掺入水泥、石灰等，用喷射、搅拌等方法使与土体充分混合固化；或把一些能固化的化学浆液（水泥浆、水玻璃、氯化钙溶液等）注入地基土孔隙，以改善地基土的物理力学性质，达到加固目的。按加固材料的状态可分为粉体类（水泥、石灰粉末）和浆液类（水泥浆及其他化学浆液）。按施工工艺可分为低压搅拌法（粉体喷射搅拌桩、水泥浆搅拌桩）、高压喷射注浆法（高压旋喷桩等）和胶结法（灌浆法、硅化法）3类。

（一）化学溶液

（1）以水玻璃溶液为主的浆液，其配方较多，常用的是水玻璃浆液和氯化钙浆液配合使用，价格昂贵，使用受到限制。

（2）以丙烯氨为主的浆液，我国研制的丙强就是其中的一种。加固效果较好，因价高亦难以广泛采用。

（3）水泥浆液，是由高标号的硅酸盐水泥配以速凝剂而组成的浆液。

（4）以纸浆溶液为主的浆液，如重铬酸盐木质素和木铵，加固效果好，但有毒性，且易污染地下水。以上4类化学溶液，目前以水泥浆液使用较多。今后发展的关键应是研制高效、无毒、易渗的化学浆液。

化学加固的施工工艺有深层拌和法和灌浆法。灌浆法就是依据物理化学原理，利用机械设备将具有固化和抗渗性能的浆液材料灌入某种介质的间隙（孔隙或裂隙）或结构面内，并使之在一定范围内扩散和固化，以达到提高地基强度、降低渗透性、改善地基物理力学性质的一种方法。其适用于处理淤泥、淤泥质土、粉土和含水量较高，且地基承载力标准值不大于120 kPa的黏性土等地基。当用于处理泥炭土或具有侵蚀性的地下水时，宜通过试验以确定其使用程度。

（二）灌浆法施工工艺（见图5.14）

1. 钻　孔

对于较浅的软土，可采用螺旋钻，较深则采用回转式钻孔。为防止冒浆，孔径宜小一些，一般为75～110 mm，垂直偏差小于10%。

2. 制　浆

根据材料试验确定配比、选择浆材，制浆时注意以下几点：

（1）按程序加料，准确计量，掌握浆液性能，供需应搭配。

（2）浆液应进行充分搅拌，并坚持灌

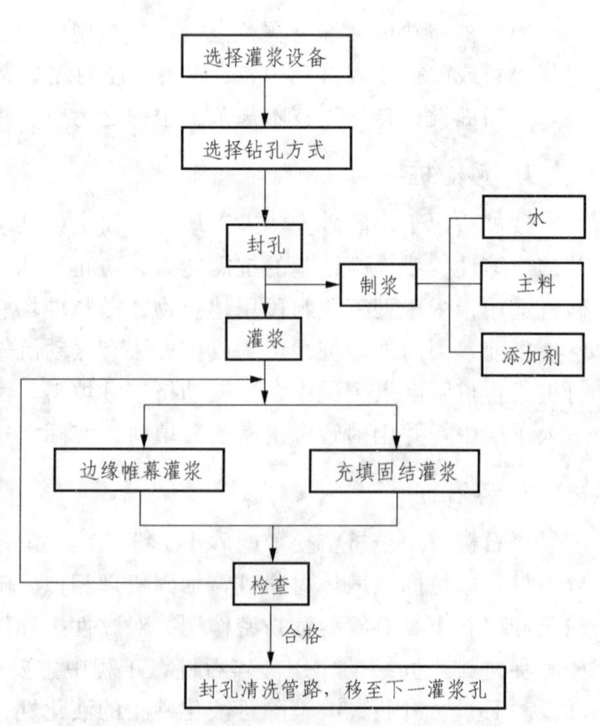

图5.14　灌浆法施工工艺流程图

浆前不断地搅拌，防止再次沉淀，影响浆液质量。

3. 灌　浆

灌浆的方法有：①自下而上式孔口封闭灌浆法。这种工艺一次成孔，孔口用三角楔止浆塞封口，分段自下而上灌浆，灌浆段高度在 1.5 ~ 2.0 m。该方法适用于黏性土层较多或地层下部具有少量中粗粒土层的软弱土层。②自上而下式孔口封闭灌浆法。这种方法一次只钻成一段灌浆孔，孔口用三角楔止浆塞封口，分段自上而下灌浆，灌浆段在 1.5 ~ 2.0 m。适用于上部中粗粒砂土层较多的软弱土层。

4. 封　孔

灌浆结束后应及时封孔，即第二灌浆段灌浆结束半小时后，立刻排除孔口封堵物，再往孔内投入砂石直到水稳层顶面，24 h 后，若浆液下沉，再补充水灰比 1∶2 的浆液至水稳层顶面。

5. 特殊情况下技术处理措施

在灌浆过程中，发现浆液冒出地表（即冒浆），可采取如下控制措施：① 降低灌浆压力，同时提高浆液浓度，必要时掺砂或水玻璃；② 限量灌浆，控制单位吸浆量不超过 30 ~ 40 L/min 或更小；③ 采取间歇灌浆的方法，即发现冒浆后就停灌，待 15 min 左右再灌。

在灌浆过程中，当浆液从附近其他钻孔流出形成串浆，可采用如下方法处理：① 加大第 1 次序孔间的孔距；② 在施工组织安排上，适当延长相邻两个次序孔施工时间的间隔，使前一次序孔浆液基本凝固或具有一定强度后，再开始后一次序钻孔，相邻同一次序孔不要在同一高程钻孔中灌浆；③ 串浆孔若为待灌孔，采取同时并联灌浆的方法处理，如串浆孔正在钻孔，则停钻封闭孔口，待灌浆完后再恢复钻孔。

（三）粉体喷射搅拌（桩）法和水泥浆搅拌（桩）法

深层搅拌法是用于加固饱和软黏土地基的一种新颖方法，它是通过深层搅拌机械，在地基深处就地利用固化剂与软土之间所产生的一系列物理化学反应，使软土固化成具有整体性、水稳性和一定强度的桩体，与桩间土组成复合地基。固化剂主要采用水泥、石灰等材料，与砂类土或黏性土搅拌均匀，在土中形成竖向加固体。它对提高软土地基承载能力，减小地基的沉降量有明显效果。

当采用的固化剂形态为浆液固化剂时，常称为水泥浆搅拌桩法，当采用粉状固化剂时，常称粉体喷射搅拌（桩）法。这两者的加固原理、设计计算方法和质量检验方法基本一致，但施工工艺有所不同。

1. 粉体喷射搅拌法（粉喷桩法）

粉体喷射搅拌法是通过专用的施工机械，将搅拌钻头下沉到预计孔底后，用压缩空气将固化剂（生石灰或水泥粉体材料）以雾状喷入加固部位的地基土，凭借钻头和叶片旋转使粉体加固料与软土原位搅拌混合，自下而上边搅拌边喷粉，直到设计停灰标高。为保证质量，可再次将搅拌头下沉至孔底，重复搅拌。

粉体喷射搅拌法的优点是以粉体作为主要加固料，不需向地基注入水分，因此加固后地基土初期强度高，可以根据不同土的特性、含水量、设计要求合理选择加固材料及配合比，对于含水量较大的软土，加固效果更为显著；施工时不需高压设备，安全可靠，如严格遵守操作规程，可避免对周围环境产生污染、振动等不良影响。缺点是由于目前施工工艺的限制，加固深度不能过深，一般为 8 ~ 15 m。

粉体喷射搅拌法的加固机理因加固材料的不同而稍有不同，当采用石灰粉体喷搅加固软黏土时，其原理与公路常用的石灰加固土基本相同。石灰与软土主要发生如下作用：石灰的吸水、发热、膨胀作用；离子交换作用；碳酸化作用（化学胶结反应）；火山灰作用（化学凝胶作用）以及结晶作用。这些作用使土体中水分降低，土颗粒凝聚而形成较大团粒，同时土体化学反应生成复合的水化物 $4CaO \cdot Al_2O_3 \cdot 13H_2O$ 和 $2CaO \cdot Al_2O_3 \cdot SiO_26H_2O$ 等在水中逐渐硬化，而与土颗粒黏结一起从而提高了地基土的物理力学性质。当采用水泥作为固化剂材料时，其加固软黏土的原理是在加固过程中发生水泥的水解和水化反应（水泥水化成氢氧化钙、含水硅酸钙含水铝酸钙、及含水铁铝酸钙等化合物，在水中、空气中逐渐硬化）、黏土颗粒与水泥水化物的相互作用（水泥水化生成钙离子与土粒的钠、钾离子交换使土粒形成较大团粒的硬凝反应）和碳酸化作用（水泥水化物中游离的氢氧化钙吸收二氧化碳生成不溶于水的碳酸钙）3 个过程。这些反应使土颗粒形成凝胶体和较大颗粒，颗粒间形成蜂窝状结构，生成稳定的不溶于水的结晶化合物，从而提高软土强度。

石灰、水泥粉体加固形成的桩柱的力学性质变形幅度相差较大，主要取决于软土特性、掺加料种类、质量、用量、施工条件及养护方法等。石灰用量一般为干土重的 6% ~ 15%，软土含水量以接近液限时效果较好，水泥掺入量一般为干土重 5%以上（7% ~ 15%）。粉体喷射搅拌法形成的粉喷桩直径为 50 ~ 100 cm，加固深度可达 10 ~ 30 m。石灰粉体形成的加固桩柱体抗压强度可达 800 kPa，压缩模量 20 000 ~ 30 000 kPa，水泥粉体形成的桩柱体抗压强度可达 5 000 kPa，压缩模量 100 000 kPa 左右，地基承载力一般提高 2 ~ 3 倍，减少沉降量 1/3 ~ 2/3。粉体喷射搅拌桩加固地基的设计具体计算可参照后面介绍的复合地基设计。桩柱长度确定原则上与砂桩相同。

粉体喷射搅拌桩施工作业顺序如图 5.15 所示。施工结束后，对加固的地基应作质量检验，包括标准贯入试验、取芯抗压试验、载荷试验等。桩柱体的强度、压缩模量、搅拌的均匀性以及尺寸均应符合设计要求。

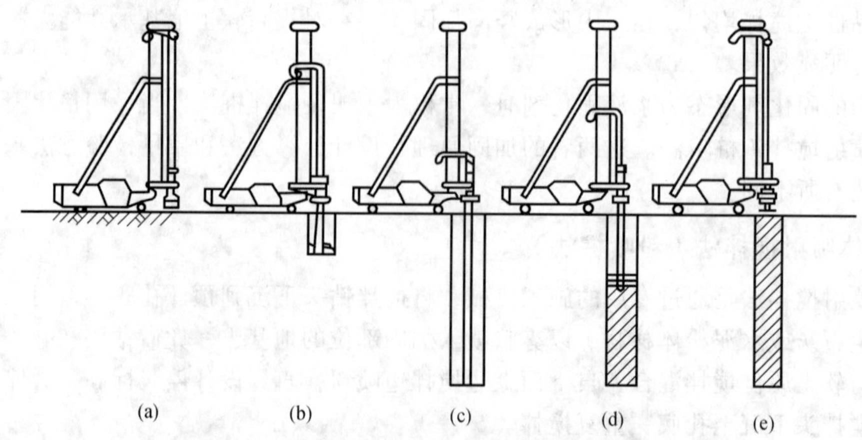

图 5.15　粉体喷射搅拌桩施工作业顺序

（a）搅拌机对准桩位；（b）下钻；（c）钻进结束；（d）提升喷射搅拌；（e）提升结束

我国粉体材料资源丰富，粉体喷射搅拌法常用于公路、铁路、水利、市政、港口等工程软土地基的加固，较多用于边坡稳定及筑成地下连续墙或深基坑支护结构。被加固软土中有机质含量不应过多，否则效果不大。

2. 水泥浆搅拌法（深搅桩法）

水泥浆搅拌法是用回转的搅拌叶将压入软土内的水泥浆与周围软土强制拌和形成水泥加固体。搅拌机由电动机、中心管、输浆管、搅拌轴和搅拌头组成，并有灰浆搅拌机、灰浆泵等配套设备。我国生产的搅拌机现有单搅头和双搅头两种，加固深度达 30 m，形成的桩柱体直径 60 ~ 80 cm（双搅头形成 8 字形桩柱体）。

水泥浆搅拌法加固原理基本和水泥粉喷搅拌桩相同，与粉体喷射搅拌法相比有其独特的优点：

（1）加固深度加深。

（2）由于将固化剂和原地基软土就地搅拌，因而最大限度利用了原土。

（3）搅拌时不会侧向挤土，环境效应较小。

施工顺序大致为：在深层搅拌机起吊就位后，搅拌机先沿导向架切土下沉，下沉到设计深度后开启灰浆泵将制备好的水泥浆压入地基，边喷边旋转搅拌头并按设计确定提升速度，进行提升、喷浆、搅拌作业，使软土与水泥浆搅拌均匀，提升到上面设计标高后再次控制速度将搅拌头搅拌下沉，到设计加固深度再搅拌提升出地面。为控制加固体的均匀性和加固质量，施工时应严格控制搅拌头的提升速度，并保证喷压阶段不出现断桩现象。

加固形成桩柱体强度与加固时所用水泥标号、用量、被加固土含水量等有密切关系，应在施工前通过现场试验取得有关数据，一般用 425 号水泥，水泥用量为加固土干容重的 2% ~ 15%，3 个月龄期试块变形模量可达 75 000 kPa 以上，抗压强度（1 500 ~ 3 000）kPa 以上（加固软土含水量 40% ~ 100%）。按复合地基设计计算加固软土地基可提高承载力 2 ~ 3 倍以上，沉降量减少，稳定性也明显提高，而且施工方便，是目前公路、铁路厚层软土地基加固常用技术措施的一种，也用于深基坑支护结构、港口码头护岸等。由于水泥浆与原地基软土搅拌结合对周围建筑物影响很小，施工无振动噪声，对环境无污染，更适用于市政工程。但不适用于含有树根、石块等的软土层。

（四）高压喷射注浆法

高压喷射注浆法于 20 世纪 60 年代后期由日本提出，我国在 70 年代开始用于桥墩、房屋等地基处理。它是利用钻机将带有喷嘴的注浆管钻进至土层的预定位置后，以 20 MPa 左右的高压将加固用浆液（一般为水泥浆）从喷嘴喷射出冲击土层，土层在高压喷射流的冲击力、离心力和重力等作用下与浆液搅拌混合，浆液凝固后，便在土中形成一个固结体。

高压喷射注浆法按喷射方向和形成固体的形状可分为旋转喷射、定向喷射和摆动喷射 3 种。旋转喷射时喷嘴边喷边旋转和提升，固结体呈圆柱状，称为旋喷法，主要用于加固地基；定向喷射喷嘴边喷边提升，喷射定向的固结体呈壁状；摆动喷射固结体呈扇状墙，此两方式常用于基坑防渗和边坡稳定等工程。按注浆的基本工艺可分为单管法（浆液管）、二重管法（浆液管和气管）、三重管法（浆液管、气管和水管）和多重管法（水管、气管、浆液管和抽泥浆管等）。

高压喷射注浆法适用于砂类土、黏性土、湿陷性黄土、淤泥和人工填土等多种土类，加固直径（厚度）为 0.5 ~ 1.5 m，固结体抗压强度（325 号水泥 3 个月龄期）加固软土为（5 ~ 10）MPa，加固砂类土为（10 ~ 20）MPa。对于砾石粒径过大，含腐殖质过多的土加固效果较差；对地下水流较大，对水泥有严重腐蚀的地基土也不宜采用。

旋喷法加固地基的施工程序如图 5.16 所示，图中①表示钻机就位后先进行射水试验；②、③表示钻杆旋转射水下沉，直到设计标高为止；④、⑤表示压力升高到 20 MPa 喷射浆液，钻杆约以 20 r/min 旋转，提升速度为每喷射 3 圈提升 25 ~ 50 mm，这与喷嘴直径，加固土体所需加固液量有关（加固液量经试验确定）；⑥表示已旋喷成桩，再移动钻机重新以② ~ ⑤程序进行加固土层。

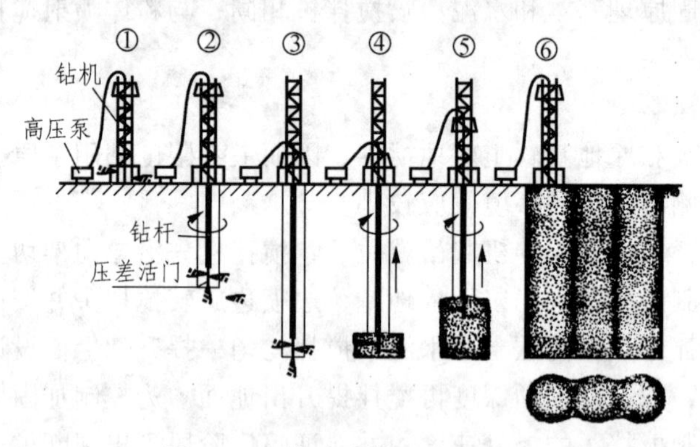

图 5.16　旋喷法施工作业顺序

旋喷桩的平面布置可根据加固需要确定，当喷嘴直径为 1.5 ~ 1.8 mm，压力为 20MPa 时，形成的固结桩柱体的有效直径可参考下列经验公式估算：

对于标准贯入击数 $N = 0 \sim 5$ 的黏性土

$$D = \frac{1}{2} - \frac{1}{200} N^2 \left(\mathrm{m}\right) \tag{5.31}$$

对于 $5 \leqslant N \leqslant 15$ 的砂类土

$$D = \frac{1}{1\,000}\left(350 + 10N - N^2\right)\left(\mathrm{m}\right) \tag{5.32}$$

此法因加固费用较高，我国只在其他加固方法效果不理想等情况下考虑选用。

四、排水固结法

饱和软土在荷载作用下排水固结，抗剪强度可得到提高，以达到加固的目的。此法常用于加固软土地基，包括天然沉积层和人工充填的土层，如沼泽土、淤泥及淤泥质土、水力冲积土等。

排水固结法处理软土地基就是在路基施工前，对在天然地基上已设置横向排水体或已设置横向、竖向排水体的路基加载预压，使土体固结沉降基本完成或大部分完成，从而提高地基强度，减少施工后地基沉降的一种加固方法。

因此，要保证排水固结法的加固效果，从施工角度考虑，主要应做好以下 3 个环节：铺设水平垫层、设置竖向排水体和施加固结压力。

排水固结法中目前常用的施工方法有砂垫层加载预压法、砂井加载预压法、塑料板加载预压法和砂井（塑料排水板）真空预压法。现分述如下：

（一）砂垫层加载预压法

砂垫层是指作为湿软土层地基固结所需要的上部排水层，同时又是路堤内土体含水增多的排水层。砂垫层的作用是加速软弱土层的排水固结，从而可提高承载力，减少沉降量，同时可防止冻胀，消除膨胀土的胀缩作用，也可处理暗穴。

1. 垫层材料

砂垫层材料应采用透水性好的砂料，其渗透系数一般不低于 10^{-3} cm/s，同时能起到一定的反虑作用。通常采用级配良好的中粗砂，颗粒粒径以 0.074 ~ 0.84 mm 为宜，含泥量不大于 3%，砂垫层厚度一般在 0.5 ~ 1.0 m，太厚施工困难，太薄效果较差。

2. 砂垫层施工

砂垫层一般用自卸汽车与推土机配合分层摊铺。每层厚度一般不超过 50 cm，目前有 4 种施工方法：

（1）当地基表层有一定厚度的硬壳层，其承载力较好，能承载通常的运输机械时，一般采用机械分堆摊铺法，即先堆成若干砂堆，然后用机械或人工摊平。

（2）当硬壳层承载力不足时，一般采用顺序推进摊铺法，即从一端向另一端摊铺。

（3）当软土地基表面很软，如新沉积或新吹填不久的超软地基，首先要改善地基表面的持力条件，使其能承载施工人员或轻型运输工具。处理措施一般采用：① 地基表面铺荆笆；② 表层铺设塑料编织网或尼龙编织网，编织网上再铺砂垫层；③ 表面铺设土工聚合物，土工聚合物上再铺排水砂垫层。

（4）尽管对超软地基表面采取了加强措施，但持力条件仍然很差，一般对不能承载轻型机械的情况下，通常要用人工或轻便机械顺序推进铺设。

不论采用何种施工方法，都应避免对软土表层的过大扰动，以免造成砂和淤泥混合，影响垫层的排水效果。

（二）砂井加载预压法

砂井排水法是在湿软地基中人为地设置垂直排水砂井，缩短排水距离，减少固结时间，以达到提高地基抗剪强度的一种方法。一般情况下，砂井上堆载预压的加载量大致可取与设计荷载接近，这样可预压至 80%的固结度。砂井直径多为 8 ~ 10 cm，间距大约是井径的 6 ~ 8 倍。砂井深度应穿越地基可能的滑动面，井深如能穿越主要受压层，对沉降有利；如果软土层较薄，有透水性下卧层，则井深入透水层，对排水固结更有利。砂井排水法的施工深度一般为 15 ~ 20 m。

1. 砂井预压法的施工

（1）铺砂，在砂井施工前，先在地表均匀地铺设一层 0.5 ~ 1.2 m 的砂垫层。

（2）砂井的布置，可分为正方形和梅花形两种，如图 5.17 所示。砂井（不管是已经打下的还是将要打下的）位置确定后要做好标记。

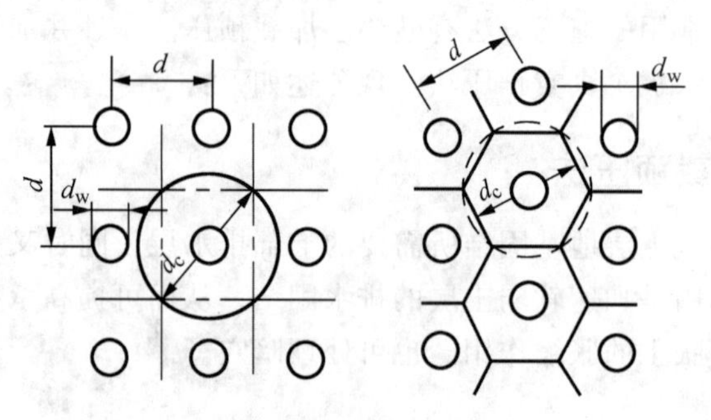

图 5.17 砂井的布置

（3）施打砂井，施打方法有打入式、振动锤式、射水式、螺旋钻式和袋装式。

A. 打入式、振动锤式。通常用履带式吊机或特制钢架，砂井直径 30 ~ 50 cm，施打间距 1.5 ~ 3.0 m。施工步骤如图 5.18 所示：

① 关闭套管的尖靴，安置在指定的位置上。

② 靠锤或振动器的振动打到预定的深度。

③ 用料斗将砂投入套管内。

④ 关闭投砂口，边送入压缩空气边拔套管。

⑤ 套管全部拔出，砂井打成。

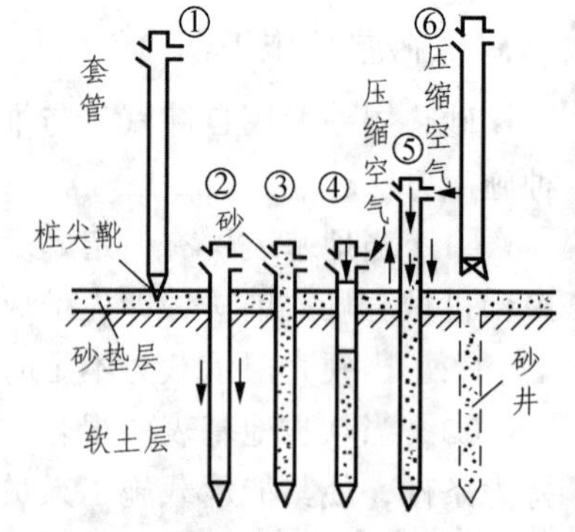

图 5.18 打入式砂井的施工步骤

B. 射水式。该法是通过专用喷头，在水压力作用下冲孔，成孔后经清孔，再向孔内罐砂成形。采用该法施工时，有两个环节需特别注意：一是控制好冲孔时水压力大小和冲水时间，这和土层性质有关，当分层土的性质不同而用相同水压时，会出现成孔直径不同的现象；二是孔内灌砂质量，如孔内泥浆末清洗干净，砂中含泥量增加，会使砂井渗透系数降低，这对土层的排水固结是不利的，并且如泥浆排放疏导不好，也会对水平排水垫层带来不利影响。

射水法的优点是设备比较简单，对地基扰动小。施工步骤如图 5.19 所示：

① 套管安置在指定的位置上。

② 将射水管放进套管内射水。

③ 射水后套管慢慢下沉，如地下有障碍物或坚实土层，要用锤将套管打入。

④ 套管达到预定深度后，上下移动射水管，使套管中的土充分流出。

⑤ 将砂投进套管内。

⑥ 拔起套管，施打完毕。

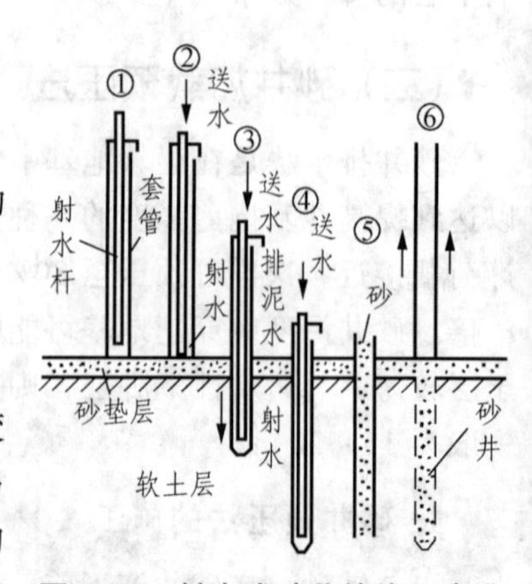

图 5.19 射水式砂井的施工步骤

射水成孔的工艺，对土质较好且均匀的黏性土地基是较适用的，但对于土质很软的淤泥，因成孔和灌砂过程中容易缩孔，很难保证砂井的直径和连续性；对于夹有粉砂薄层的软土地基，若压力控制不严，易在冲水成孔时出现串孔，对地基扰动比较大；并且在泥浆排放、塌孔、灌砂等方面都还存在一定的问题，应引起注意，如图 5.20 所示。

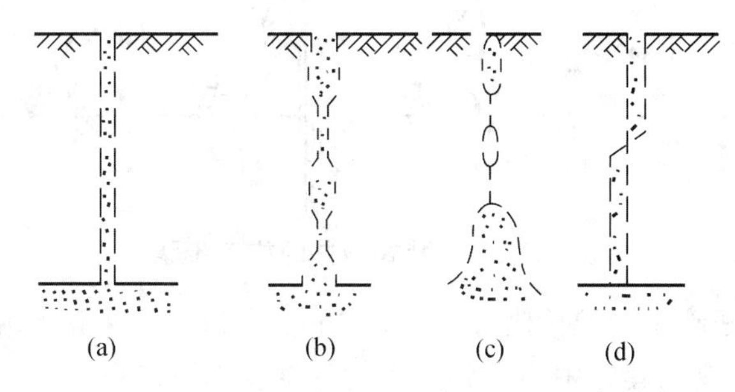

图 5.20 普通砂井可能产生的质量事故

（a）理想的砂井形状；（b）缩颈；（c）断颈；（d）错位

C. 螺旋钻式。该法以动力螺旋钻钻孔，属于干钻法施工，提钻后孔内灌砂成形。此法适用于陆地工程，砂井长度在 10 m 以内，土质较好，且不会出现缩颈和塌孔现象的软弱地基。

该工艺所用设备简单而机动，成孔比较规整，但灌砂质量较难掌握，对很软弱的地基也不太适用。

螺旋钻式成孔法在施工过程中要注意两个问题：一是施工中要排出大量的废土，要安排好弃土问题；二是如何保持孔壁的直立，特别是高含水量的软黏土地基，更难以做到，因此在使用时也受到一定的限制。其施工步骤如图 5.21 所示。

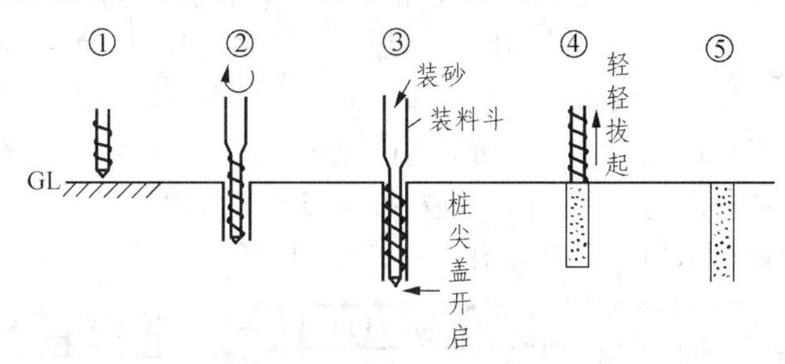

图 5.21 螺旋钻式砂井的施工步骤

D. 袋装式。袋装砂井是用具有一定伸缩性和抗拉强度很高的聚丙烯或聚乙烯编织袋装满砂，它基本上解决了大直径砂井中所存在的问题，使砂井的设计和施工更加科学化，在受荷后能随地基变形，避免了砂桩因断桩而不能排水的缺点，保证了砂井的连续性；施工设备实现了轻型化；比较适合在软弱地基上施工；用砂量大为减少；施工速度加快、工程造价降低，是一种比较理想的竖向排水体。

袋装砂井的施工工艺流程为：排除地表水→整平原地面→铺设下层砂垫层→测设放样→机具定位→打入套管→沉入砂袋→拔出套管→机具移位→埋砂袋头→摊铺上层砂垫层。

主要施工机械为导管式振动打桩机或导管式锤击打桩机。其施工步骤如图 5.22 所示。

① 施工准备。此工序包括平整场地，机具配备、砂料和砂袋、成孔用的套管、桩尖等备料工作的完成，并对桩孔定位放样复核，以确保无误。

② 沉入套管。将带有可开闭底盖的套管或带有预制桩尖的套管（内径略大于砂袋直径）按井孔定位沉入到要求的深度。

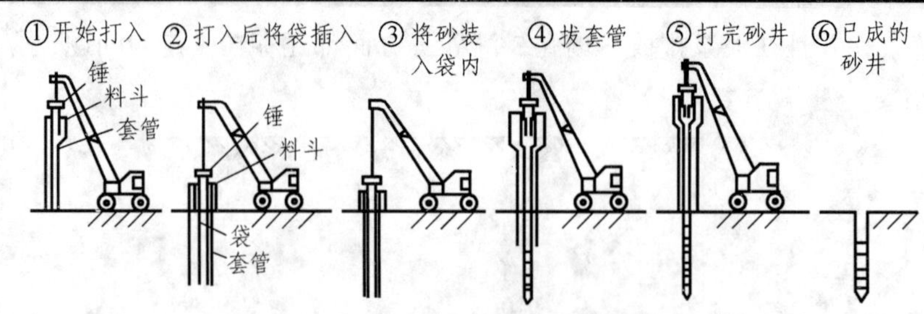

图 5.22 袋装式砂井的施工步骤

③ 沉放砂袋。扎好砂袋（袋长比井深长约 2 m）下口后，在其下端放入 20 cm 左右高的砂子作为压重，将袋子放入套管中沉入到要求的深度。如不能沉到要求深度，会有一部分拖留在地面上，此时需做排泥处理，直至砂袋沉到预定深度。

④ 就地填砂入袋成井。将袋口固定在装砂用的砂口上，通过振动将砂填满袋中，然后卸下砂袋，拧紧套管上盖，接着把压缩空气边送进套管，边提升套管至地面。

⑤ 用预制砂袋沉放。预先在袋内装满砂料，扎好上口，成为预制砂袋。将砂袋运往现场，弯成圆形，成圆堆放。成孔后将砂袋立即放入孔内。

（三）塑料板加载预压法

塑料板排水法是将带状塑料排水带用插带机将其插入软土中作为竖向排水体，然后在地基面上加载预压（或采用真空预压），土中孔隙水沿塑料带的通道逸出，从而使地基土得到加固的方法，其原理与砂井排水法完全相同，是加速湿软土地基固结的一种方法。

塑料排水板是由芯体和滤膜组成的复合体，或是由单种材料制成的多孔管道板带。芯板是由聚丙烯和聚乙烯塑料加工而成，且两面有间隔沟槽，土层中固结渗流水通过滤膜渗入到沟槽内，并通过沟槽从排水垫层中排出。塑料排水板由于所用材料不同，结构也各异，国内外工程上所应用的塑料板结构，主要有图 5.23 所示的几种。

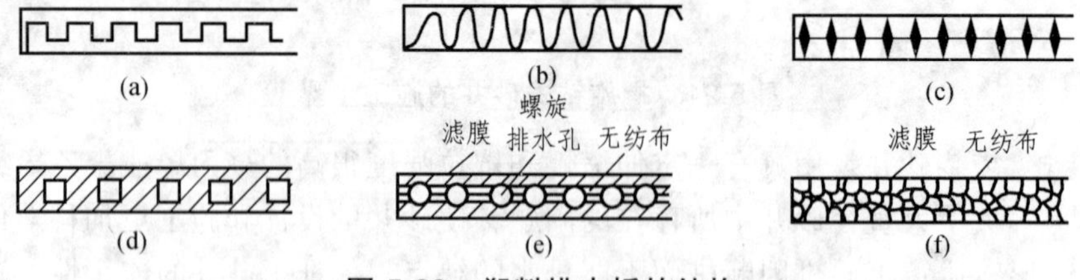

图 5.23 塑料排水板的结构

塑料板排水法的施工工艺为：平整原地面→摊铺下层砂垫层→机具就位→塑料排水板穿靴→插入套管→割断塑料排水板→机具移位→摊铺上层砂垫层，如图 5.24 所示。

其中关键工序控制如下：

① 场地准备。塑料排水板施工前，要对场地进行清表、整平和初步碾压，做好土拱坡，铺设好砂垫层，为了保持工作面的整洁，要根据地形挖好排水沟，以利排水。

② 放样。放样时要根据设计情况准确定位，并在每个孔位都插好标记，所用的标记通常有石灰、油布、细条塑料板芯等，做到明显且不易被损坏为宜。

③ 机具就位。施工机具定位要准确。

④ 穿靴。将塑料排水板端部穿过预制靴头固定架，对折塑料板长约 10 cm，固定联结。

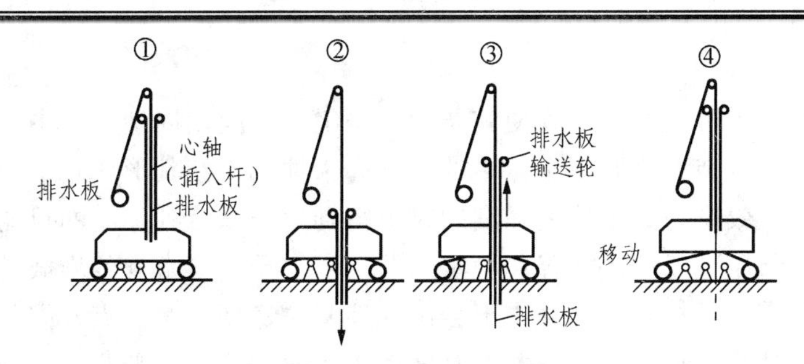

图 5.24　排水板的施工步骤

一般预制靴头可采用铁质或混凝土靴头。将靴头套在空心套管端部，固定塑料排水板，并使其在下沉过程中能阻止泥砂进入套管。

（四）预压荷载施工

预压荷载的施工一般分 3 类：利用结构物的自重加压，堆载预压施工，真空预压施工（减少地基土的孔隙水）。

1. 利用结构物自重加压

利用路基填土本身的自重加压就是在未经过预压的天然软土地基上直接填土压实。此法适用于以地基的稳定性为控制条件，能适应较大变形的结构物，如路堤、土坎、油罐、水池等。

这一方法经济有效，但要注意加荷速率与地基土强度的适应性，工程上应严格控制加载速率，采取逐层填筑的方法以确保路基的稳定。在每级荷载的作用下，待地基土强度提高后，才进行下一步填土压实，分阶段依次进行。

2. 堆载预压

（1）堆载预压的材料一般以砂石料和砖等不污染环境的散体材料为主。大面积施工时通常采用自卸汽车与推土机联合作业，对超软土地基的堆载施工，第一级荷载宜用轻型机械或人工作业。其施工流程如图 5.25 所示。

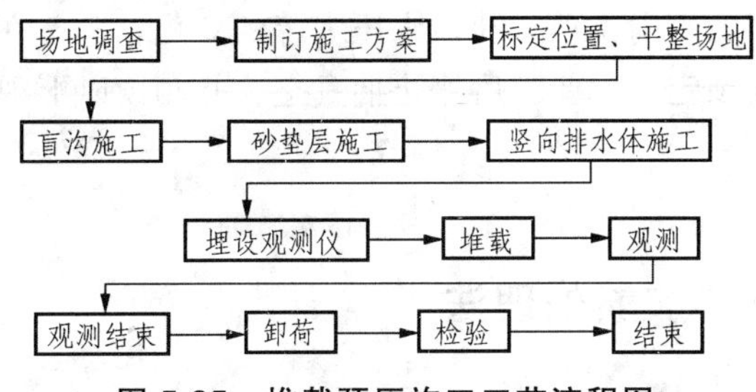

图 5.25　堆载预压施工工艺流程图

（2）施工注意事项。

① 堆载面积要足够，预压堆载顶面面积应大于路基底面的面积。

② 严格控制加荷速率，保证在各级荷载作用下地基的稳定性，同时避免部分堆载过高而引起路基的局部破坏。

③ 对打入式砂井，应待被扰动的地基土恢复强度后再加载。

④ 堆载施工时，分级加荷的堆载高度偏差不应大于本级荷载高度。

3. 真空预压

真空预压是采用不透气的封闭膜使其与大气隔绝，薄膜四周埋入土中，通过砂垫层内埋设的吸水管道，用真空装置将膜下土体中的空气和水抽出，使其形成真空，使土体得以排水固结，增加地基的有效应力，土体的强度同时也得到增长，达到加固的目的。按照具体工程的使用目的，真空预压可以解决沉降和稳定问题。真空预压与常规的堆载排水预压相比，具有加载速度快、无需堆载材料、加载中不会出现地基失稳现象等优点，因此它相对来说施工工期短、费用少。但是它能施加的最大压力只有 95 kPa 左右，如要再高，则必须与堆载排水预压等联合使用。

当抽真空时，先后在地表砂垫层及竖向排水通道内逐步形成负压，使土体内部与排水通道、垫层之间形成压差。在此压差作用下，土体中的孔隙水不断由排水通道排出，从而使土体固结。

真空设备效率直接影响预压效果。由于真空预压的特点，要求真空设备真空效率高、能适应连续运转、重量轻、结构简单、便于维修等。

真空预压的施工步骤为：

（1）按照工艺要求，将射流真空泵、真空管、出膜口按密封要求连接好。

（2）接好泵、真空管及膜内真空压力传感器，并测记初读数。

（3）射流箱处接好进水管，并在箱内注满水。

（4）在加固范围内按要求设置沉降观测点。

（5）开动离心泵进行真空抽气，膜内真空压力逐渐提高。由于被加固的土层在预压初期排水量较大，真空度提高较慢，随着土层排水固结程度的提高，膜内真空度逐渐稳定在 73 kPa 以上。这个过程随着土质和固结程度不同，一般需要 1 ~ 5 d 时间。当达到预定真空度以后，为节约能源，可采用自动控制、间隔抽真空措施。

在抽真空过程中，由于土体中气体排出，体积增大，使射流箱内循环水减少；由于射流摩擦使水温升高，水的密度发生变化，直接影响射流真空泵的效果。所以应采取连续补水措施，在抽真空过程中保持水箱满、温度正常。

（6）在抽真空过程中要求观测泵、真空管、膜内及土体内的真空度、土层的深层沉降、地表总沉降、土层沿深度的侧向位移、孔隙水压力等的变化。

（7）当真空预压达到预定技术要求后停止抽真空，并测读以上观测项目的变化，检验和评价预压效果。

五、土工合成材料加筋处理法

目前，土工合成新材料中，具有代表性的有土工格栅、土工网等及其组合产品。在近 20 年中，这类材料相继在岩土工程中应用获得成功，成为建材领域中继木材、钢材和水泥之后的第四大类材料，目前，已成为土工加筋法中最具代表性的加筋材料，并被誉为岩土工程领域的一次“革命”，已成为岩土工程学科中的一个重要的分支。

土工合成材料一般具有多功能，在实际应用中，往往是一种功能起主导作用，而其他功能则不同程度地发挥作用。土工合成材料的功能包括隔离、加筋、反滤、排水、防渗和防护 6 大类。各类土工合成材料应用中的主要功能见表 5.12。

表 5.12　各类土工合成材料的主要功能

类型 \ 功能	土工合成材料的功能分类					
	隔离	加筋	反滤	排水	防渗	防护
土工织物（GT）	P	P	P	P	P	S
土工格栅（GG）		P				
土工网（GN）				P		P
土工膜（GM）	S				P	S
土工垫块（GCL）	S				P	
复合土工材料（GC）	P 或 S	P 或 S	P 或 S	P 或 S	P 或 S	P 或 S

注：P 表示主要功能，S 表示辅助功能。

（一）土工合成材料的排水反滤作用

用土工合成材料代替砂石做反滤层，能起到排水反滤作用。

1. 排水作用

具有一定厚度的土工合成材料具有良好的三维透水特性，利用这一特性可以使水经过土工合成材料的平面迅速沿水平方向排走，也可和其他排水材料（如塑料排水板等）共同构成排水系统或深层排水井，如图 5.26 所示为土工合成材料用于排水过滤的典型实例。

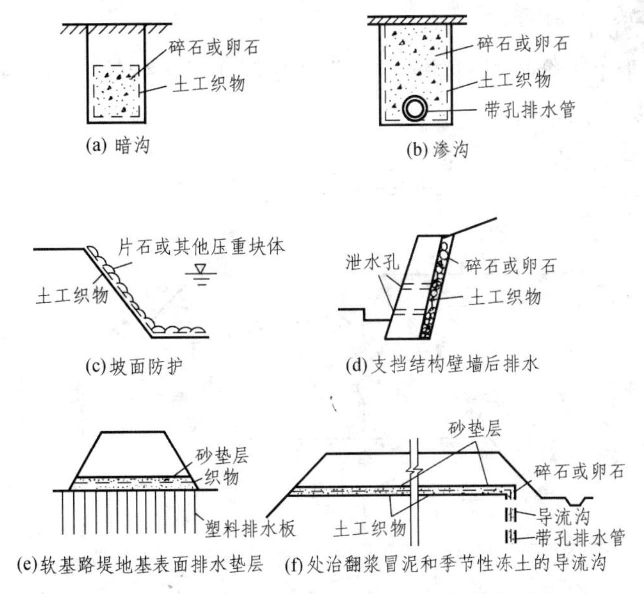

图 5.26　土工合成材料用于排水过滤的典型实例

2. 反滤作用

在渗流出口铺设土工合成材料作为反滤层，这和传统的砂砾石滤层一样，均可以提高被保护土的抗渗强度。

多数土工合成材料在单向渗流的情况下，紧贴在土体中，发生细颗粒逐渐向滤层移动，同时还有部分细颗粒通过土工合成材料被带走，遗留下来的是较粗的颗粒，从而与滤层相邻一定厚度的土层逐渐自然形成一个反滤带和一个骨架网，阻止土粒的继续流失，最后趋于稳定平衡。亦即土工合成材料与其相邻接触部分土层共同形成了一个完整的反滤系统，如图 5.26 所示。具有这种排水作用的土工合成材料，要求在平面方向有较大的渗透系数。

具有相同孔径尺寸的无纺土工合成材料和砂的渗透性大致相同。但土工合成材料的孔隙率比砂高得多，其密度约为砂的 1/10，因而当它与砂具有相同的反滤特征时，则所需质量要比砂的少 90%。此外，土工合成材料滤层的厚度为砂砾反滤层的 1/100 ~ 1/1 000，其所以能如此，是因为土工合成材料的结构保证了它的连续性。

此外，土工合成材料放在两种不同的材料之间，或用在同一材料不同粒径之间以及地基与基础之间会起到隔离作用，不会使两者之间相互混杂，从而保持材料的整体结构和功能。

（二）土工合成材料的加筋作用

当土工合成材料用作土体加筋时，其基本作用是给土体提供抗拉强度。其应用范围有：土坡和堤坝，地基，挡土墙。

1. 用于加固土坡和堤坝

高强度的土工合成材料在路堤工程中有几种可能的加筋用途：

（1）可使边坡变陡，节省占地面积。

（2）防止滑动圆弧通过路堤和地基土。

（3）防止路堤下面发生因承载力不足而破坏。

（4）跨越可能的沉陷区等。

图 5.27 中，由于土工合成材料的“包裹”作用阻止了土体的变形，从而增强了土体内部的强度以及土坡的稳定性。

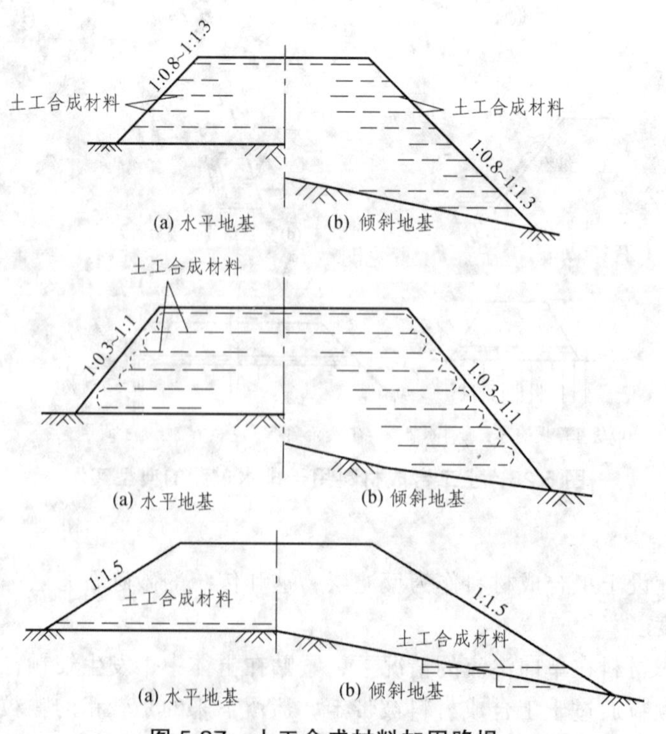

图 5.27 土工合成材料加固路堤

2. 用于加固地基

由于土工合成材料有较高的强度和韧性等力学性能，且能紧贴于地基表面，使其上部施加的荷载能均匀分布在地层中。当地基可能产生冲切破坏时，铺设的土工合成材料将阻止破坏面的出现，从而提高地基承载力。当受集中荷载作用时，在较大的荷载作用下，高模量的土工合成材料受力后将产生一垂直分力，抵消部分荷载。根据国内新港筑防波堤的经验，沉入软土中的体积等于防波堤的原设计断面，由于软土地基的扭性流动，铺垫土周围的地基即向侧面隆起。如将土工合成材料铺设在软土地基的表面，由于其承受拉力和土的摩擦作用而增大侧向限制，阻止侧向挤出，从而减小变形和增大地基的稳定性。在沼泽地、泥炭土和软黏土上建造临时道路是土工合成材料最重要的用途之一。

利用土工合成材料在建筑物地基中加筋已开始在我国大型工程中应用。根据实测的结果和理论分析，认为土工合成材料加筋垫层的加固原理主要是：① 增强垫层的整体性和刚度，调整不均匀沉降；② 扩散应力，由于垫层刚度增大的影响，扩大了荷载扩散的范围，使应力均匀分布；③ 约束作用，亦即约束下卧软弱土地基的侧向变形。

3. 用于加筋土挡墙

在挡土结构的土体中，每隔一定距离铺设加固作用的土工合成材料时可作为拉筋起到加筋作用。作为短期或临时性的挡墙，可只用土工合成材料包裹着土、砂来填筑，但这种包裹式墙面的形状常常是畸形的，外观难看。为此，有时采用砖面的土工合成材料加筋土挡墙，可取得令人满意的外观。对于长期使用的挡墙，往往采用混凝土面板。

（三）土工合成材料在应用中的问题

1. 施工方面

（1）铺设土工合成材料时应注意均匀平整；在斜坡上施工时应保持一定的松紧度；在护岸工程坡面上铺设时，上坡段土工合成材料应搭接在下坡段土工合成材料之上。

（2）对土工合成材料的局部地方，不要加过重的局部应力。如果用块石保护土工合成材料施工时应将块石轻轻铺放，不得在高处抛掷，块石下落的高度大于 1 m 时，土工合成材料很可能被击破。如块石下落的情况不可避免时，应在土工合成材料上先铺砂层保护。

（3）土工合成材料用于反滤层作用时，要求保证连续性，不使其出现扭曲、折皱和重叠。

（4）在存放和铺设过程中，应尽量避免长时间的曝晒而使材料劣化。

（5）土工合成材料的端部要先铺填，中间后填，端部锚固必须精心施工。

（6）不要使推土机刮土板损坏所铺填的土工合成材料。当土工合成材料受到损坏时，应予立即修补。

2. 连接方面

土工合成材料是按一定规格的面积和长度在工厂进行定型生产，因此这些材料运到现场后必须进行连接。连接时可采用搭接、缝合、胶结或 U 形钉钉住等方法。

采用搭接法时，搭接必须保持足够的长度，一般在 0.3 ~ 1.0 m。坚固的和水平的路基一般为 0.3 m，软的和不平的路基则需 1 m。在搭接处应尽量避免受力，以防土工合成材料移动。搭接法施工简便，但用料较多。缝合法是指用移动式缝合机，将尼龙或涤纶线面对面缝合，缝合处的强度一般可达纤维强度的 80%，缝合法节省材料，但施工费时。

3. 材料方面

土工合成材料在使用中应防止暴晒和被污染，当作为加筋土中的筋带使用时，应具有较高的强度，受力后变形小，能与填料产生足够的摩擦力，抗腐蚀性和抗老化性好。

本节提到了多种软基处理的方法，值得注意的是为同时解决软土路基沉降、稳定性或加强某一种软土地基处理方法的效果，一般不单独采用一种处理方法，多数采用两种以上组合方法处治软基，即软土的综合处理。设计综合处理时应遵循的原则是：加速排水固结的措施与增强软土地基强度的措施相结合；地上、地面处理与低下处理相结合；避免两种软土地基处理方法在施工上出现干扰及其作用上的相互抵消。

思 考 题

1. 什么是软土？软土有哪些工程特性？
2. 如何进行黄土湿陷性的判定和地基的评价？
3. 什么叫换填土层法？试述开挖换土法的施工要点。
4. 什么是强夯法?简述强夯法的适用范围及 3 种加固机理。
5. 简述灌浆法的施工工艺流程。
6. 什么是化学加固法？可分为哪些类型？
7. 排水固结法中目前常用的施工方法有哪些？
8. 简述袋装式砂井的施工步骤。

参考文献

[1] 中华人民共和国交通部. 公路桥涵地基与基础设计规范（JTG D63—2007）[S]. 北京：人民交通出版社，2007.
[2] 中华人民共和国交通部. 公路桥涵设计通用规范（JTG D60—2004）[S]. 北京：人民交通出版社，2004
[3] 中华人民共和国交通部. 公路桥涵施工技术规范（JTJ D41—2000）[S]. 北京：人民交通出版社，2000
[4] 中华人民共和国建设部. 建筑地基基础设计规范（GB 50007—2002）[S]. 北京：中国标准出版社，2002
[5] 图集组，地基基础工程—工程建设分项设计施工系列图集[M]. 北京：中国建材工业出版社，2004
[6] 上官子昌，等. 地基基础—工程设计施工实用图集[M]. 北京：机械工业出版社，2007.
[7] 黄生根，等. 基础工程原理与方法[M]. 武汉：中国地质大学出版社，2009.
[8] 陈方晔. 基础工程[M]. 北京：人民交通出版社，2010.
[9] 王晓谋. 基础工程[M]. 4 版. 北京：人民交通出版社，2010.
[10] 付润生. 基础工程[M]. 成都：西南交通出版社，2006.
[11] 赵明华. 桥梁地基与基础计算示例[M]. 北京：人民交通出版社，2004.
[12] 王晓鹏. 基础工程[M]. 2 版. 北京：中国电力出版社，2010.
[13] 姜仁安. 基础工程[M]. 北京：人民交通出版社，2008.

参考文献